那一天，人類發現了DNA

THE ORIGIN OF DNA

大腸桿菌、噬菌體研究、突變學說、雙螺旋結構模型……
基因研究大總匯，了解人體「本質」上的不同！

吳明 著

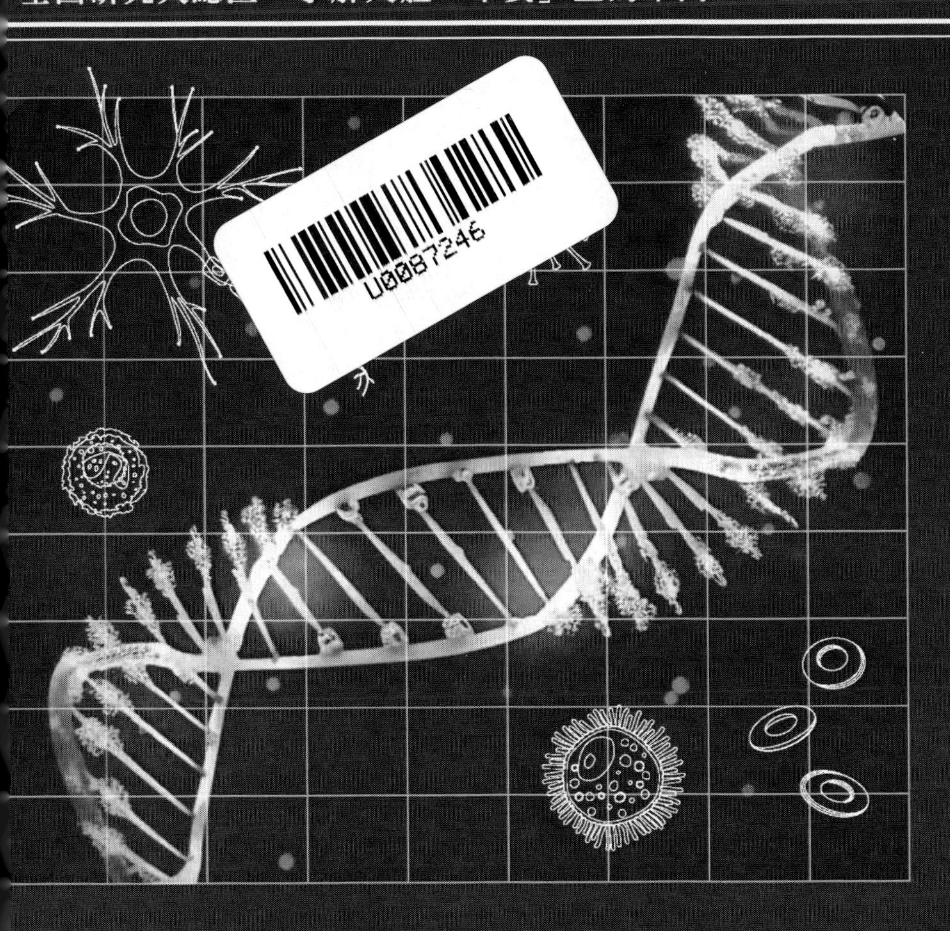

天才父母會生出天才兒童，
還是後代都資質平庸？
靠基因分析還能找出你兩千年前的祖先？
一公克的DNA承載的資訊量竟相當於250萬張光碟的容量！

千百年遺傳基因 × 突變種揭密 × 生物鑰匙族譜調查……
關於DNA，你知道的不能只有八點檔親子鑑定的狗血橋段！

目錄

第 09 章　結構論和資訊理論分子生物學的三次會合

第 10 章　有待思考的幾個方法論問題

第 11 章　結語

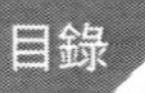
目錄

前言

以往人們多注重科學的發展史，但很少有人注重科學的發現史，關注 DNA 分子從 0 到 1 發現的人，更是少之又少。本書沿著 DNA 的發現路線，緊扣研究材料的選擇和 DNA 研究的世界科學中心轉移這兩條主線，以時間順序為經，以人、事、資料、技術等學科發展的自然進程為緯，層層鋪展 DNA 從 0 到 1 的發現歷程。

本書全面性介紹了一幕幕生動的歷史場景。這段歷史從奧地利摩拉維小鎮的孟德爾 1866 年豌豆雜交實驗開始，一路提及美國加州的摩根 1901 年果蠅雜交實驗、瑞士巴塞爾的米歇爾 1869 年發現了核素 —— 即現今我們知道的核蛋白 —— 再到德國柏林的德爾布呂克等 1935 年發表的著名的綠皮書《關於基因突變和基因結構的性質》，形成「基因突變的原子－物理模型」，又稱「基因的量子力學模型」。二戰中，德爾布呂克到美國紐約長島組建「噬菌體研究組」，此時另一位奧地利人薛丁格輾轉到了愛爾蘭都柏林。1944 年，他受德爾布呂克的「靶理論模型」影響，寫了《生命是什麼？》。也就是這一年，探索生命本質 —— DNA 的路線圖再次折回美國紐約，埃弗里透過細菌轉化實驗發現，DNA 才是遺傳訊息的載體；1951 年華生因借道哥本哈根被派至英國劍橋大學，這時 DNA 研究的世界科學中心才真正轉到了英國。

1953 年，DNA 雙螺旋立體結構模型終於誕生。這個英國開花、美國結果的科學史故事，有著和青黴素的發現一樣令人眼花繚亂的景象。20 年後，即 1973 年，重組 DNA 技術實驗成功，即遺傳工程面世；25 年後，1978 年定點突變技術實驗成功，即蛋白質工程面世。目前醣工程研究正方興未艾。埃弗里發現 DNA 是遺傳訊息的載體，由他引領的現代生物工程學和人類基因組計畫，有著廣闊的發展前景。就短期利益，僅從人類基因組計畫到精準醫學這部分，就 2011 年公布的數字，已為美國創造了 1 萬億美元的經濟效益。更重要的是，這數字還會成長。長遠來看，1 公克重的 DNA 相當於 250 萬張光碟所承載的資訊量，未來有可能被用來研製某種「生物鑰匙」或「分子日曆」。

本書所述時間跨度大 —— 從 1866 年到近幾年 —— 也非敘述一人一事，而是一個新學科誕生的全過程，涉及眾多的人、事、資料、技術等，屬於「大科學史」或科學思想演進史範疇的普及知識讀物。書中穿插人文知識，以期做到理中有文、文中有理，文理交融、相映生輝。

整體來說，科學發展是直線上升的，但這上升的直線是由眾多具體的探索性研究曲線編織而成。本書向讀者展示的發現 DNA 分子的彎彎曲曲路線圖，其實只是一個粗線條、不成熟、不完善的路線圖。加之本書涉及學科門類多，作者水準有限，出現謬誤乃至外行話在所難免，殷切期望讀者批評指正。更希望能因此激起更有才之士，將本書所列的多位成功或「失敗」人士背後的故事一一整理出來，想必如此，將迎來更廣泛的讀者群，這也是本書作者最大的心願。

第 01 章
經典遺傳學家的探索

俗語「種瓜得瓜，種豆得豆」，說的就是遺傳學現象。但真正將這種現象上升到迄今人們能夠接受的理論高度，並深化至遺傳原理，應追溯到 19 世紀中葉，生物學界發生的一系列事件，例如顯微鏡的發明、細胞學說的日臻完善、進化論的提出、大機能團的化學分析、發酵的研究、主要有機化合物的全合成等。當時連同這些不朽貢獻一起出現的，還有已確定下來的一些概念、方法與研究材料。這意味著生物學進入了一個重大轉變期。

1.1　孟德爾和他的豌豆雜交實驗

圖 1.1 孟德爾及其位於修道院後院的「一畝三分地」實驗田

孟德爾（Gregor Johann Mendel）的豌豆雜交實驗是 19 世紀生物學界一系列事件中極其重要的一項。孟德爾 1822 年生於奧地利西利西亞（Silesia），今屬捷克共和國，原是一位貧窮老農的獨生子。老農含辛茹苦地工作，能養活他的兒子已實屬不易，但拿錢供他上學，尤其是上大學卻是困難重重、力不從心。孟德爾大學念了一半，不得已棄學謀生，成為摩拉維（Moravie）小鎮修道院的一名見習修道士。4 年後，他成為一名名副其實的修道士，道號是格利高爾．孟德爾（Gregor Mendel）。還有一種說法是，孟德爾想找一個便於思考的幽靜環境，並且有足夠時間做田間實驗才當修道士，他是甘願做一個「隱居僧侶」的。

他所處的那個時代，在生物遺傳研究上有兩大方面的進展，即園藝學的經驗知識和生物學的理論知識。但孟德爾關注的是演化，他自幼看著父親整天在田間忙著栽培、雜交、嫁接等農事，這令他不由思考一個問題：物種是如何形成的。直至他當了修道士，仍對演化非常好奇。他所在的修道院地處產糧區，又多虧修道院院長是一位熱心農業研究的人，對孟德爾從事豌豆雜交實驗多有支持，使得他在傳教之餘有了足夠的空閒時間做實驗。他在修道院內在 7 公尺 ×35 公尺的一小塊土地上栽種了 37 個品種，共 2.7 萬株植物，並用它們來進行植物栽培、雜交、嫁接實驗。

令他驚訝不已的是，嫁接後的植株，活力總是高於原先的母植株。究竟是為什麼呢？這引起了年輕修道士的興趣。他進行雜交實驗不是為獲得更多的雜種，而是想一步步追蹤子代的特徵、習性。因大學時代曾經受過名師物理學家與數學家都卜勒（Doppler E.J.）的教導，他能用學到的數學方法對實驗結果進行統計分析。他的研究風格與眾不同，主要有以下三個特點：

一是觀察實驗結果及選擇合適的研究材料的方式；

二是引進非連續性和使用大族群，這樣便能用數字表示實驗結果，更重要的是，這樣還可以將這些數字做某種數學分析；

三是用一種簡單的符號標示法，使實驗結果和處理後的理論數據進行連續多次的比照成為可能。

孟德爾選擇豌豆這種作物作為人工育種研究的材料，有多方面理由。例如，豌豆的性狀能保持一定的穩定性，其純種在嚴格條件下能保持數年不變，且容易識別。豌豆生長期短，雜種容易繁殖後代。最主要的是豌豆雜交人工致育實驗，成功率幾乎是 100%。不僅如此，他還選擇了那些彼此間性狀有所不同的雜交品種，因為作為實驗研究材料的豌豆植株性狀要易於觀察識別。其雜交品種彼此間有所不同，不是所有特徵均不同，而是在有限的幾個特徵上顯示有差異，因而這個雜交品種只保留諸如種子形狀、豆莢形狀或顏色等有明顯辨別性狀的特徵。分析雜交實驗結果時，應從一開始就避開那種不可克服的複雜性，捨棄細節，僅分析少數幾種特徵或性狀。這就需要具備兩個條件：第一，實驗系統要大到足以允許忽略個體、只關注群體；第二，不僅追蹤、觀察這對雜交植株子代性狀的習性，而且還要追蹤、觀察全部後繼子代性狀的習性。

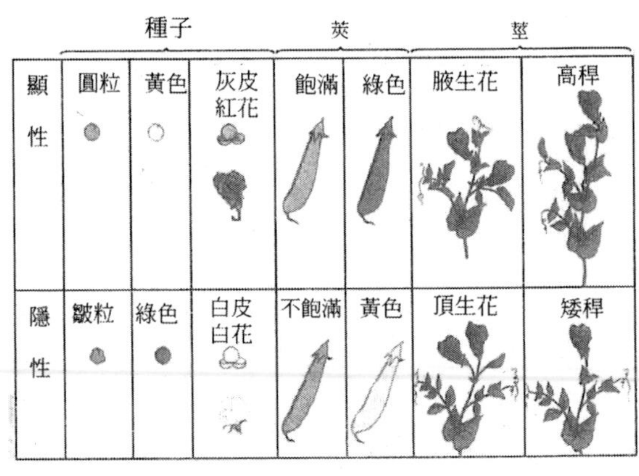

圖 1.2 豌豆雜交實驗

孟德爾不僅發現了顯性法則以及單一性單位性狀，而且還發現了分離法則——由每個親代提供的這些單位——即個別的性狀——都以一種準確的比率分配到後代的生殖細胞中，而且互不影響。豆莢的顏色、莖的高與矮等，彼此互不干擾，都作為單個性狀或單位傳遞下去。他從 1856 年起，歷時 7 年的艱辛勞作，積累了大量實驗資料、數據，終於於 1866 年在《布隆博物學會會刊》（*Proceedings of the Natural History Society of Brunn*）上發表了論文。該論文是現代科學文化寶庫中的傑作之一，該論文表明了一個簡單的道理：有其父不一定有其子，兩頭黑毛動物雜交，並非總是生出黑毛後代。他概括出來的著名分離定律和自由組合定律，不僅適用於動植物，也適用於人類自身，至今仍為人們解釋遺傳現象的基本概念。

孟德爾的論文清楚地說明了他育種實驗的目的，簡單地介紹了實驗中的有關數據，並且謹慎地試著用數學公式來表示實驗結果。在這篇論文發表的那個時代，雖然經濟發展需要有這樣一種理論問世，但是遺憾的是，孟德爾的重大發現竟然被長期埋沒，因為當時沒有人對這個修道士的「癖好」感興趣。直到 1900 年，孟德爾的發現才被柏林的科倫斯（Carl Erich Correns）、阿姆斯特丹的德弗里斯（Hugo Marie de Vries）和維也納的切爾馬克（Erich von Tschermak）三位同時獨立地重新發現，這實在是一個令人困惑的謎團。然而誰也沒有想到孟德爾的發現竟然成為 20 世紀一門全新科學的指導原則。這個問題對科學思想史基本理論研究很重要，值得深入細緻地探討。

1.1.1 孟德爾的功績

孟德爾所處的那個時代，不僅沒有發現染色體，而且關於細胞學的知識也十分匱乏，德國科學家魏斯曼（A. Weismann）關於「種質」的學說還沒有問世，在西元 1865 至 1900 年期間更談不上有什麼創新性見解問世。在這種情況下，孟德爾創立了觀察遺傳現象的新方法，強調單位性狀的遺傳行為，並以非凡的洞察力，總結出生物遺傳的一般規律。在生物學研究歷史中，孟德爾是第一個將有機體遺傳性狀視為組成活體生命的部分實體的人，他指出它們可以在活體生命之間互相單獨傳遞。換句話說，他在人類歷史上，率先將活體生命當作一種具有獨立遺傳性狀的、能延續千萬年的、精雕細刻的「鑲嵌物」。從此觀點看，孟德爾 1866 年那篇不朽論文中所列的數學式（AA+2Aa+aa），不僅在理論上能計算出不同類型子代比率，而且在知識論上還具有重要意義。支撐這一觀點的是，每個具有不同性狀的物種皆能獨立傳遞自身的遺傳性狀。

孟德爾並不滿足於用這種嚴密數學概念來支撐他的假設，他還借助統計學考查建立了一個數學模型，也就是說，在大到足以剔除樣品誤差的實驗系統中，計算後代每種類型出現的頻率。此種學說演繹方法，結合了理論上的數學模型與建立在統計學基礎上的實際考查。他在那個時代是極其偉大，而且也是無人能比的，可以認為，孟德爾是將統計學運用於生物學研究的鼻祖。

荷蘭畫家梵谷創作的名畫《向日葵》舉世聞名，但該畫曾受到後人的質疑，他們認為這是「一個精神失常的印象派畫家在創作時的誇張想像」，是「一段不可信的囈語」。因為他畫的向日葵有兩圈花瓣，而我們通常見到的只有一圈。此外，他畫的向日葵有的甚至都沒有典型的大圓盤樣頭狀花序，反倒是金色的舌狀花瓣，又密又長，像點燃的禮砲一樣蓬勃欲放。在解釋這幅畫時，孟德爾的遺傳學方法又能派上用場了。植物學家伯克 (J. Burke) 將一株普通野生型向日葵和雙重花瓣突變株雜交，並對市售的向日葵基因進行測定，結果顯示，梵谷畫中的向日葵受到一種單一顯性基因 HaCYC2c 的影響，證明它是基因突變的產物，而並非臆想的產物。科學家們尋遍了向日葵種系譜內各大成員，將受過基因 HaCYC2c 影響的各個子代一一繪製出，形成一份完整的系譜圖，證明獲得的基因突變品種正是梵谷在 19 世紀看到的那種向日葵。

圖 1.3 梵谷的名畫〈向日葵〉

孟德爾設計出的數字歸納法和基礎統計分析法無疑對族群分析十分有用，也十分必須。由此可知，他關於族群、演化等科學觀點雖說皆源於生物學，但所採用的大多數方法卻都源於物理學。據他的一位老師稱，孟德爾在維也納大學讀書期間，他的物理學成績優於生物學成績。

1.1.2 孟德爾的重大發現為什麼長期被忽略

第一，學術論文在什麼地方發表十分重要。當時的生物學論文除刊登在巴黎科學院、倫敦英國皇家學會和林奈學會（The Royal Society & Linnean Society）出版的刊物之外，大多數科學學會出版的刊物很少有人看，加之孟德爾本人發表的論文數量極少。他從 1856 年起開始進行豌豆雜交實驗，直到 1871 年才停止這項工作。這一期間他累積了大量的實驗數據與資料，但他只向「布隆博物學會」公開，並只在 1870 年發表了另一篇有關山柳菊（*Hieracium*）植物雜交的簡短論文，這些都說明他不是一位喜歡發表文章的科學家。從他與其老師耐格里（Carl Nägeli）的私人通信中我們得知，孟德爾的豌豆雜交實驗結果，在 1869 年用小花紫羅蘭、無毛紫羅蘭、紫茉莉與玉米進行的雜交實驗中也完全獲得驗證，但他從未單獨發表論文，向世人宣告他早期發現的證據。即便「布隆博物學會」備忘錄——這個不起眼的地區性博物學會的刊物——按慣例要寄發給包括英國皇家學會和林奈學會在內的世界各地 115 家圖書館和許多有交換關係的研究所，其產生的影響也有限。

這說明某一項科學發現或新理論透過什麼樣的渠道發表確實相當重要。例如卡斯爾（William Ernest Castle）和溫伯格（Wilhelm Weinberg）曾將他們的發現（現在稱哈代 - 溫伯格定律，Hardy-Weinberg 定律）發表在一份較不出名的刊物上，因而不被人重視。而哈代（Godfrey Harold Hardy）將他的研究成果發表在著名刊物《科學》（*Science*）上，很快便得到了認可。

第二，老師壓著學生的論文不發，怕學生的論文否定了自己。孟德爾有 40 份論文複印件，他將這些複印件分別寄給了兩位知名的植物學家，一位是以植物移植實驗而聞名的因斯布魯克城（Innsbruck）的克納（Kerner），另一位就是當時在植物學界享有盛譽的權威之一，他的老師耐格里，這兩位孟德爾還在學生時代就已熟知。遺憾的是，孟德爾寄給耐格里的許多資料，能夠保存下來的僅有幾份，可見耐格里並沒有認真對待孟德爾的論文。更可悲的是，耐格里很可能持反對態度，他沒有鼓勵孟德爾，而是一味地對孟德爾的論文進行多方面挑剔，遑論推薦並使其研究成果能在學術界有影響力的權威性植物學刊物上發表。相反地，耐格里還竭力勸說孟德爾去驗證他本人關於山柳菊的遺傳理論。他說經過他們多年實驗證實，遺傳有兩種方式，一為「豌豆式」，符合孟德爾規律；另一為「山柳菊」，不符合孟德爾規律。在山柳菊植物中單性生殖是一種相當普遍的現象，後來也證實這些植物其實都符合孟德爾規律，只不過孟德爾限於當時的認知水準，誤認為這兩者有所不同，導致山柳菊與孟德爾理論結果相悖。

有學者認為，「孟德爾和耐格里的連繫，完全是一個災難性的插曲」。1884 年，耐格里發表了關於進化和遺傳的巨著，在有關雜交實驗的整整一大章文字中，隻字未提孟德爾的工作。在這一大章文字中敘述的每一項成果都比不上孟德爾的工作更有意義，讀來頗令人不可思議。是耐格里瞧不起這個小牧師，還是他有科學偏見呢？問題可能是後者。耐格里是極少數贊成純種融合遺傳理論的生物學家之一，在他看來，致育過程中，母本與父本不同的細胞質混合是由於膠束（micell）透過融合變成一股單鏈的。他若接受了孟德爾的理論，就意味著徹底否定了自己的觀點。耐格里本應仔細地研究孟德爾的理論，但他沒有這樣做，反而武斷地認為孟德爾的理論肯定是錯誤的。

最令人不解的是，孟德爾跟達爾文是同時代的人，且篤信後者的進化學說，但他卻沒有將植物雜交的研究論文寄送予達爾文一閱。如果達爾文注意到孟德爾的研究成果，想必會重視甚而親自進行重複實驗。

第三，漸進的連續變異觀念畢竟在 1859 年後仍被廣泛認為是進化論者感興趣的唯一變異。大多數雜交育種學家都熱衷於探索「種質」，而個別性狀的分析被置於他們所要考慮的問題之外 —— 那個時代對遺傳學進行過大量推測的胚胎學家只關心遺傳現象的發育問題。在他們看來，分離的現象和比值與他們所要研究的問題不相關，所以在 1900 年以後相當長的一段時間內，不符合孟德爾遺傳定律的連續變異觀點仍被普遍接受。資料顯示，孟德爾的理論在 19 世紀前已被引用過約 12 次，其中最值得一提的是在福克（Focke Wilhelm Olbers）的評論性著作《植物雜交》（*Pflanzen-Mischlinge*，1881）中被引用。之後從事植物雜交實驗的人在查閱福克的著作時，幾乎都提到過孟德爾。然而，福克本人從未意識到孟德爾論文的重要意義，也沒有推薦和鼓勵其他人去查閱孟德爾的原始論文。

第四，另一個對孟德爾不利的因素是，他所研究的性狀作為實驗系統來說雖令人佩服，但不是當時大多數生物學家感興趣的性狀。大多數動植物學家與育種學家將牛的大小、活力、力量、肉奶產量，與綿羊的產毛量、馬兒跑得快或人的智力看成是值得研究的性狀，而這些是受多基因調控並受環境因子影響的，一般並不表現出孟德爾定律。

第五，孟德爾的著名理論被擱置了近 40 年之久，還有另外一個原因，即他的論文發表 4 年之後，米歇爾（Friedrich Miescher）發現了核素，即現今我們知道的核蛋白。孟德爾沒有及時抓住這個新苗頭、新發現，更沒有將它與自己的理論連繫起來思考，也是一大失誤。他不懂得植物可能透過某種特異的過程來產生胚珠，因而也沒有和豌豆研究中獲得的推論、預測連繫起來思考。

第六，我們當然也不能忽略可能佔比最大的因素：工作太過前衛。將數理統計學方法應用到植物遺傳育種實驗中，在當時仍鮮見。單單促成他撰寫 1866 年那篇經典文章所依據的虛擬推導方法，就嚇跑了眾多同時代的人。那時人們對細胞核、染色體以及致育作用方面的知識還知之甚少，所以在很長一段時期內沒有人接過他的工作、繼續他的實驗，也就談不上在寫論文時引用他的學說。但仍不能排除，他同時代的科學家們彼此居住分散、相距遠且交往少這些因素。更何況當時的一些代表人物因門第觀點、等級偏見、思想僵化與保守思想等作祟，認為他只不過是一名修道士、業餘園藝人，不是一位正宗的遺傳學家。

第七，應當指出的是，以科倫斯為主的一些重新發現孟德爾理論的人，運用了先進的細胞學知識使孟德爾理論得到更清楚的解析。黑曼（Heimann）和歐比（Robert Cecil Olby）這兩位學者的求實精神更為可貴，他們還撰文指出孟德爾理論中存在的一些不足之處，他們不是貶低孟德爾的傑出貢獻和豐功偉績，而是表明孟德爾理論並非完整無缺，更非像遺傳學家們 70 年以來所宣稱的那樣十全十美。黑曼和歐比的文章令人極易理解孟德爾理論為什麼會被忽視了 34 年之久。

1.1.3　與世隔絕的實驗

孟德爾是一位十分謙遜的學者，但這種謙遜為他帶來什麼有益的結果。遭受到耐格里的冷落後，他顯然沒有努力與其他植物學家或育種學家取得連繫，抑或爭取在國內和國際學術會議上宣讀自己的論文，特別是未與達爾文取得連繫，實為一大遺憾。可悲的是，他把自己歷時 7 年，實驗了 2.7 萬株植物的工作，視作一種「與世隔絕的實驗」。

因為孟德爾對突變和染色體尚一無所知，所以他深深意識到，豌豆雜交實驗工作並不像普通人認為的那麼簡單。在孟德爾用來進行一系列實驗研究的植物中，幾乎所有已經發現的染色體遺傳的複雜性都表現出來了。由此可以肯定，他歷經由連鎖、雜交、多倍而引發的複雜性挑戰。

他在之後的山柳菊植物單性生殖實驗中遇到了挫折，這彷彿給人這種印象：孟德爾的發現可能並不適用於所有植物種類。而他本人也一直認為：「只有對所有植物種類進行過詳細的實驗，發現其結果都是正確的，才能作最後的結論。」孟德爾的這一觀點顯然是受到了物理學教義的不利影響，因為物理學至少在孟德爾所處的那個時代，總是在追求普遍適用的定律。當然，從物理學中獲得的大多數概括和結論一般都是普遍適用的，但套用到生物學領域，就需要了解一切生物都具有獨特的性質，不能將某種生物中的發現自動轉移到另外一些生物上。因為生物是複雜而有生命的系統，每一生物都有其獨特的性狀。所以他以為在豌豆雜交實驗中發現的染色體遺傳定律，也必須適用於山柳菊和所有植物種類，這顯然是不恰當的。

孟德爾在科學方法上的另一個弱項是，在「對設想的豌豆定律正確性加以證實」的關鍵時刻，他忽然改變方向，轉而研究物種雜交。即便他本人已意識到，這與雜交變種是不完全相同的事件。但他在雜交變種方面的工作使得他不自信，而對確立他理應建立的豌豆遺傳定律不抱希望。

總而言之，孟德爾對遺傳學的貢獻可以比喻成「他僅僅將遺傳學大門上的鎖打開了，要走進遺傳學這個奧妙無窮而又意義深遠的天國大門，還需要一位身懷絕技、滿腹經綸的開門人」。1864 年，豌豆植株遭受到象鼻蟲的肆虐，再加上孟德爾又熱衷於其他的植物遺傳研究，所以他停止了豌豆雜交實驗工作。1871 年，他升任修道院院長，從此整天忙碌於瑣碎繁雜的行政事務，繁重的工作負擔最終迫使他放棄了整個豌豆雜交實驗。

孟德爾說，為保持旺盛的腦力，他決心捨棄生殖權，終身不娶。孟德爾的「捨棄生殖權可以保持旺盛的腦力」這一念頭十分可笑，而且毫無科學根據。1884 年，孟德爾因患腎炎逝世，享年 62 歲。園藝協會刊物發布的訃告稱：「他的植物雜交實驗開創了新時代」，布爾諾中央墓地孟德爾墓前的碑文中將他稱為「發現了植物和動物遺傳規律的生物學家」。

1.2 摩根和他的基因學說

1.2.1 摩根小傳

美國學術界在 20 世紀初終於擺脫了歐洲人帶來的智力上的束縛，理解了自身的實力。權威主義在美國已經不如從前那樣有威力，現實主義的探索才是最需要的。最先將果蠅置於遺傳學研究視野內的是美國遺傳學家摩根(Thomas Hunt Morgan)，另外，美國的科學環境也為摩根提供了這種現實主義的探索的可能性。他最初在故鄉肯塔基州立學院唸書時，並沒有明確的人生志向，對從商不感興趣、終日沉浸於自然史研究中，同時對形態學和生理學情有獨鍾。

圖 1.4 摩根

生機論（又譯為生命主義，是種科學哲學學說）者認為，用單純的科學定律來解釋或理解發育原是徒勞無益的，如此複雜的生命過程一定受到科學以外的某種創造力支配；機械論者則確信，所有生命現象必可用一般物理化學規律加以解釋。當尋求嚴格的物理化學來解釋胚胎發育時，摩根不由自主地把探索方向轉到發育原理方面，宣稱現行的機械論不失為一種樸素的哲學。

他早年在拿坡里動物園從事動物形態學研究時就已明白，依靠形態描述進行某些比較時，以上兩種理論都存在著巨大的局限性且不精確。只有透過對生物體進行實驗，才能獲得可靠又嚴密的結果。摩根對 20 世紀的普通生物學從簡單的表觀描述、推論上升到以實驗方法與定量分析法為依託的遺傳學研究，無疑具有巨大貢獻。

到了 20 世紀初，人們還普遍接受這樣一種觀點：「只有環境才能使生物發生緩慢變化，並且這些因素最終一定會導致形成一個新種類。」但這種觀點並不能令人信服。比如說，中國長達數個世紀中讓女孩從小纏腳，在那種封建統治下的社會裡，三寸金蓮的小腳女人被認為是美的。後來此類強加在女人身上的醜規惡習才從根本上被廢除，如今女士們個個發育正常，得以盡興地踢足球、打排球、打籃球。

由此可以斷定，認為人為環境的作用會導致新性狀遺傳，就像小腳會遺傳到後代，這顯然是錯誤而沒有科學根據的。「獲得性狀」，亦即人為環境的作用導致新性狀遺傳，在化學上是不可能的。那麼，是否有另一種作用或途徑可以解釋「新性狀能夠遺傳」的呢？達爾文逝世 18 年後，關於生物新性狀的出現才有了初步的解釋，但是這位解釋者把那些被認為是最純的族群中也會不斷出現的細微、偶然的變異，也視為自然選擇的原始材料，這顯然是錯誤的，因為這些變異是不遺傳的。

後來一位荷蘭生物學家德弗里斯種了 5 萬粒月見草種子，結果長成的植株中出現了變異植株，透過再繁殖，終於在同種植物中出現了全新類型。這個實驗表明一個物種可以突然變成另一個能保存自身特性的物種，於是便有了「突變（mutation）」這個名詞。

1.2.2　摩根的基因學說

摩根接受了這一概念，確信「突變是在生命類型的進化中產生作用」，提出「決定胚胎發生過程的不是環境因素，而是由胚胎自身決定」。1909 年摩根 43 歲，他先後試過用小鼠、大鼠、鴿子、月見草與果蠅為材料，比來比去，只有果蠅符合他的要求。主意拿定，方法也正確，果蠅從此便成為他研究實驗的理想材料。摩根稱牠們是「世界上最著名的實驗生物材料」。有人說：「果蠅一定是上帝特意為摩根創造的。」

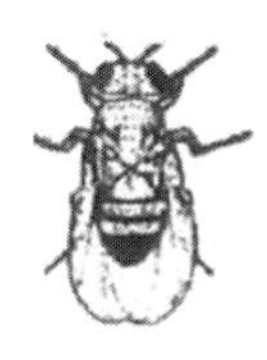

雄果蠅　　雌果蠅

圖 1.5 雄雌果蠅

摩根的高明之處，在於他有著敏銳的洞察力，並且能找到合適的觀察方法，而他的判斷力正是源於他對現象深入的觀察。他將白眼果蠅與紅眼果蠅進行雜交，一如 50 年前孟德爾用一種食用黃豌豆與綠豌豆雜交一樣，相異的是，孟德爾是在修道院後花園內餐風露宿，而摩根可以在實驗室內舒適地觀察。他將 1,237 隻第一代（F1）紅眼型雜種中的一些果蠅進行近緣繁殖，10 天後獲得 4,000 多隻第二代（F2）雜種。這些第二代雜種中紅眼蠅與白眼蠅的數量比接近 3：1，差不多證實了孟德爾得出的結果。接著他又發現多個突變型，到這一年底，共發現 25 個新突變型，總數達到 40 個。

圖 1.6 摩根發現白眼突變果蠅

後人證實，每一性狀都是多個基因聯合作用產生的。例如，紅眼果蠅至少是由 50 個基因共同作用的結果。決定雌性或雄性也絕非某一個特定基因的產物，而是由數個基因共同決定的。值得一提的是，在用紅白複眼果蠅進行雜交實驗獲得的 F2 子代中發現，凡是白眼型果蠅均為雄性。據此推斷，決定果蠅性別的遺傳因子和決定果蠅眼睛是什麼顏色的遺傳因子是相連在一起的，這正證明了摩根身為一位傑出科學家的非凡眼力，能從細微處窺見一般現象。

從 1901 年摩根轉向遺傳學研究的這段時間內，遺傳學家開始證實基因理論，並且部分生物學家開始確信基因是確定無疑的實體。雖說基因還是看不見、摸不著，然而它和電子、原子及醫學界的眾多病毒粒子一樣，人們是無法否認其客觀存在的。達爾文的「芽球」說、海克爾（Ernst Heinrich Philipp August Haeckel）的「質粒」說、耐格里的「微胞」說、德弗里斯的「胚芽」說，經實驗證實都是基因以前的說法。然而摩根的基因學說與上列的幾種都不同，這裡所說的基因可能指一些亞顯微結構，也可能是由蛋白質組成的非常複雜的有機分子，每一種基因與其他基因在化學性質上都不相同。自然狀態下它們被認為是在染色體上排成線性的一串，它們決定著包括人類在內所有生物的命運。假如命運正在編織我們的生命，那麼它們則是用自己紡織出來、掛滿基因的線狀染色體編織而成。

摩根又根據當時發展的細胞學成果，確認決定生命機體性別的遺傳因子在性染色體上，所以決定果蠅眼睛顏色的遺傳因子也必然位於性染色體上，這就是從性遺傳。它不同於孟德爾的豌豆實驗中相對性狀的自由組合，而是許多性狀連鎖在一起的。當細胞進行減數分裂時，它們作為一個整體傳遞下去。細胞減數分裂初期，其染色體是一個纏繞著另一個的。據此，他認為，染色體片段會發生交叉，一個片段與另一個相對片段相交換替代。染色體交叉導致基因發生有序交換，最終使基因重新組合，從而增加了遺傳變異性。交換率低，證明它們靠得很近；交換率高，則相距遠，此即為遺傳學的「連鎖與互換定律」。該定律連同孟德爾的「分離定律」和「自由組合定律」，構成經典遺傳學中著名三大定律，成為現代遺傳學研究的理論基礎。這些定律不斷被充實、修改和發展，又成為現代生物學基本理論的重要組成部分。摩根及其合作者還繪製出一張果蠅的 4 條染色體圖，建立了基因 - 染色體理論。

說摩根是「現代遺傳學之父」一點也不過分，既然如此，孟德爾豈不就是現代遺傳學的爺爺了嗎？

1.2.3　後基因學說及其影響

隨著科學和技術的發展，誘導突變的方法也越來越多樣化，紫外線、超聲波、高溫、乾燥、超速離心和 X 射線等，都可以用於處理生殖細胞。另外，還有其他方法可使基因缺失、易位，從而導致生物產生新突變型。果蠅的自發突變率較低，但把溫度提高 10℃，則突變率增加 5 倍。電離輻射誘發突變的機率與所用劑量、射線波長及輻射期間的溫度呈線性關係。一位來自摩根實驗室的研究高手曾經突發奇想，將染色體打斷，分成幾截，並實現重新排列，竟使突變率提高 180 倍。

還有報導說，有一種果蠅，發生單基因突變後仍然有兩只巨大的複眼，但是，該長出觸角的部位卻長出了一條完好的腿，也就是一次單基因突變就使一個觸角變成一條腿。這真是一件令人讚嘆的成果，還有什麼比這件事更能讓人驚異的呢？可惜人們尚不能對此作出解釋。我們也不知道有效基因的作用，或許數年後，科學家會弄清楚這種基因的 DNA 序列與它們在生物化學上的作用。其實，在摩根時代就有發現，果蠅中有一個基因稱為無眼 (eyeless) 基因，在脊椎動物體內有類似的稱為 Pax6

的基因，動物若沒有這種基因，眼睛會小很多。1995 年，瑞士科學家成功克隆出這種基因，透過轉基因技術將它表現在身體其他部位後，可以在觸角、大腿、翅膀多個部位長出眼睛來。這表明，透過單個基因可以改變一些細胞的命運，導致一個器官的形成。至少在果蠅中是如此。

可惜的是，在脊椎動物與哺乳動物中還沒有找到用單個基因或多個基因製造組織或器官的方法，要實現人造生物器官的夢想尚需一些時日，例如，透過分子生物學途徑，弄清楚有效基因的作用和這種基因的 DNA 序列，還要弄清楚它們在生物化學上的作用。人腦有成百億個神經細胞，而果蠅總共僅有幾十萬個細胞，何愁不能將這些問題弄清楚？1933 年、1947 年、1995 年及 2011 年四年諾貝爾獎中，有六位諾貝爾獎得主是研究果蠅而獲獎的。

基因概念的變化是瀏覽現代遺傳學歷史的一條線索。孟德爾在 19 世紀證明了生殖細胞中的遺傳「因子」決定著生物體的性狀。丹麥生物學家約翰森（Wilhelm Johannsen）將這些因子稱為基因。20 世紀初，又將基因定義為以線性次序排列在染色體上的獨立因子。現代分子生物學則又提出以 300 到 2,000 個鹼基對（平均為 1,000 個）組成的一個功能單位就叫作基因。

運用孟德爾和摩根這兩位遺傳學先驅的著名理論，來討論舞蹈家鄧肯和戲劇作家蕭伯納婚後的子女是集「男才女貌」或者「女才男貌」於一身的臆想，顯然是徒勞的。因為當時人們還受到科學、技術和知識的限制，在包括人類自身在內的一切生命機體內，還不清楚哪些基因會發生接合而哪些不會；而且最終決定基因表型和基因功能的，不僅僅是基因型，還涉及基因轉錄、翻譯和翻譯後的修飾，以及表觀遺傳修飾、調節和一個人所處的環境，包括他 / 她在母體腹中的發育狀況。究竟人體哪些部位像父親、哪些器官像母親、智商如何？人們是預測不出來的。

摩根的基因學說遭受到了來自蘇聯米丘林 (Ivan Vladimirovich Michurin) 學派代表人物的抵制，他們肆意踐踏科學、將純學術觀點政治化，又汙蔑基因學說是唯心主義的反動學術觀點。他們面對原子、量子、電子也是細小到肉眼看不見、手也摸不著的客觀事實，無視它們已成為舉世公認的學科或帶頭學科，卻反過來武斷地說，基因是看不見、摸不著的，不算是科學。另一方面，他們還運用強力行政手段，倡導所謂的米丘林學說，到頭來使得蘇聯的遺傳學發展水準與西方先進國家相比，落後了一大截。中國也有這樣的例子，蘇聯的偽生物學家李森科提出的「春化作用」概念，實際是在播種之前，先將麥種浸溼和冷凍以加速其生長。這一辦法對實際生產有一定價值，但將它當作一般生物遺傳規律，則是毫無科學根據的。西方學者嘲笑這樣的愚蠢行為，譏笑李森科「可以從棉花種子中培育出駱駝來」。

當許多西方國家在生物學、遺傳學取得一個個重大突破性進展時，蘇聯直到 1963 年才宣布成立微生物遺傳學實驗室。

1.2.4 基因的包涵體問題

摩根獲得了 1933 年的諾貝爾獎，晚年他又投身到與果蠅遺傳無關的課題，熱心於海鞘研究。他想弄清楚普通海鞘的精子為何極少或者從不使同一個體的卵子受精，但卻能使所有其他海鞘的全部卵子受精。他的研究進展緩慢，也沒有什麼突出的成就，一直到他逝世也沒有找到答案。不過我們還是應當承認，經典遺傳學家僅僅是考慮整體上的機體或機體的族群，他們不是想方設法去解析動植物以了解牠 / 它們的組成部分和這些成分的功能，只是滿足於調查動植物的表觀特徵，並透過這些表觀特徵來探索牠 / 它們細胞內部的物質基礎。

基因學說的興起只花了幾年時間，就使生命世界的面貌煥然一新。

動植物的表觀特徵及其變異，歸根結底是源於細胞內的某種結構及其行為。但是人們立刻感受到動植物的性狀與基因之間有一段脫節、一段空白，因為這段脫節和空白，人們尚不能將它們連繫起來考慮。一位生物學家早在 1880 年就曾說過：「基因是化學分子，且大部分孟德爾理論家們也都同意這一假設。」但 64 年過去了，人們仍將它視為一個學說。遺傳學憑藉一大堆的符號和公式，把機體面貌描繪得愈來愈抽象，這使人們誤認為基因是某種沒有物質基礎的實體。這就提出一個問題，要求科學家必須在染色體內找到一種具體的包涵體，代替他們在研究中常用的這種抽象的基因概念。這個包涵體必須具備兩種罕見的功能：第一種是能夠準確地自我繁殖，第二種是由於自身的活性而能影響整個有機體特性。要解釋遺傳原理，是離不開這兩種功能的。

研究這種包涵體的性質、剖析基因的作用方式、填平生物性狀和基因兩者間的空白，這就是那個時期遺傳學家夢寐以求的目標。但就當時的遺傳學發展水準，這個學科研究所使用的材料、概念以及它所運用的測試方法，都達不到這樣的分析程度。要掌握、駕馭遺傳基因的結構細節，僅僅靠觀察某些生物性狀、研究材料，如豌豆植株花的顏色、果蠅翅膀的長短，追蹤一代代性狀選配和測算它們的組合頻度，已經證明是遠遠不夠的了。這就需要遺傳學和其他學科的緊密配合。

我們且看化學家是怎麼想的。

第 02 章
米歇爾的核素研究及其對化學遺傳論的思考

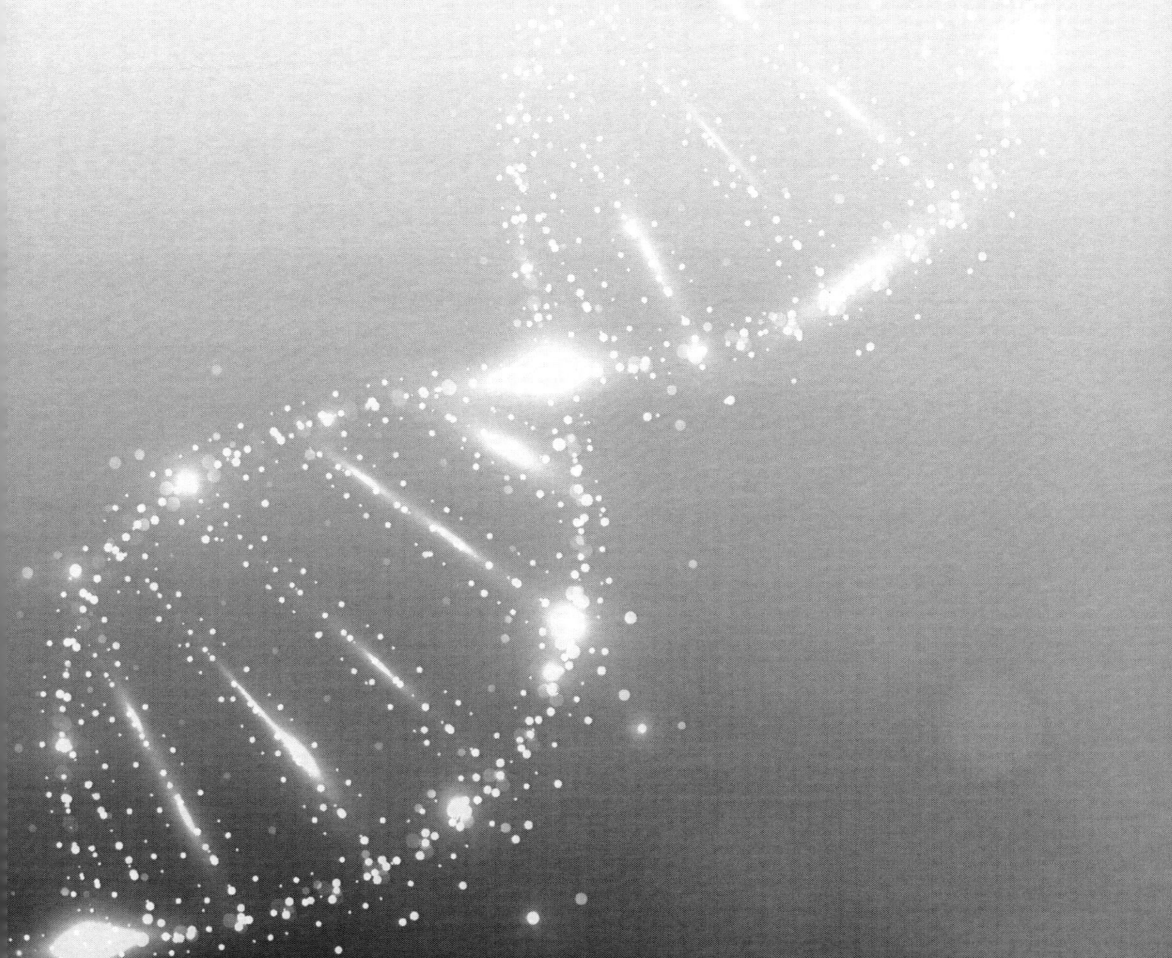

人類了解細胞已經用了差不多 200 年時間。由於詹森父子（Hans Janssen & Zacharias Janssen）於 1595 年在人類歷史上第一個發明了顯微鏡，故胡克（Robert Hooke）、雷文霍克（Antonie van Leeuwenhoek）以及其他一些人，看到了細胞和細胞核；1839 年，許旺（Theodor Schwann）提出了細胞學說。19 世紀中期以後，人們在了解了細胞是生物的基本結構單位後，對細胞的形態、結構和功能的研究變得非常活躍，並且開始研究細胞的分裂原理。當時人們還不知道核酸是何物 —— 存在於有機體內的哪個部位、以什麼樣的形式存在，核酸生物化學更無從談起。就在此時，一位瑞士化學家米歇爾無意中發現了核酸，從此出現了一個全新的學科領域，他只是在不知所以然，抑或是在不得已而為之的情況下，進入了這個核酸生物化學的研究領域。米歇爾就這樣不知不覺地成為研究核酸生物化學的奠基者。

2.1 米歇爾其人其事

圖 2.1 米歇爾

米歇爾於 1844 年 8 月生於瑞士巴塞爾，其父是一位病理解剖學教授，並在一家醫院當醫生。米歇爾有五個兄弟，他排行老大，從兒時起，就有了對弟弟們關愛、照料、扶持的心態。他遇事謹慎、循規蹈矩，不尋常的事不做，不尋常的話不說。這些性格或許正是他後來在科學研究生涯中出現歷史性遺漏或疏忽的深層原因，也使他與 DNA 分子擦肩而過。更遺憾的是，米歇爾自幼體弱多病，落下耳背的疾患，不過這些毛病並不影響他與周圍人的交流，也不妨礙他在同時代的夥伴中擁有人緣好、待人熱忱等美譽。

米歇爾早年對神學感興趣，想當一名牧師，遭到拒絕後決定從醫，子承父業。他在巴塞爾醫學院接受大部分醫學教育，並於 1868 年完成了博士論文。關於他的未來發展去向，老米歇爾還專門召集了一個小型家庭會議，其中參加會議的有他的大叔。他的大叔是那個時代的著名解剖學和組織學家，對米歇爾日後在核酸化學上的巨大建樹起過重大作用。在這次家庭會議上，大家都認為米歇爾聽力欠佳，不適合當醫生，因為醫生要認真聽取患者講述症狀，還要聽診等。他們提出，米歇爾最好從事化學方面的研究，他的大叔更起勁地倡導：「歸根究柢，只有透過化學這一途徑，人們才能解析組織發育這個大問題。」這也是他根據自身對組織學多年研究後得出的經驗之談。

米歇爾後來也認為，醫學所涉獵的領域過於狹窄，他要衝出醫學這個小圈子，到外面世界看一看、闖蕩闖蕩，開拓新的研究領域。不過，令他離開醫學、重新選擇就業方向的一個決定性因素是：他對自然科學的興趣。到了這時，他才深切感受到「書到用時方恨少」，後悔當初大學階段對作為「非主科」的數理化及生理學等知識掌握得太少。然而，憑著天賦、過人的智慧及超強的毅力，從容地從事各種職業，他只要滿懷熱忱勇往直前，都將獲得滿意的結果。從個人性格來講，米歇爾確實更像是當科學家的料，他不擅與人交往，更少言談，這可以使他空出更多的時間來思考。做醫生的種種不足恰好都會在科學研究領域裡得到補償，缺陷將成為優勢，劣勢將成為強勢。

他最終聽從了大叔的建議，到德國蒂賓根大學攻讀化學。該大學位於德國南部，緊鄰瑞士巴塞爾，是德國第一所創建了自然科學學院的大學。米歇爾 1868 年進入當時極負盛名的有機化學大師霍普 - 塞勒（Ernst Felix Immanuel Hoppe-Seyler）實驗室接受博士後資格培訓。霍普 - 塞勒的主要興趣是血液化學，由於血液中的淋巴細胞和膿細胞極其相似，且具有一定的醫學研究意義，於是他便建議這位年輕人研究淋巴細胞的成分。從此，米歇爾便潛心於淋巴樣細胞成分的分離、精煉等複雜而繁瑣的重複操作模式，開始了他的不為人們注意但意義十分深遠的開創性工作，為日後人們開展核酸生化研究奠定了基礎。

2.2 米歇爾的核素研究

米歇爾進入霍普 - 塞勒實驗室時，恰好趕上研究細胞起源和功能的重要時刻。當時，自然發生說在生物學界還占據著統治地位，這一理論認為，有機體是由一些非生命物質透過某種未知的過程轉化而來的。到 1869 年前後，有足夠的證據對此概念提出了挑戰。法國科學家巴斯德透過設計巧妙的實驗徹底推翻了這一概念，認為所謂由一些非生命物質演繹出來的自然發生事件，只不過是由空氣中存在的有機體引發的。英國著名外科醫生李斯特（Joseph Lister）也站出來支持巴斯德的學說，他認為：「正如大多數醫師認為的那樣，手術時採用無菌技術，手術用器械經過嚴格滅菌處理，患者傷口就絕對不會發生自身感染現象。」種種研究都將人們的注意力直接指向細胞及其成分，即活性物質的組成以及新生細胞的來源。

圖 2.2 巴斯德

在發現抗生素並研發出藥物之前，醫院病患者傷口發炎流膿是常見的事。醫院每日要往外丟棄大量沾滿膿血的繃帶，米歇爾便日復一日地將附近醫院牆外堆滿的繃帶取來作為研究材料，他從這些沾滿新鮮膿血的繃帶中，將膿細胞和膿血中的其他成分一一分離。然後再將它們與細胞核分開，以分析膿細胞中的細胞質並檢測其中的成分。他的這些努力開始時並不成功，往往是在費了九牛二虎之力後仍是無疾而終。

在進行複雜生物體系的分離工作時，人們面臨的是一個極其複雜而又脆弱的體系。第一，目的物質的含量極低，要從一個複雜生物體系中將它們分離出來，提高其精煉度談何容易，而且它們的生理作用或生物活性又極高；第二，這些物質對溫度、光照、酸鹼度、鹽、有機溶劑等物理與化學因素十分敏感，並且極易受微生物汙染威脅；第三，有些物質的結構不穩定或僅僅是壽命很短的「反應中間體」，稍縱即逝；第四，有相當多生物活性差異很大的物質，其化學結構卻相差甚少，如有的血液遺傳病患者，其血紅蛋白與正常人比較，其胺基酸組成僅差一兩個，例如，正常的細胞血紅蛋白與鐮狀細胞貧血症血紅蛋白的差異僅在於一個胺基酸的改變，即麩胺酸變成纈胺酸。以上原因，均使得複雜生物體系的分離工作特別困難。

米歇爾所處的 1860 年代，離心、電泳、離子交換、膜過濾以及色層分析法等分離技術尚未問世。在米歇爾之前，生物化學家都是在整體性組織程度上進行研究的，米歇爾則是在細胞水準上，或者更深層次的諸如細胞核這樣的組成細胞零部件的程度上工作的，而前人沒有留下任何可操作的分離技術，所以他只能從最原始的分離方法做起。於是他便投身於蒐集有關淋巴細胞成分的資料數據中，尤其沉浸在追蹤最簡單的不依附於其他成分形式的動物細胞生活條件中。米歇爾選擇膿細胞作為最簡單的動物細胞實驗研究材料，採用沖洗、沉澱、觀察這些最原始的分離方法，拿各種溶劑一點點沖洗，再將洗出來的東西在顯微鏡下檢查、分類，關鍵是想弄清楚在什麼樣的鹽濃度下會析出怎樣的蛋白質與脂類；其中一些實驗採用硫酸鈉溶液來處理，這加快了細胞分離的速度。

由於好奇，米歇爾想了解膿細胞裡到底注入了什麼樣的物質，他希望在膿細胞中找到「蛋白質」的物質。希臘語裡把蛋白質稱為「proteios」，這個詞的原意是指「頭等重要」。他曾寫道：「最先想確定從細胞質裡能獲得哪些物質……一旁又分別做另一項實驗，想確定從細胞核內是否可能獲得另一些物質，兩者均不致造成改變物質特性。我把希望寄託於鹽類的作用，分別試用過各種鹽，濃度也提高了 3-4 倍，並用顯微鏡進行觀測。這些工作非常非常耗費我的寶貴時間。」

當時，他的工作環境異常惡劣，只是在人來人往、四面透風的走廊中架了一個工作檯，實驗操作的困難可想而知。就在這種研究條件下，他終於捕捉到了常人不大注意的現象。他將細胞浸於各種含鹽溶液中，細胞表現非常不一樣，有的膨脹，有的溶解或萎縮。從顯微鏡觀測中可以看到完整細胞以及細胞核顯現出一種可檢定的細胞成分，它們迅速分散開來。他寫道：「用弱鹼性溶液處理膿細胞，經過中和獲得了一些沉澱物，此沉澱不溶於水、乙酸、很稀的鹽酸或氯化鈉溶液，因而，它們不屬於任何迄今已知的蛋白質類物質。」這就是核蛋白。

經過仔細比較、對照之後，米歇爾得到的這種蛋白質性質的物質和以前從皮膚中分離的肌凝蛋白不同。那麼，從膿細胞中獲得的蛋白質類物質是從哪裡來的呢？是來自細胞核還是來自原生質？人們是不清楚的。他透過顯微鏡觀察到，弱鹼性溶解液會引起細胞膨脹，最後導致細胞漲破。米歇爾認為此物質可能是存在於細胞核內的物質，一些組織學家同樣持這種看法。要解開這個謎，最合理的辦法就是把細胞核內的成分提取出來並精煉它們。於是，如何從細胞核中獲取到核內物質，便成為當時生物學界的一個重要課題。

當時大多數科學家都認為核內的物質不僅僅含在細胞核裡，也會存在於其他細胞器內，而且是一種相對而言不怎麼重要的細胞成分。米歇爾卻認為，細胞核可能含有某種獨一無二的化學成分。不過要將唯一存在於細胞核內的化學成分精煉出來談何容易？因為當時對這類物質的定義很不一致。有說它是無定形的，即使精煉出來，純度也得不到保證，那些「聰明的」化學家見了它都躲得遠遠的或繞開它走。那時正是米歇爾創新能力的頂峰期，他設計出來了分離、精煉核內物質的方法，其巧妙、嚴密程度令人嘆服。

他先是用酸水解和蛋白酶解，將原生質和核分開，再用加熱酒精洗滌水解物，除去脂肪類物質，排除它們在之後的分析中可能發生的干擾作用。他所用的蛋白酶是從動物的胃裡提取出來的，因為膿細胞是人體組織被感染後生成，所以要用動物來源的胃蛋白酶來分解其中的蛋白質。用胃蛋白酶處理膿細胞要持續好幾個小時，然後將破碎的淺灰色沉澱物與黃色溶液分開，最後才獲得了富含磷的沉澱物。他發現，這些沉澱物有與眾不同的特徵，也不屬於已知的任何有機物，更不像是已知的蛋白質，遂將它命名為「核素（nuclein）」，即現今被人們所說的核蛋白。米歇爾時年僅 25 歲。

從進入霍普 - 塞勒實驗室到獲得核素，米歇爾僅用了一年時間。他的研究成果直到 1871 年才在《組織化學和生理學論文集》（*Die Histo chemischen and Physiologischen Arbeiten*）發表。文章延遲發表，戰爭的爆發固然是原因之一，但從他與霍普 - 塞勒的往來書信中也能看出，是因為他的老師也想進行這一課題研究。學生做出了成績豈能在老師之前發表呢？所幸米歇爾的幾位同事也都意識到米歇爾工作的重要意義，紛紛參與這個課題的研究，有的人還取得了一些成就。這表明，從事核素後續研究的大有人在，不止霍普 - 塞勒一人，如此老師一手遮天的謀畫才未得逞。這件事跟本書第 1 章述及的孟德爾的遭遇頗為相似，但也有不同之處：相似之處是老師壓著學生的文章不發；不同之處是米歇爾的老師霍普 - 塞勒自己要介入這一課題進行研究，而孟德爾的老師耐格里則是害怕學生的研究成果發表後，會否定了他自己的學說。

這裡值得一提的是，米歇爾還懇請他的老師霍普塞勒將文章手稿的送交日期寫明是 1869 年 10 月，以示他是「核素」的第一個發現者，以防文章尚未發表，或許有別的什麼人也在這一期間發現了「核素」，誰先誰後說不清楚。可見，早在 1870 年代科學家就與現今的科學家一樣，已經有了極強的競爭意識，知道時間是取得發明權的重要關鍵，早一日晚一日發表，就可能是天差地別。

2.3 米歇爾的失誤

米歇爾是一位不知疲勞的勤奮化學家。他接著還證實，核素不僅存在於膿細胞內，在酵母菌、腎、肝、睪丸以及有核的紅血細胞裡都先後發現有核素的存在。它們都含有磷元素，只不過含量各有不同，故而他錯誤地認為：「磷在這裡的主要功能雖然還沒有來得及被揭示出來，但核素不正是有些像細胞裡的磷倉庫嗎？一旦細胞需要這些磷元素時，被弄破的核素即釋放出包涵體磷元素。」米歇爾當初的這些概念顯然和我們現今對 DNA 的認知毫無共同之處。

1872 年，米歇爾受他大叔的影響，又研究起了蛋黃，認為從鮭魚中獲得卵是一個不錯的選擇，況且有關卵的資料遠比膿細胞多。所以，他又轉而研究起了鮭魚精子，由此，他和 DNA 研究漸行漸遠；儘管從鮭魚精子中獲得核素固然也是一個極佳的選擇。他調侃地說，從鮭魚精子頭部能獲取到上噸的核素。不過他又發現，細胞核裡除核素之外，還有一種新的物質，這種新物質引起了他的注意力，也使他轉換了研究思路，他也給此物質起了一個新名稱 —— 魚精蛋白。他將魚精蛋白結晶，用硝酸加溫，生成一種黃色溶液，而用鹼加溫則生成一種淺紅色溶液 —— 這種反應與任何其他化學物質不一樣，故稱它為黃嘌呤鹼基。

實驗進行到這個程度，米歇爾開始變糊塗了，錯誤地認為：「黃嘌呤鹼基部分來自蛋白質，而部分來自核素。」這說明早期的研究者限於技術和儀器裝備水準等因素，還不能把核素和蛋白質完全分開，這也是核酸研究長期以來進展緩慢的重要原因之一，主要是那時的化學還未發展到足夠成熟。化學家所進行的分析研究，經常局限於從一種天然產物中分離出一些物質，再把分離到的物質加以拆分、改變它們原先的排列、打破它們分子之間可能的連接，要讓他們將有機物質水解後再把原來的成分重新組合起來，就力所不及了。

物質在有機體內的循環轉換，用無機化學的定律是解釋不了的，要可靠、準確地置換某種有機物的原子或某個基團，使每一種元素都被安置在這些分子中的合適位置，生成一些特異性化學成分，除在實驗室內進行必要的操作實驗外，還需要另外一種活性的參與，即生命有機體自身參與的活性，且有機體內只有蛋白質和核酸這兩種聚合物的分子有生物學意義。最近的「醣生物學」研究顯示，醣也具有不可或缺的生物學意義。這些生物大分子兼具化學和生物學的兩種特性。對一位化學家來說，蛋白質和核酸是最複雜的分子，但對生物學家來說，它們則是非常簡單的體系，因為再進一步簡化它們，就將失去生物學特性。有機化學恰好位於生命科學和化學的邊緣，然而兩者之間曾經築起過一道牆。他們現在必須要做的是，精確闡述適用於活有機體反應原理的化合物性質和機能。可是，米歇爾整天思考的是，鮭魚精子形成期間為了合成大量核素所需的磷元素是從哪裡獲得的？

1872 年，他甚至公然宣稱，他想研究核素的生理學，即它們在機體內的分布、化學連接、出現、消失和轉換。這也說明，他畢竟不是一位遺傳學家，僅僅是一位單純的化學家，他腦子裡考慮的全都是關於純化學的或者說是生理學的問題，沒有衝破化學家的思維框架。且不說他絕不會思考核素是遺傳訊息的載體，就連核素在有機體內的機能是什麼，他想都沒有想過。在活有機體和化學之間的一條不深不淺的小溪，他還沒有跨越過去。因為他接受的是普通化學知識的教育，在他看來，化學家為什麼要去過問應由生物學家思考的問題呢？

在他所處的那個時代，包括米歇爾本人在內，人們普遍認為，蛋白質是細胞內發現的最重要的物質，很少有人會相信核素具備遺傳的化學基礎。還有人認為核素雖不具備生物機能及 DNA 的重要價值，但卻錯誤地被視為治療疾病的良藥，說核素能治癒結核病、扁桃腺炎、貧血、白喉等疑難病症。

2.4 後米歇爾時代 —— 核酸的化學性質研究

在以後的半個世紀裡，探索 DNA 的化學本質完全是化學家的事了。他們要證實核素確實是一種與蛋白質完全不同的物質，並且和生物有機體中已知的其他含磷豐富的卵磷脂完全不相關。米歇爾對這些問題卻束手無策。

核酸的早期研究歷史表明，生物化學與遺傳學是兩個不同的學科。生物化學家當初並不關心遺傳問題，他們只是由於接受了某項任務，才會鑑定一個完整細胞內所有能見到的一切化學成分，他們也沒有能力去破解這些化學成分的生物學功能，但他們必須和這些已知是遺傳物質的化合物打交道。1872 年，核酸首次被當作蛋白質的聚合物從白血球（現稱白細胞）和精子細胞中離析出來。直到 1889 年，米歇爾的學生奧特曼 (Richard Altmann) 才成功獲得了無蛋白質的核素，並首次將它命名為含磷的酸性化合物，即核酸。這說明化學家比生物學家更了解核酸與蛋白質的不同。

1900 年以後，遺傳學研究活動迅速增多，於是有必要為那種被認為具有獨立遺傳性狀的物質制定術語，丹麥遺傳學家約翰森發現孟德爾的因子作用與德弗里斯所提出來的泛子 (pangen) 很相似，因而在 1909 年建議將泛子這個詞簡化為基因 (gene)，表示遺傳性狀的物質基礎。不久，DNA 和 RNA 也先後被證實，但當時認為 DNA 只存在於動物體內，RNA 只存在於植物體內。他們的研究表明，核酸最理想的動物性來源之一是胸腺，將這種核酸水解，得到腺嘌呤、鳥嘌呤、胞嘧啶和胸腺嘧啶，一種戊醣（D-2- 脫氧核醣）和磷酸。而從酵母菌中得到的核酸，經水解後，則生成腺嘌呤、鳥嘌呤、胞嘧啶和尿嘧啶，一種戊醣（D- 核醣）和磷酸，它是以尿嘧啶代替了胸腺嘧啶，核醣代替了脫氧核醣。1940 年代初，隨著細胞化學和細胞分步分離新技術的應用，證實 DNA 和 RNA 是動植物一切細胞的正常成分，DNA 只存在於細胞核內，RNA 在細胞質內也有。

任何來源的脫氧核醣核苷酸，即 DNA 分子，都含有 4 種不同的鹼基，這就是腺嘌呤（A）、胸腺嘧啶（T）、鳥嘌呤（G）和胞嘧啶（C）。組成核醣核酸的鹼基也是 4 種，其中腺嘌呤（A）、鳥嘌呤（G）和胞嘧啶（C）與脫氧核醣核苷酸相同，不同的是尿嘧啶（U）代替了胸腺嘧啶。

研究 DNA，理論上有兩條路線可走：一是將 DNA 分子分解並研究其成分，另外一種則是研究 DNA 整個分子。1920 年代施陶丁格（Hermann Staudinger）創立聚合物化學理論之後，就是按照第一種方式進行研究。19 世紀和 20 世紀交替時，由於有機化學中關於分子結構的概念還深受膠體研究的影響，後一條路線單靠有機化學概念是走不通的。

20 世紀前 30 年，人們對 DNA 的化學成分了解得很少，而且將 DNA 分子作為一個整體，以了解其生物學功能的進展也不大。此外人們始終誤以為，這 4 種鹼基在核酸中等量存在，並成為 DNA 分子結構的四核苷酸學說的依據，將核酸看作是小的分子，分子量 1,500 左右。而實際上，它們是大的分子，只不過科塞爾和列文採用了有機化學中十分劇烈的分析方法，將本來非常大的分子破碎成小的分子。他們採用各種不同方法得到的分子量小的分子，符合當時流行的膠體化學概念。DNA 分子量後來被證實為 500,000，紫外線吸收峰為 260 奈米，具有核酸特有的特徵。直到 1953 年，人們這才確認這些成分是如何連接的。

2.5 米歇爾對化學遺傳論的思考

要評價米歇爾的功績不是一件容易的事，他先是在老師霍普 - 塞勒指定的框架內不知疲倦地進行分離、精煉操作實驗，後來又跟著他大叔的腳印一步一步走過來。他研究過雞卵蛋黃和鮭魚的卵及精子，在研究魚精蛋白時，誤把黃嘌呤作為核酸鹼基。隨後他又接替他的大叔，成為解剖學教授，為設計教案、教學實驗、編寫教材操勞。他始終沒有為自己設計一個創新課題，獨當一面地完成某項任務，更沒有提出過任何科學預測或新的學說。這是他自幼被調教成「乖孩子」的習性，加上他的耳背缺陷，使他凡事不願標新立異。進入社會後能做研究工作了，還是沒有膽識越雷池一步，他的老師霍普 - 塞勒叫他做什麼，他就老老實實地做什麼，而且做得比想像中的還要好。他大叔研究鮭魚卵、精子，他也跟著研究鮭魚卵、精子。他就是這樣一個人，一輩子總是跟在別人後面，沒有決心自主選擇項目，這也是米歇爾本人的悲劇所在。

1893 年米歇爾終於明白過來。他曾經寫道：「遺傳連續性不僅存在於形態，它存在於甚至比化學分子更深的層次裡 —— 構成原子的官能基內。從這個意義上說，我是一個化學遺傳論的支持者。我還明白，化學成分的特異性，基於原子運動的性質和強度。」他的這番高論，確實比本書第 4 章將要敘述的德爾布呂克及其進入生物學研究領域的眾多物理學家合作者所持的概念，整整提前了 50 年。米歇爾後來又想回過頭來重新研究核素，遺憾的是，歲月不饒人，已力不從心，但他晚年還能有此種想法確實感人至深。米歇爾晚年生活過得很悲慘，兩個兒子先後夭折，留下來的唯一的小兒子是一個神經病患者，他還要反過來去照顧他。來自教學、科學研究、家庭、精神、行政事務等方面的壓力，嚴重摧殘了他本已瘦小的身軀，加上他本人患有結核病這個在當時來說的不治之症，米歇爾於 1895 年 8 月便去世了。

這位偉大的化學家帶著與 DNA 擦肩而過的終生遺憾悄然離開了人世，僅活了 51 個年頭，這不能不說是核酸化學研究史上的一大損失。他身為一位年輕有為的化學家，在當時那樣一種艱苦、簡陋的工作環境裡，全憑自己的潛心研究、努力，設計了一些全新的分離、精煉生物活性物質核素的方法、模式，已屬不易了。這為後繼者了解核酸的生物學功能及其物理學、化學構造打下了基礎。他也因此被認為是細胞化學知識的創始人，是核酸化學的奠基者。

遺憾的是，由他頓 (René Taton) 編寫的 19 世紀科學史《普通科學史》一書的書末人名索引中，達爾文的名字出現了 31 次，赫胥黎 (Aldous Leonard Huxley) 的名字出現了 14 次，米歇爾的名字卻一次也沒有出現過，很是發人深思。後人在米歇爾就職的大學校園內專門為他豎立了一個半身雕像，碑文中寫道：「生理學、化學教授 —— 米歇爾。」瑞士生物化學學會專門設立了「F · 米歇爾獎」，以紀念他在核酸化學研究中的巨大貢獻。

不指出米歇爾在實驗研究中的失誤，也是不恰當的。他在研究鮭魚精子頭部的分解產物黃嘌呤鹼基時，認為黃嘌呤鹼基一部分來自蛋白質，另一部分來自核素。這顯然是錯誤的，因為黃嘌呤只是核素中的核酸鹼基的分解產物，而與蛋白質毫無瓜葛。他因為過早地離開了核素研究，所以他發現的核素也只不過是在長長的、每年都會有新產品添加進去的化學藥品目錄中，新增添的一個富含磷的酸性物質核素。至於核素如何被確認是核酸，是他的後繼者奧特曼於 1889 年完成的。核素後來又是如何分為 DNA 和 RNA、如何與遺傳學掛上鉤的，尤其是 DNA 又是如何與遺傳學建立關係的，在很大程度上還應歸功於法國巴斯德開創的醫學細菌學的興起。因為正是這些從事醫學微生物學實驗研究的後來人，才把上述的化學和遺傳學概念統一起來了。

且看微生物家是如何建立化學和遺傳學的關係。

第 03 章
醫學微生物學和細菌轉化實驗

隨著社會生產力的發展、蒸汽機等的出現，英國開始了工業革命，眾多近代產業迅速興起，社會財富積累速度也大大加快。人們在吃飽穿暖之外，最關心的莫過於防治疾病發生、健康長壽。政府對醫療衛生防疫的財政投入也逐年增加，從而推動了醫學的發展。

自從法國巴斯德等認定微生物是傳染病的致病因子後，微生物就作為一門科學，從誕生之日起就被作為防病治病的對象來研究。曾經在很長的時間內，人們將細菌與許多重病和死亡連繫在一起，談「菌」色變。當時一批科學家中，巴斯德本人研究狂犬病的致病因子病毒，德國細菌學家柯霍 (Heinrich Hermann Robert Koch) 研究結核病的致病細菌，英國著名外科醫生李斯特研究過與外科手術感染有關的微生物。至於微生物的有益作用研究，例如生產發酵食品、有機酸、酶的活化劑與抑制劑、抗生素等為人類社會節省和創造財富、提供勞務，或用於改造大自然的有效方法等，在那個時代則被放到次要位置上，更談不上將微生物作為遺傳學研究材料了。科學發展史好像是向我們人類社會開了一個大玩笑。待到細胞學興起，人們嘗試將生命世界一體化時，照理細菌也應當被包括到細胞學研究範疇內，實際情況卻不是這樣，細菌仍然被排除在所選擇的研究材料的範圍之外。那時多數生物學家認為，它們的形體太細小，其特徵結構不易識別。因此，人們主要出於醫學目的才對微生物做些培養，觀察它們的形態和做一些實驗，並試著對它們進行分門別類的研究。直到 2020 年代以後，微生物學的這種研究狀況才根本性地改變，這很大程度上還是出於醫學目的。

3.1　格里菲斯的事跡

在抗生素發明前，肺炎是造成人類死亡率最高的疾病之一，主要禍首就是帶莢膜的肺炎鏈球菌 (*Pneumococcus*)，因此醫學界對之倍加關注。

醫學界研究人員進行大量觀察實驗是出於醫療目的治病救人，然而某些人可能會走得更遠，超越了醫學研究範疇，不經意間悄然接觸到生命本質，並由此揭開了現代生物學研究的序幕。

圖 3.1 格里菲斯

肺炎鏈球菌有兩類，一類是有毒性的，另一類是無毒性的。有毒性的肺炎鏈球菌會致病，對人畜健康和生命造成巨大威脅。當時，一位在英國衛生部所屬的病理實驗室供職的普通醫官格里菲斯，最早發現有毒性的肺炎鏈球菌的致病特性與這種細菌的細胞壁外面有一層多醣莢膜有密切關係。這層多醣莢膜對細菌自身有保護功能，可以防止其侵入宿主體內後被宿主自身的正常抗性機制殺滅。正因為如此，此種肺炎鏈球菌才會使人畜患病死亡。由於這類細菌的菌落光亮而平滑，格里菲斯便稱它們為 S 型（smooth 一詞的字首）肺炎鏈球菌。另一類是無毒性的，不會致病，其細胞壁外面不具備多醣莢膜，自身也沒有合成多醣的能力，即便侵入人畜體內，人們也大可放心，人畜體內的抗性機制自會有辦法將它們殺滅殆盡。由於其菌落的表面粗糙，格里菲斯便稱它們為 R 型（rough 一詞的字首）肺炎鏈球菌。

進行侵入性實驗時，按照他們的經驗，把侵入性菌液連同諸如胃黏蛋白的一種黏液性質的物質作為一種有毒的佐劑，一起注射入實驗動物體內，看其是否發病死亡，其實這也是細菌學家們常用的技術之一。格里菲斯由於偶然的機會，錯把經熱殺滅的肺炎鏈球菌 S 型菌液當成注射液的佐劑，一起注射入小鼠體內。出乎他的意料，小鼠不久因患敗血症死去。經解剖分析，從死鼠心臟血液內分離到一些帶莢膜的菌株，亦即 S 型肺炎鏈球菌。就是說，經熱殺滅的肺炎鏈球菌的毒性似乎還存在，不過這個確實存在的現象直到 1928 年依然是一個說不清、道不明的謎。格里菲斯戲稱此為不常見的一場遊戲。

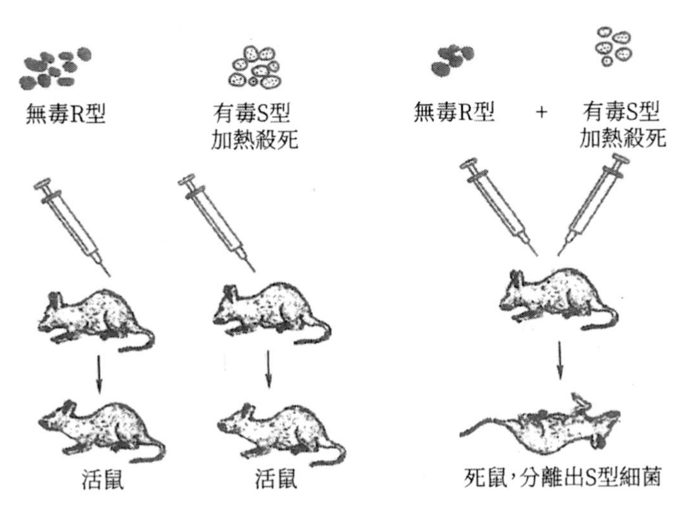

圖 3.2 格里菲斯的實驗（引自 Russell，2000）

後來經過一系列的實驗，確定了即便不透過小鼠這個反應中間體，在試管內也能夠重複出來，並且反過來，從 S 型也能轉化成為 R 型細菌。這說明，從 1931 至 1933 年這一期間就已經明確，在 S 型菌系中的無細胞抽提液內，可能存在著「轉化因子」，它賦予 R 型肺炎鏈球菌合成多醣類的遺傳能力。

正像法國巴斯德當年說過的：「在觀察事物的時候，偶然性只會使有造詣的人得惠。」格里菲斯便因此成為第一個發現肺炎鏈球菌遺傳轉化現象的人。他畢竟只是一名醫生，不是遺傳學家，因而他沒有確認這件事或這件事的意義。另外，他的有關遺傳轉化現象的觀察只停留在肺炎鏈球菌從這一類型轉化成為另一種類型，從未涉及肺炎鏈球菌種以外的遺傳轉化現象的觀察。他還錯誤地認為：「R 型肺炎鏈球菌無論是從哪一種類型轉化過來，它的最終形式都是相同的。」在當時，英國也沒有幾個人相信格里菲斯的實驗結果。1933 年，圖勃萊等編著的權威性細菌學和免疫學教科書裡，也只是以不確定的口氣對格里菲斯所說的遺傳轉化現象的觀察輕描淡寫地提了幾句。格里菲斯並沒有急於發表他的發現，他期待進一步驗證，按照他的觀點，「全能的上帝都是不慌不忙的，我為什麼要那麼急呢？」接下來將要敘述的埃弗里 (Oswald Theodore Avery) 醫生也是這個態度。

然而 1942 年二戰中，格里菲斯還沒有來得及發表自己的發現，就死於倫敦大轟炸中。

3.2 埃弗里和他的細菌遺傳轉化實驗

格里菲斯關於遺傳轉化的研究越過海洋到了北美。實際上這好比運動場上的接力賽，接力棒只是從一個英國醫生手裡傳給了另一個美國醫生，還是沒有跳出醫學微生物學這個圈，他們是不約而同地走到一起的。這說明任何一個新領域產生的科學，最初發現時，多半都只是一個大概，還需要完善、細化。不過，這已經不是先驅們的事了，自有「二傳手」來接續，科學事業無一不是透過在專業分工中不斷接續、積累而後完善起來的。

圖 3.3 埃弗里

接棒的是一位牧師的兒子埃弗里醫生，在歐美，牧師的後代進入學術界的機會比較多。牧師這種職業在傳教之餘，往往有更多的時間做他們感興趣的事情，這可能是一個原因。本書第 1 章提到的孟德爾也是這個情況，而且他本人就是一名牧師。率先提出量子力學的德國普朗克，從 1920 年直到去世，一直是教會執事。人稱「細菌遺傳學之父」的雷德伯格 (Joshua Lederberg) 也是一位猶太牧師的兒子。

話說回來，埃弗里一家人多年來備受疾病痛苦煎熬、困擾，小埃弗里本人亦自幼體弱多病，所以他自小就立志從醫，救死扶傷，獻身醫學研究，從事使人類遠離病魔的崇高事業。他幼時不僅體質很差，而且發育欠佳，腦袋在瘦小的身軀上顯得很大，所以有人給他起了一個外號，叫作「小寶寶」，還奚落他「是一個最不可能成才的人」。然而，誰能料到，就是這樣一個「小人物」，經過 10 年潛心研究，終於在 1944 年完成了一項劃時代的實驗，證明了引起肺炎鏈球菌發生遺傳轉化的因子是作為遺傳物質載體的 DNA，而不是其他任何物質。

埃弗里生於加拿大，1904 年在紐約哥倫比亞大學內外科醫學院獲得博士學位，當過醫生。第一次世界大戰時在陸軍部服役，擔任過醫療隊長。復員後，先是研究乳酸菌，他認定這項研究具有商業開發價值；後又研究結核桿菌，因為結核病是當時的重要疾病之一，他的一位同事就是得了這種疾病而早逝的。他的大部分科學研究生涯都是在紐約洛克菲勒醫學研究所度過的。他長期從事臨床和醫學細菌學研究，其中就包括棘手的肺炎鏈球菌和血清治療肺炎等課題。他先後對肺炎鏈球菌的莢膜多醣進行過化學檢測；人工合成過抗原並研究過它們的免疫學特性；他觀察過肺炎鏈球菌的自溶過程，並將它們應用於血清治療，確認患者在重度感染期的血清內存在的所謂 C- 反應蛋白；實驗過人與動物皮膚對各類肺炎鏈球菌細胞成分的反應；研究過分解肺炎鏈球菌 III 型莢膜多醣的某種由細菌產生的酶的活性；他還研究過桿菌肽等抗生素。這些工作都取得過一些具有理論和實際意義的成果。然而埃弗里是個低調的人，極少發表文章，無意著書立說，也從未公開演講過。

3.3　DNA 的發現和埃弗里的審慎

1930 年代後期，防治肺炎鏈球菌引發的肺炎是採用磺胺類藥物，到 1940 年代則用青黴素。在當時，一方面免疫學剛剛起步，所以這類研究不怎麼迫切；另一方面，格里菲斯的發現確實威脅到他所從事的「後天免疫系統」這個學科的存在。因此，埃弗里堅決想把這個問題弄明白，集中精力於分離、純化與肺炎鏈球菌菌落類型轉化有關的物質。他和格里菲斯素未謀面，亦沒有書信往來，埃弗里只是從格里菲斯發表過的文章中了解到其人其事。他對格里菲斯早先的有關肺炎鏈球菌的描述，以及將它們分類成為 I、II、III 型極表贊同，並證明與自己的研究結果十分一致。可是，對格里菲斯認為肺炎鏈球菌自身能改變後天免疫系統這一點，埃弗里認為這簡直是不可能的事。在科學界，只有那些對某一領域諸如免疫學）一成不變的教義有過多年深入研究，並且具備相當判斷能力的人，才會產生這種屬於科學家本能的懷疑態度，埃弗里就屬於這種類型的人。

不僅如此，埃弗里也是一位十分謹慎又細心的人，他對格里菲斯的轉化實驗並未止步於簡單懷疑、說說而已，而是耐心地檢驗實驗的每一步。例如，格里菲斯本人實驗中採用了 60°C的高溫，當時的許多對照實驗雖然一再證明，在這一高溫條件下足以殺滅 S 型肺炎鏈球菌。儘管他的實驗證明可以徹底殺菌，但他仍然懷疑在這一溫度條件下，在實驗動物體內適宜的環境中，仍可能有少量有毒性的細胞或許會起死回生，繼續充當動物體內致病因子的角色。埃弗里因而極其謹慎地一步步重複格里菲斯的實驗，發現溫度從 60°C提高到 80°C時，肺炎鏈球菌 S 型菌液即喪失其誘導轉化能力，由此證明格里菲斯的結論是可信的。同時，他自己又將這項實驗向更深層次推進，他推測使肺炎鏈球菌 R 型轉化成為 S 型的遺傳因子可能存在於被滅活的 S 型菌液裡，這樣便又向生命本質

DNA 分子的研究逼近了一步。埃弗里實驗室的同事中，一些人認為，引起肺炎鏈球菌遺傳轉化的因子是完整細胞內的以莢膜抗原形式出現的一種蛋白質 —— 多醣複合物。埃弗里則認為，引起轉化的因子既不是蛋白質，也不是碳水化合物，而可能是核酸。但是，當時人們總是把核酸和 RNA 連繫在一起。為了驗證這一論點，唯一的途徑就是要獲得有轉化活性的純物質。

於是，埃弗里和同事們採用了一系列化學和酶相關的方法，結合運用數學中的「篩法」，將實驗系統內一切可能涉及遺傳轉化的因子一一過篩，穩紮穩打，從肺炎鏈球菌 S 型無細胞提取液中依次提取出各類物質，包括蛋白質、脂類、多醣、DNA、RNA 等，再逐一實驗，看其在反應系統中是否還發生遺傳轉化現象。他們先後提取出了蛋白質、脂類、多醣、RNA，結果仍發生肺炎鏈球菌從 R 型轉化成為 S 型的事件。他們最後發現，唯有把 S 型無細胞提取液中的 DNA 分離出來後，這種提取液才不會再發生肺炎鏈球菌從 R 型轉化成為 S 型。

然而，埃弗里並不就此止步，他繼續透過化學和血清學的方法，驗證了精煉的轉化因子內不含有任何蛋白質。由於當時主流的觀點認為，基因是由蛋白質分子組成的，他們的實驗結果卻與這種主流觀點相悖。於是他們又分別採用蛋白酶和 DNA 降解酶處理萃取物，都證明轉化因子不是蛋白質，而是 DNA。埃弗里在論文中寫道：「這裡所提供的證據支持如下概念，即脫氧核醣型的核酸是肺炎鏈球菌 III 型變型要素的基本單位。」他當時受到「四核苷酸理論」的深刻影響，還不敢進一步向該理論挑戰，所以他接著又說：「引起細菌遺傳變異的可能不是核酸，而是一些附著於核酸分子上的其他微量物質。」這樣雖說對遺傳物質分子本質的揭示從實驗上已經指日可待、近在咫尺，但其生物學活性卻仍待確定。

細心和謹慎是一脈相承的，埃弗里醫生還是一位用詞十分審慎的人。由於遺傳學的經典概念一直到 1948 年前還沒有在細菌學研究中得到證實，因此他總是小心謹慎地將「轉化」實驗稱為「可傳遞的特性」「細菌從 S 型解離成為 R 型」「從 R 型轉變成具有莢膜的形態，即 S 型」。他在引用格里菲斯觀察到的遺傳轉化現象時，總是繼續使用諸如「類型的轉化」「類型內部的轉變性能」等詞語。不過，隨著遺傳轉化現象進一步得到驗證，他使用的詞也一步步升級，先是用「轉化因子」，然後用「轉化物質」，最後用了 DNA 這個詞。說明只是在問題十分明朗化後，他這才最終確定了引起肺炎鏈球菌遺傳轉化的不是別的任何物質，而是 DNA。

埃弗里還發現，即便在反應系統內將 DNA 稀釋 10 億倍，仍會發生肺炎鏈球菌從 R 型轉化成為 S 型，並且這些轉化因子能一代代地將 S 型的性狀傳遞給子代；不僅如此，他還將這一實驗結果推廣到其他細菌種屬中。

埃弗里的研究成果，當時學術界中倒也不是所有人都視而不見。畢竟有一些人，屬於有眼光的人，他們會從已有成果中尋找問題的，只不過他們當時一心只想知道基因到底是什麼樣的性質，或者還想知道 DNA 到底是什麼樣的結構和功能。事實是，埃弗里的研究成果與他們想要知道的可能也不盡相符。他們大都將這樣的研究實驗報告擱在一邊，或者期待有進一步的研究報告，這也是一種正常的現象。這個事例並不說明埃弗里的研究成果全然被冷落、無人問津，實際情況的確也不是這樣。

埃弗里本人過於謹慎，科學家的本色起了作用。例如，1943 年他在寫給弟弟的一封家信中曾寫道：「DNA 顯然很像是一種病毒，但也有可能這就是基因。」但他一年後，在《實驗醫學雜誌》(*Journal of the Experimental Medicine*) 上發表的〈關於引起肺炎鏈球菌類型轉化物質的化學性質研究〉那篇舉世聞名的文章中根本沒有提及這一觀點，文中甚至連遺傳學的見解都沒有提及。為什麼呢？也許埃弗里本人還缺乏膽識，研究者的性格決定了他如此。據他的一位友人說，埃弗里其人極其謙遜，他不敢提出未經實驗證實的理論。

誰知，這一近乎神經質般的謹慎竟使得諾貝爾獎評議會得出了另一種結論，這個評議會本已經認可了埃弗里 1930 年代在免疫學研究方面的傑出貢獻，考慮提名他為候選人。自從 1944 年埃弗里的那篇著名文章發表後，諾貝爾獎評議會立刻改變了主意，一方面承認他的這篇文章再一次對生物學研究做出了傑出貢獻，另一方面認為他的這篇文章是無效的。因為這篇文章給人一種捉摸不透的印象，使人揣測與遺傳轉化事件有關的，除 DNA 外，可能還有其他什麼物質。另外，埃弗里也沒有從 DNA 在某一種細菌內所起的作用，聯想到 DNA 在其他活有機體內能造成的作用這方面。換言之，埃弗里在文章中就是少說了這麼一句話，他的實驗和發現真正敲開了理論生物學新世代的大門。因為諾貝爾獎評議會不習慣於這類隱晦、含蓄和近於神經質般的謹慎，所以決定，可以延後發獎，或等待進一步的實驗確認，但不是不發獎。不久，埃弗里去世，與諾貝爾獎失之交臂，評議會無力修正他們的過錯，這便成了諾貝爾獎有史以來的一大憾事。

這種過了頭的謙遜，反而招致了另類的誤解，使得這一史詩般的科學研究貢獻與理應獲得的諾貝爾獎失之交臂，這對後來人不無教益。後來的人評論說，「埃弗里所做的是一項真正了不起的貢獻，但同時也是一項過早成熟的學說」。

3.4 諾貝爾獎的「雙重標準」和永久性「遺憾」

由此聯想到弗萊明 (Alexander Fleming)，他和埃弗里兩人命運真是大相逕庭。事情還要從 1922 年說起，小弗萊明曾經偶染感冒，他從自己鼻腔分泌液中發現了一種能殺滅細菌的溶菌酶，並且查明這種酶在動物體的許多組織中都有，這種酶便成為第一個被解析清楚功能與結構兩者關係的酶種。不過這種酶對付引起疫病的病原菌，其酶活性有限。直到1928年，他才發現一些用來培養葡萄球菌的培養皿有些被黴菌汙染了，更奇妙的是，在黴菌菌落四周竟然找不出葡萄球菌菌落，這說明這種黴菌能分泌某種殺滅葡萄球菌或阻止其生長的物質。小弗萊明很有遠見，這是一個傑出科學家有別於常人的關鍵所在，他成了青黴素的發現者。

由於青黴素使用不當產生了對青黴素有抗性的細菌，它們全都裝備著一種精良武器 —— 青黴素酶。這種酶專門在前面偵察、探路，尋找青黴素分子。一旦遇到青黴素分子，酶分子立刻就會跟它扭打成一團，使青黴素分子變得面目全非，成為胺基青黴烷酸，從而失去殺菌的作用。這時肩負連接胺基酸的酶就可以順利完成組合細胞壁的任務，細菌因此能生長繁殖。

耐藥菌為醫療事業帶來了莫大的挑戰，而且這樣的耐藥菌愈來愈多。現在還知道，不同的耐藥菌水解青黴素的能力也是不同的，而且耐藥菌改寫青黴素酶的基因還能透過質粒運載體傳遞到其他非耐藥菌中，使得非耐藥菌也變成耐藥菌，其中有些菌還能改變細胞壁的滲透性而產生耐藥性。所以，如何對付耐藥菌成為重要課題，尤其是到了後抗生素時代，出現了耐藥性超級細菌，哪怕是常規手術，其感染風險也會大大增加。

英國高盛公司前首席經濟學家吉姆 · 奧尼爾在報告中說：「歐美每年死於耐藥性超級細菌（僅大腸桿菌一項）的就達5萬人，到2050年，若無某種措施，每年將有1,000萬人喪命。從全球視角出發，保守估計將造成100萬億美元損失。」具體地說，如何對付青黴素酶的水解作用就成為全世界許多實驗室的重要研究課題，然而科學家們具體想出了哪些辦法並非本書所要述說的範疇。

但是青黴素怎麼使用，小弗萊明當年並不清楚，也沒有獲得純粹的青黴素，更不知道應該如何把它製成治病良藥。他的發現被擱置了 10 年，直到 1938 年，德國化學家柴恩（Ernst Boris Chain）和英國病理學家弗洛里（Howard Walter Florey）重新開始研究時，才從封塵 10 年的文獻堆裡發現這篇文獻的巨大醫療價值，成功研製出青黴素，並於 1945 年與弗萊明共同獲得了諾貝爾獎。

美國軍方出於戰爭需要，才將青黴素應用列入重點開發項目，並動員數百名生化學家運用色層分析法，解決了青黴素的精煉問題，而後青黴素才進入臨床應用。青黴素雖說是英國人發明的，但真正投入工業法生產的是美國人；青黴素是在英國開花，在美國結果。當時所謂的工業法生產，還是採用最原始的培養法，美國一家工廠使用了 57 萬個瓶子輪迴操作，工作量之浩繁可想而知。用現代生物工程生產，採用電腦控制的深層發酵，容積達到成百上千噸規模，青黴素效價強度也提高了上萬倍。

埃弗里及其合作者的貢獻與弗萊明在青黴素發現中的貢獻相比，要大得多，而且前者系統地完成了實驗工作，但埃弗里卻沒有拿到諾貝爾獎。我們固然要為埃弗里過早去世惋惜，但也不得不質疑，諾貝爾獎是否存在某種程度的「雙重標準」。

3.5 生長點是在舉步維艱中萌發的

埃弗里根據實驗提出的觀點，在很長一段時間內得不到人們的普遍認同，與歷史上大多數新觀點提出者一樣，他遭受到科學界的冷落，受到許多人的非議。一些人試圖將埃弗里的發現納入經典遺傳學範疇，例如同時代研究 DNA 結構的權威利文（Phoebus Aaron Theodore Levene）就認為，埃弗里分離出的 DNA 中有可能含有 1%或者 2%的蛋白質，汙染了 DNA。進而武斷地認為，引起肺炎鏈球菌遺傳轉化的就是這一小部分蛋白質。於是有人認為蛋白質具有某種複雜的訊息結構，足以作為基因的支持物，而核酸分子則太簡單了，只不過是由一堆核苷酸分子胡亂拼搭起來的，它不可能含有可遺傳、傳遞的訊息。與利文一起唱反調的還有米爾斯基（Alfred Ezra Mirsky），他也認為反應系統被蛋白質汙染了；斯達塞（M. Stancy）則一口咬定是受多醣汙染了，認為蛋白質是遺傳物質的觀點一直延續到 1950 年。

當時不少人認同蛋白質是遺傳物質的觀點，一個原因是當時 DNA 是非訊息性「四聚核苷酸」的意見仍廣為人們接受；另一個原因是，不少人認為此轉化實驗是以細菌作為研究材料完成的，因為當時人們心目中的細菌並不是被普遍接受的遺傳學實驗的正常而標準的研究材料，今天看來，這一觀點十分荒唐。他們甚至輕蔑地說：「埃弗里只不過是一名普通醫生，他最該關注的應是如何照顧好他的病人；他不是遺傳學家，也不熟悉抽象的遺傳學理論。」的確，埃弗里等三人和先前的格里菲斯一樣全是醫生而非生物化學家。而就當時的學術界狀況，醫學研究十分混亂，實驗系統複雜到人們信不過他們的研究結果，當然轉化實驗也不例外。因此，他們所在的研究機構裡的生化學家率先對這幾位「醫學博士」的研究結果提出質疑就毫不奇怪了。當時，許多「純」科學部門對「應用」科學部門也持有這樣的態度，醫學家其實直到 1930 年代才開始真正對「純」科學感興趣。正是由於埃弗里等的研究，才把微生物學從原來以應用為目的、從防治傳染病的基本要求開始轉換到目前專注於分子生物學上的，他們還提出了一個頗具挑戰性的命題 —— 基因特異性取決於何種化合物？。

當然，科學家總是在不斷刷新科學知識，他們將那些未被承認及未被利用的資料、數據、成果和模型全丟進了貯藏室。刊載埃弗里研究論文的《實驗醫學雜誌》長期以來所發表的文章在諸多學科領域並沒有產生多少影響，或雖有影響但極小。因此，學術界和一些媒體、教科書、叢書、文摘、索引類很容易將此類雜誌連同此類雜誌刊載的論文一併冷落或遺漏了。

3.6 埃弗里的影響力和查加夫的巨大功績

3.6.1 遺傳轉化實驗的影響力

埃弗里的論文本來只是出於醫學目的供研究肺炎鏈球菌的醫學家閱讀，而不是提供給遺傳學家選擇研究材料的。豈知無心插柳柳成蔭，他的研究竟從此敲開了理論生物學的大門，開創了分子生物學的新時代。這門新學科不再沿襲過去呆板的自然選擇進化過程、外形直觀描述、分門別類，做些蛙類和胡蘿蔔切片實驗，再反覆背拉丁文學名的生物學。埃弗里的論文發表預示著傳統生物學的這種慢條斯理、一成不變的局面將要改變，預示著生物學這塊園地內將發生重大轉折 —— 也許是一次生物學革命。

過去認為用選擇自發突變的方法進行育種，其產生新組合性狀的速度比自然界中緩慢的進化過程快 1 萬倍；如今運用埃弗里的實驗中醞釀的遺傳操縱技術，亦即「基因工程」技術按人的願望、社會需要、用人工方法重新安排、設計新的生命模式，實現定向育種，比自然界中緩慢的進化過程則要快 1 億 -10 億倍。「基因工程」是最節約能源，也是最有效的調節機制，具有無可爭議的優勢，所帶來的巨額經濟效益可望與物理學、化學當年創建的諸如交通運輸業、電子工業、原子能、有機合成、塑料工業等產業部門的效益看齊。新興的生物技術產業已經成為能和物理學、化學當年創建的產業平起平坐，具有生物學特色、事關國民經濟的重要支柱產業。

所以不能埋怨巴斯德從一開始就將微生物學引向醫學領域的研究，使有益微生物的研究和應用被延誤了 50 年之久。正是由於醫學微生物學的興起和奇蹟般發展，這才促進了 DNA 的研究和發現，進而誕生了基因工程技術，也促進了與 DNA 整個研究過程不可或缺的運載工具 —— 噬菌體及質粒的發現和應用。科學史中這種曲徑通幽、別有洞天、柳暗花明又一村的例子屢見不鮮。

埃弗里的實驗結果，理論意義也十分明顯，因為它開啟了探討遺傳物質內部結構的窗口。此後愈來愈多的人承認個體生長和繁衍所必需的遺傳訊息，是編碼在 DNA 長長的纖維細絲上的。絕大多數細胞裡存在的這種成分，是細菌、病毒、動植物乃至人類的遺傳記憶，把確定 DNA 功能的各個時段都連接起來了。生物在一代代繁殖過程中保持其整體上的穩定性，其訊息以一種特殊的形式一代代地傳遞下去。打個比喻，1 公克重的 DNA 相當於 250 萬張光碟存儲的資訊量，可以儲存幾乎無窮無盡的數據和資料，可以說有多少史料都能留存。人們稱此為「DNA 衛星導航，助你尋根問祖」。

埃弗里的重大發現是通往 DNA 雙螺旋結構道路上最重要的發現，是一系列成就的頂峰。這些成就包括確定酶的作用、抗原性以及轉化化學基礎。在這一時期內，人們從它的某種解釋中可能預期獲得遺傳原理的闡明，乃至向生物工程學進行演變。從此，微生物學超脫了原來以防治傳染病為基本目的的窠臼，轉而專注於分子生物學。這就是根植於醫學微生物學研究，以細菌作為研究材料，開創了分子生物學時代所帶來的具有巨大理論和實踐意義的結果。

如果說孟德爾用他的著名的分離定律和自由組合定律這把沉甸甸的鑰匙將遺傳學的大門上的鎖打開了，那麼大門卻未被推開，門內的奧祕尚不為人們所知。那麼現在輪到埃弗里運用他的遺傳轉化實驗證實，起遺傳訊息傳遞作用的是 DNA 這把更沉甸甸的鑰匙，撬開了這門科學的大門。義大利細菌學家，即本書下一章將敘述的噬菌體研究組的「第二號」人物盧瑞亞（Salvador Edward Luria）亦曾評價道：「埃弗里關於細菌遺傳轉化需要少量 DNA 遺傳物質的論述尚未發表前，我就已經體會到這一出色工作的意義了。」噬菌體研究組的主要創始者、德國理論物理學家德爾布呂克（Max Ludwig Henning Delbrück）曾專門造訪過埃弗里的實驗室。盧瑞亞的學生華生（James Watson）自己也承認：「埃弗里的實驗使我們嗅到了 DNA 是基礎遺傳物質的氣息。」

今天看來，埃弗里的細菌轉化實驗稱得上從 0-1 的科學創新，其意義要比 1953 年華生和克里克（Francis Harry Compton Crick）的 DNA 分子模型更為重要。由於埃弗里的發現，才使得微生物學從原來單純以防治傳染病為宗旨，開始轉向為分子生物學的發展服務。

3.6.2　查加夫的 1：1 定則推翻了利文的四核苷酸學說

查加夫（Erwin Chargaff）生於奧地利布科維納（現屬烏克蘭），早年就讀於維也納工業大學，專攻化學。博士畢業後，他先後在耶魯大學、柏林大學、巴斯德研究所工作過。1935 年移居美國，除專業知識外，他還具有語言學方面的天賦，他比他的美國同事更為熟諳英語。在後埃弗里時代，查加夫對核酸生物化學的研究，尤其是對有關核苷酸比例關係的研究，功不可沒。

圖 3.4 查加夫

他從許多不起眼的醫學文獻堆裡，捕捉到埃弗里 1944 年發表在《實驗醫學雜誌》上的那篇〈關於引起肺炎鏈球菌類型轉化物質的化學性質研究〉文章。查加夫像眾多生物化學家及組織化學家一樣，從那篇論文裡清楚地了解到研究核酸生物化學的重要意義，因此他放下手頭的一切工作，立即把自己的研究轉向了核酸生物化學領域。在那時，查加夫等還沒有試圖證明 DNA 就是基因，而只是想確認 DNA 能傳遞遺傳特性。這就需要找到這種功能的化學基礎，當時已經有人就此提出過四核苷酸學說，因此他們的工作興趣在於採用新的方法，重新探討核酸的生物化學性質及生物學特性。查加夫等利用濾紙色層分析法法分析了 DNA 的核苷酸成分，所得數據特別精確。在任何類型的生物中，腺嘌呤 A 和胸嘧啶 T 的比值及鳥嘌呤 G 和胞嘧啶 C 的比值總是接近於 1，A+T 對 G+C 的比值，則因生物種類不同而異。這些結果導致他們後來推翻了利文提出的，其時算是居權威地位的「四核苷酸學說」。當時研究探討核酸的生物化學性質及生物學特性最積極的是細胞化學家，而並不是那些屬於噬菌體研究組的結構化學家、生物物理學家或遺傳學家。

利文的模式是根據四個鹼基的等分子比例建立起來的，他認為，DNA 結構是一個以醣 - 磷酸為骨架，並帶有四個為一組的嘌呤和嘧啶交替著。這樣的結構所能具備的特異性是不夠的，特別是與染色體相連繫的蛋白質比起來，情況更是如此。查加夫認為，四種核苷酸的比例關係是依 DNA 取材的生物種來源而異；它們沿著多核苷酸鏈特異地排列，構成 DNA 分子所包含的千變萬化的遺傳訊息，成為分子遺傳學的核心內涵。他首先注意到 DNA 成分的規律性，由於 DNA 來源不同，其鹼基的化學成分也有差異。他解析了嘌呤的總和等於嘧啶的總和，含胺基的鹼基（腺嘌呤和胞嘧啶）的總和等於含酮基（氧基）的鹼基（鳥嘌呤和胸腺嘧啶）的總和，腺嘌呤和胸腺嘧啶的克分子量相同而鳥嘌呤和胞嘧啶的克分子量也相同。他的許多具有重大意義的研究開始深入到核酸結構裡，A 和 T 以及 G 和 C 的這種克分子量相等，此即稱為查加夫定則，即鹼基 1：1。這一定則為日後華生和克里克的 DNA 雙螺旋立體結構模型的建立提供了關鍵性啟示。

查加夫發表在 1950 年《實驗》(*Experientia*) 雜誌上的文章，題目是《核酸的化學特異性》。這篇文章結論部分確認：「生物學的各個學科在『分子』這個層次上與化學連繫在一起，達到了『前所未有』的一體化效果。分子科學將各個生物學知識領域與少數不容許有半點含糊的定義結合成一體，而且只有蛋白質和核酸這兩種聚合物的分子有生物學意義，它們兼具化學和生物學的兩種特性。蛋白質和核酸對一位化學家來說是最複雜的分子，對生物學家來說則是非常簡單的體系，因為再進一步簡化它們，就要失去生物學特性。換言之，因為分子生物學已經是一個明確的實體，所以，亞分子、原子或量子生物學等就都是毫無意義的術語了。」

自然界存在著數目十分巨大的核酸種類，它們在結構上都不一樣，這一數字大大高於目前我們採用的分析方法所能揭示的。查加夫曾估計過，一股由 100 個核苷酸組成的 DNA 鏈，可能有 10^{56} 種序列；由 2,500 個核苷酸組成的鏈，其序列就可能有 10^{1500} 種，真是巨大的天文數字！查加夫在 1950 年舉行的一次「細胞化學」學術會議上，引用了薛丁格 (Erwin Rudolf Josef Alexander Schrödinger) 有關遺傳密碼的著作。他還用實例支持這一學說，指出 DNA 與遺傳密碼的文本相關聯。他特意請聽眾注意，應將埃弗里的著名實驗推廣應用到大腸桿菌和流感嗜血桿菌實驗中。會上他還介紹了自己的研究實驗，其中包括把 DNA 分成 AT 型和 GC 型。這些事實足以證明，埃弗里的著名實驗對查加夫本人所獲得的成就有著直接的影響，對當時的核酸化學研究也造成一種最具影響力的推動作用。

但從 1950 年代起，他開始大談分子生物學的未來發展趨勢，並認為:「人類的知識會受到自然界複雜程度的限制，人類為之付出的努力也是不合理的。那種認為自然界只是一部機器的想法本身也是相當危險的，最終將引導分子生物學走向混亂、失敗。」他的這種充滿悲情的心態與他所取得的科學研究成就相比，頗令後人費解。

華生和克里克 1962 年榮獲諾貝爾生理學或醫學獎，他對此大為不滿，牢騷滿腹。一方面，他為富蘭克林未能獲此大獎鳴不平，另一方面，他認為他和富蘭克林都應當獲此大獎，因此憤而離開了他當時所在的實驗室。查加夫的許多研究確實具有重大意義，他的研究實際上敲響了核酸分子結構的大門，甚至深入核酸結構裡，最終於 1974 年獲得美國國家科學獎。

查加夫說過:「一兩重的證據，重於一斤重的預測。」他確實強調過，他本人的研究實驗是具有重大意義的；認為「核酸中的不同鹼基比例及序列可能是形成基因特異性的原因」。可是，查加夫畢竟沒能在結構上來解釋他所開創的核苷酸比率關係。

3.6.3 化學遺傳論也一樣舉步維艱

早在 1880 年就曾有某位生物學家預言過，基因是化學分子，但在 1944 年前還只是一個學說。到了 1950 年，DNA 的化學和生物學特異性研究悄然出現，但很多人仍對這些研究進展一無所知。那時說什麼的都有，有對這些研究進展表示懷疑的，認為埃弗里那篇 1944 年發表在《實驗醫學雜誌》上的文獻是天方夜譚；更有模棱兩可的說法，認為基因是蛋白質也是 DNA。人們真正接受這些新進展還需要幾年時光。一直到華生和克里克的 DNA 雙螺旋立體結構模型問世，才縮短被接受的時間。連華生和克里克他們兩位自己也承認開始根本就沒有閱讀過核酸化學方面的文獻，直到 1952 年，他們有關 DNA 和蛋白質的大部分化學知識，其實也都來源於噬菌體研究組。奇妙的是，一方面這個研究組成員那時已經不再糾結於染色質，知道在轉化實驗時進入宿主細胞內的是核酸，但還是懷疑可能也有蛋白質滲入進去。另一方面，他們又瞧不起化學家，這可真是不可思議。華生並不是從噬菌體研究組得知鹼基比率訊息的，而是 1952 年在英國劍橋大學，由克里克設法與查加夫交談時套出來的。

3.6.4　DNA 發現人為什麼會是埃弗里

埃弗里一生勤奮，全身心埋頭於事業，但在文獻中找不出幾篇他發表的文章。他的那種近乎神經質般的謹慎和執著固不可取，但其自始至終嚴格的科學態度、嚴謹的學術風格仍值得稱道。在探尋、發現 DNA 分子這類前人從未走過的漫漫征途中，一道道爬升的階梯上可能正需要有埃弗里式的執著、嚴謹的風格。他是單身漢，實驗室就是他的第二個家，即便是星期日，他也是從早上 7 點一直待到深夜。他常常將在研究、探索過程中遇到過的無數挫折看成他每日必需的麵包，並自稱他就是靠這樣的「麵包」獲取營養，從而能夠在研究、探索的道路上不斷取得成果。

研究和發現 DNA 分子這樣艱鉅的科學研究項目，好比在一望無垠的荒野上尋找金礦。一些人東挖一個坑，西挖一個洞，有時倒也能不費多大力氣，在埋藏不深的地質構造層中撿到一些零星金塊，也能小有成就，於是便忘乎所以，頗為得意；再忙著撰寫、發表文章，申請這個獎項、那個專利，這樣的人是頗多的。埃弗里則是另一種人，他不緊不慢、腳踏實地、一步一腳印，步步為營，用他自己的話說：「全能的上帝都是不慌不忙的，我為什麼要那麼急呢？」他憑著思考問題的睿智和嚴謹的工作作風，耐著性子透過化學、酶相關的方法，仔細而又謹慎地「定好礦位」，每日深挖不已，這樣整整挖了 10 年，終於在 1944 年抱出了一個特別巨大的「金礦」，掀開了現代生物學研究序幕，敲開了理論生物學的大門。

科學史上凡有作為的科學家，其成就無不是得力於嚴謹、審慎的科學研究態度，它代表著人類文明崇高的科學精神，表達的是一種敢於堅持科學思想的勇氣和不斷探求真理的意識。具體表現為求實精神、實證精神、探索精神、理性精神、創新精神、懷疑精神、獨立精神和原理精神。我們所處的任何時代，這一類精神都是構成社會發展的動力，人類社會不僅要不斷活化這一類精神，更需要持續「挖掘」這一類精神。

牛頓發現萬有引力定律，從提出問題到解決問題整整經過了 20 年，直到全部計算都能做到無懈可擊才公之於世。達爾文經過 5 年的環球考察，基本形成生物進化學說思想，但他謝絕朋友們的催促，在經過 10 多年的反覆斟酌、充實之後，才公布研究成果。1961 年諾貝爾獎得主卡爾文（Melvin Ellis Calvin）潛心研究了 15 年，只不過弄清楚了一件事——植物是如何吸收太陽能而使二氧化碳和水變為碳水化合物。用諺語「十年磨一劍」來說，卡爾文用他寶貴的 15 年，才磨得這把「利劍」。科學家首先考慮的是科學的真實性，其他如名利、榮譽等都是次要的。

埃弗里取得如此輝煌的成績，除他自身固有的因素是第一要素外，不能排除當時埃弗里占有天時、地利、人和等得天獨厚的優勢。二戰期間，當全世界許多大學、研究機構、研究中心遭受到空前的浩劫、破壞、經費拮据、人員流失等衝擊時，埃弗里所在的紐約洛克菲勒醫學研究所卻能像和平時期一樣運轉，擁有全球最先進的儀器裝置和充足的研究經費。美國工業生產從 1894 年以來一直居世界首位，西元 1853 至 1979 年的科學研究經費累計約 6,200 億美元。這些都為他提供了理想的研究環境，為他獲得如此出色的成果提供了物質保證，這些正是世界其他研究實體所缺少的。所以說，埃弗里稱得上是當時科學界為數不多的幸運者。

1954 年，埃弗里已屆晚年時進一步明白「運用已知的一種化學物質，有可能使細胞發生事先設定好的、屬於可遺傳的變異」。這與下一章將要敘述的蘇聯遺傳學家萊索夫斯基（Nikolay Timofeev-Ressovsky）第一個提出「基因工程」的概念如出一轍，使生物產生定向突變，這恰恰是遺傳學家長期以來所期盼的事。他的大部分發現都被納入理論生物學和醫學知識寶庫中，因為在那個時期人們採用 X 射線和紫外線誘導的突變都是不可預見的、隨機的、偶然的。他所認為的「對肺炎鏈球菌侵染的抗性是來自被侵染的人或動物血清對肺炎鏈球菌酶的抑製作用」，一直沒有得到肯定；他從代謝角度研究免疫性的問題也是不成功的。這些工作一方面屬於開創性研究；另一方面，他從心理上想建立生物學現象的藍圖，這就影響到他對科學現象的認知。

我們在敘述當年發生在西歐和北美一些科學家身邊的事件時，不可小看了科學認知上的偶然性，例如埃弗里的一些合作者不辭而別、戰爭、科學家服兵役等情節。還有，埃弗里本身特有的性格，以及在科學研究中表現出來的韌性與不屈不撓。他學養深厚，人格高尚，在平易中出成果；他待人處世十分厚道、寬容，也十分尊重同事對科學研究課題的選擇，理解各自職業性格上的偏執，他總是順其自然，認為人人享有充分自由選擇的權利。肺炎鏈球菌「遺傳轉化因子」的提煉和檢測計畫中途夭折的事件也曾多次發生，再加上當時已經發現了能夠抵禦肺炎鏈球菌引發多種疾病的磺胺類藥物，使得他的研究計畫幾乎落空，或改變既定的研究方向。但是，只有他和他的少數幾位合作者能把這劃時代的科學實驗堅持下來，取得令學術界震撼的成就。

埃弗里淡泊名利，從不公開作演講、報告，是一個不善張揚的人。他生活也極其低調，終生沒有婚配，無兒無女，晚年在他老弟家中走完默默無聞但卻十分光彩的一生。他在學術上的不朽貢獻世人是不會忘記的，幾乎任何一本涉及分子遺傳學、分子生物學、微生物學乃至新興的生物工程學等學術著作無不對他的史詩般貢獻大加記述和讚賞，這是今人對前賢的一份尊重，也是對後人的一份激勵。後之視今，亦猶今之視昔。

埃弗里發現了遺傳轉化與細菌細胞內存在的 DNA 有關聯，在接下來近一個世紀中人們也知道 DNA 存在於細胞核內，並弄清楚了它的全部成分。可是，人們還是不知道 DNA 究竟起什麼樣的作用，也不知道它的分子結構到底是什麼樣子。專業的人也回答不出來基因到底是什麼、基因的性質是什麼，以及 DNA 作為遺傳轉化因子的具體證據是什麼。人們期盼能夠拿出看得見、摸得著的具體實物或證據。但是，這就不是單單依靠當時具備的遺傳學、化學和醫學微生物學概念、方法和技術能做到的了。

DNA 分子研究的歷史長河又將物理學家捲了進來。

第 04 章
德爾布呂克和噬菌體研究組

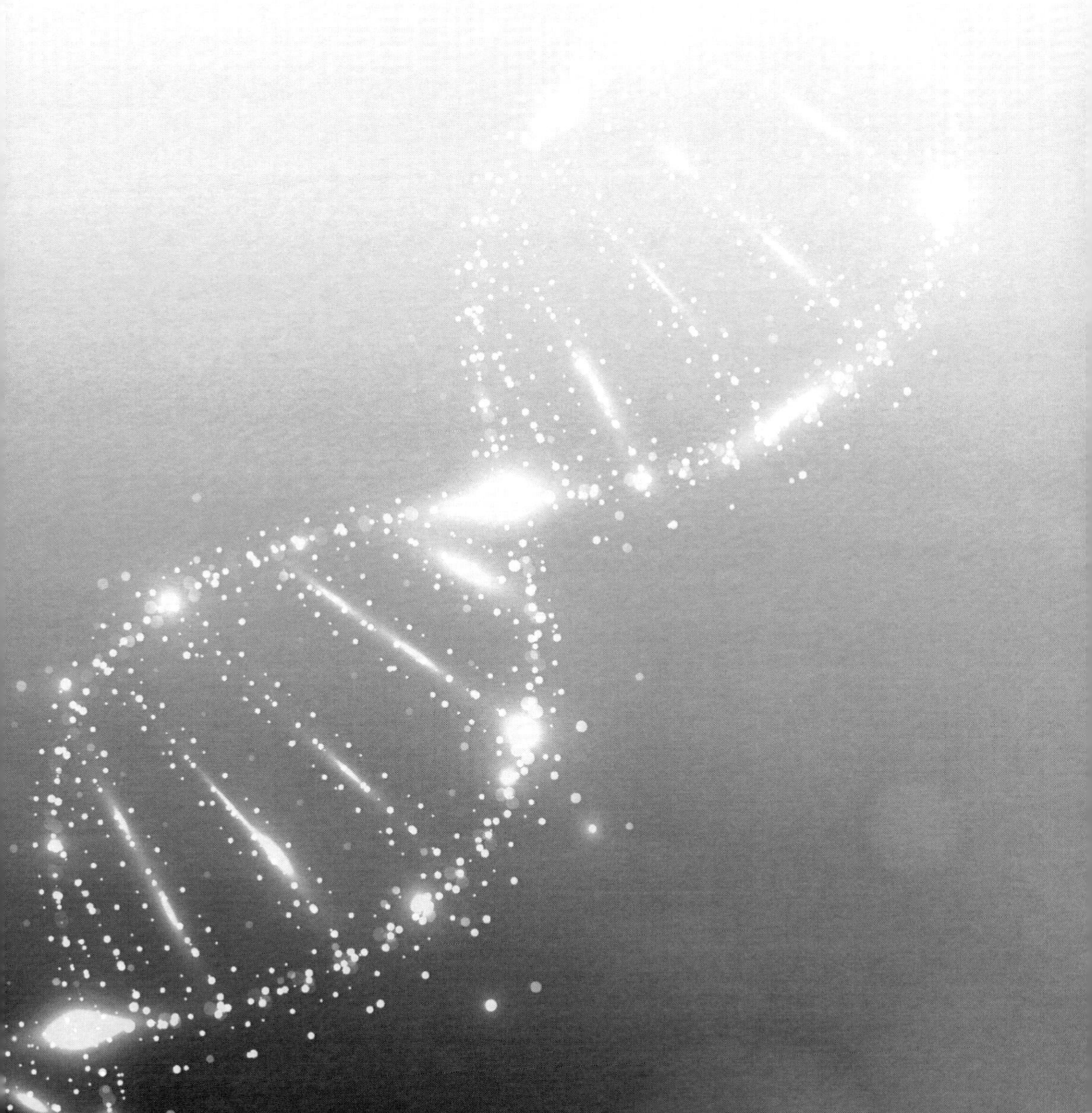

埃弗里雖然發現了遺傳轉化與細菌細胞內存在的 DNA 有關聯，但是拿不出具體實物。學術界期待某一個早晨會傳來新聞，回答上面的疑問，比如某人成功做出了一項決定性實驗，提供一個人們久久期盼的、能夠看得見、摸得著的具體實物或證據。

4.1　波耳互補原理的影響力和德爾布呂克的事跡

波耳 (Niels Bohr) 是 20 世紀最偉大的物理學家之一，他在光譜理論中提出了靜態和量子跳躍式變化的存在，從而宣告線性光譜的量子理論時代的開始。他的這一理論使人們更易於理解元素週期（波耳的另一重大成就），他最後完成了量子力學學說的系統闡述，運用量子力學建立了原子結構模型。波耳對新力學的數學形式沒有什麼建樹，但他的「互補性」學說在闡明他的理論中造成了關鍵作用。

波耳年輕時曾是丹麥國家足球隊的國腳，讀大學時就發表了關於精確測定水表面張力的論文，曾獲得丹麥科學院金質獎章。成名後，他仍保留著那份激情和團隊意識，在他周圍漸漸形成了一種坦率、平等、熱烈、自由、生動活潑的工作氛圍，這就是盡人皆知的「哥本哈根精神」。用波耳自己的話說：「我從來都是不顧羞恥地向青年朋友承認自己的愚蠢。」他身為一代先哲，先知先覺，他所說的不懂，其實是有底氣的，半是調侃半是謙虛，以示平易近人。波耳這樣時不時流露出自己的弱點和不足，反映出他本人擁有平常人的心態。而且這樣讓他和周圍的人相處更具親近感，也更能讓他融入這個科學「小環境」的人脈關係中，這也是「哥本哈根精神」有別於他人的特別之處。

在之後的短短 20 年內，「哥本哈根精神」吸引了來自 17 個國家的 63 位傑出物理學家，其中有提出了矩陣力學和測不準原理的海森堡 (Werner Heisenberg)、提出了非相對論波動力學的薛丁格、提出了相對論波動力學的狄拉克（Paul Adrien Maurice Dirac），以及提出了不相容原理的包立（Wolfgang Ernst Pauli）等。這個學派創建了一門全新又成熟的量子力學，先後出現 12 位諾貝爾獎得主。

波耳對生物學的關注由來已久，他的父親曾是那個時代傑出的生物學家。老波耳健談好客，常在自己家中定期舉辦非正式的學術座談會、沙龍或討論會，參加者都是丹麥當代學術界的名流，專業不拘。小波耳經常在一旁聽得入神，長此以往、耳濡目染，漸漸對生物學有了一些系統性了解，因此人們不懷疑他自幼已經受到過或多或少生物學知識的薰陶。雖然他後來成為 20 世紀物理學的一代泰斗、量子力學的創始者之一，但他一直在關注生命科學的發展。老波耳是從定量角度研究生理機能的物理及化學過程的，他認為：「諸如機能之類的生物學概念對於唯物主義的分析是何等不可或缺啊！至少根植於方法學上的原因，有必要在生物學中堅持保留目的論觀點。」

小波耳吸取老波耳對生物學的見解，並將它向前推進了一步，他認為：「當研究時空中的傳播問題時，人們應利用波動圖像；當研究相互作用之類的問題時，人們應利用粒子圖像。這表明，兩種圖像皆不可偏廢。在這個意義上，它們是同樣重要、互補的。事物之間這種既互斥又互補的關係，是一種相當普遍存在著的關係。」於是，他便將老波耳當年的有關在生物學中保留目的論的觀念向前推進了一步，發展成「用純物理學、純化學來闡明生物學現象以及運用生物機能的目的論概念來闡明生物學現象，這兩者之間存在著某種互補關係」的一種全新概念。這可是出自另一位近代物理學大師之口的、實實在在的原創性科學概念，意義也就尤為重要了，由此對生命科學產生了史詩般的巨大影響。

1932 年，波耳在一次國際光療法學術討論會上，發表了一篇題為〈光和生命〉的論文。他宣稱：「用嚴格的物理學術語來解釋生命的本質，我們是否還缺少用以分析自然界發生的現象的某些特徵……在這種情況下，人們不得不把生命的存在看作是一個無須再作解釋的生物學研究起點。」這就提出了一個要將生物學研究深入到比細胞更深層次中去的問題。波耳對生物學開始找到了感覺，他認為：「用物理學、化學來解釋屬於生命有機體的機能，存在著程度不等的不可能性，從這一意義上說，有點類似於運用力學分析尚不足以了解原子的穩定性。」波耳顯然是要使物理學與建立在新基礎上的生物學產生關連，於是又進一步提出「量子力學中的互補性學說可能廣泛適用於其他學科領域，尤其可能適用於物理學和生物學的關係方面」。又因為他提供了一種足夠寬容的架構，既可以闡明自然界的基本規律，也可以闡明五花八門的新經驗，甚至還可以用以調解倫理學等社會問題。

在那次討論會的聽眾中，有一位來自德國的年輕物理學家德爾布呂克，他聽了波耳的這番高論後感觸頗多。德爾布呂克生活在戰爭與饑餓死亡、變革與通貨膨脹、窮困交織在一起的時代，其家族成員在學術界和政府內頗具聲望，他的父親是柏林大學歷史學教授，同時又是一個自由主義者，參與過反侵略性的泛德運動。少年時代的德爾布呂克跟大多數德國人一樣居無定所，跟著父親從一個大學搬到另一個大學。他先是想成為一名量子化學家，但沒有過多久就改變了主意，想成為一名理論核物理學家；等到他隨家搬遷到哥廷根時，他又對天文學產生了興趣，想長大後成為一名天體物理學家；在哥廷根大學畢業時，他又成了一個道地、受專業訓練的理論物理學家；在哥廷根求學的後期，他還曾深深地浸淫在社會學家和哲學家的圈子裡，此時他對化學和生物學則知之不多。

圖 4.1 德爾布呂克

1931 年，德爾布呂克在哥本哈根申請到由美國洛克菲勒基金會資助的一項物理學研究計畫中的研究生名額，於是，他便成為波耳早期的學生。1935 年，德爾布呂克用他的物理學知識開始解析生物學。

翌年，德爾布呂克參加了一個在柏林召開的關於「基礎物理學的未來」的學術討論會。這次會議得出以下結論：

一是，物理學一段時期以來，提不出有意義的研究；

二是，生物學中沒有獲得解決的問題為數最多；

三是，一些人將進入生物學。

德爾布呂克為了尋找他老師所說的，人們解釋生命所缺少的某些基本資料，以及物理學和生物學兩者間的互補性，毅然決然地離開了物理學，轉而研究起了生物學問題。

4.2 科際整合的雛形

綜合大學的一個特點在於學科門類多，文、理、工、農、醫等學科樣樣都有，教職人員也是各種知識背景的人，學科界限阻擋不住他們彼此的交往、走動。他們抬頭不見低頭見，免不了出於好奇而互有交流。1920 年代，荷蘭萊登大學德雷勒（Félix D'Hérelle）噬菌體實驗室內發生的事件充分說明了這一點。當時同在這所大學任教的物理學家愛因斯坦偶然對噬菌體實驗研究有了興趣，時不時跑過來瞧瞧噬菌體實驗室的人整天在幹些什麼。偶爾也跟德雷勒討論正在進行的噬菌體實驗。當然啦，這遠不是本節所要述及的科際整合。

10 年後，德爾布呂克身為一位物理學家情況就不一樣了。他參加了一個私人俱樂部的學術活動，這中間有理論物理學家伽莫夫（George Gamow）、生物學家萊索夫斯基、從事放射科學研究的季默（K.G. Zim-

mer）、研究光合作用的蓋弗隆（Hans Gaffron）、研究光化學和應用動力學的沃爾（K. Wohl）。那時威廉皇帝學會的研究機構皆集中在布赫，德爾布呂克當時就職於纖維化學所放射部，能就近與遺傳學部的萊索夫斯基合作研究腦，同時又能與柏林一家醫院放射科的季默合作。德爾布呂克對萊索夫斯基和季默二人進行的果蠅 X 射線誘變實驗從理論方面作了闡述，並用量子力學語言陳述他們二人的結論。這也就是「三人作品」或稱「綠皮書」的由來，並構建成為科際整合的「雛形」。

4.2.1　重新發現孟德爾學說恰逢「突變」學說誕生——「現代遺傳學」時代到來了

孟德爾學說直到 1900 年才被柏林的科倫斯、阿姆斯特丹的德弗里斯和維也納的切爾馬克三位同時獨立地重新發現。此時，德弗里斯單獨對月見草進行過一系列實驗，發現月見草的突然變異現象，並在 1901 年率先提出了「突變學說」。他認為，在性狀無變化與少量改變之間不存在中間形式，因此稱為「突變」，意為「跳躍式變異」。新物種正是透過不連續的、偶然的突變而形成，後來又證明突變主要是由於染色體變異造成的。德弗里斯 1902 年發表兩個相鄰能級之間沒有中間能量這一創見時，量子力學問世不過兩年，因此要由後來的學者去發現兩者之間的密切關係。

馬勒（Hermann Joseph Muller）於 1927 年也成功地用 X 射線和 γ 射線誘發了果蠅的高頻率突變，並產生了數百種突變體，而且發現這符合孟德爾的遺傳規律，從而促進了遺傳學的發展。這也就是「現代遺傳學」時代賦予「綠皮書」三位作者的歷史任務。量子力學和「突變學說」這兩大理論幾乎同時誕生，但這兩者只有發展到相當成熟後，才會自然而然地發生連繫，從這些論文發表起，真正的現代遺傳學時代才開始。現代遺傳學已經被分成三四個基本上獨立的分支，包括傳遞遺傳學（或經典遺傳學）、進化遺傳學（或族群遺傳學）、分子遺傳學和生理遺傳學（或發育遺傳學）。

1980 年代，人們甚至將定點突變技術 (Site-Directed Mutagenesis) 即「蛋白質工程」歸納為「反向遺傳學」。21 世紀初，神經生物學發生的最重大的一項技術發明，是用光來調控分子，也就是「光遺傳學」。

4.2.2 萊索夫斯基和季默的開創性研究

馬勒於 1927 年成功地證實，電離輻射可以用來誘變果蠅，產生數百種突變體。蘇聯遺傳學家萊索夫斯基於 1930 年開始從事黑腹果蠅實驗群體遺傳學研究，曾對自然群體中潛在的隱形可見突變及隱性有害突變研究做出過重大貢獻。1934 年，他進一步說：「用短波輻射和高速電子，例如 X 射線、β 射線，γ 射線輻射處理是目前誘發突變的唯一有效的方法，而且得到的是穩定和可測定的結果。」他期待有朝一日採用不同的處理方法，使我們能夠誘發任何有機體發生可遺傳的變異。因為經過這種實驗的各類不同的動植物都無例外地得到肯定的結果。X 射線和輻射能夠誘發所有類型的可遺傳的變異，這使得輻射遺傳學方法最適用於遺傳分析，例如在近緣種（相關種）的比較遺傳學研究、不同種或不同的個別基因的突變可能性研究、細胞遺傳學研究、合成新的基因型和新的物種的「基因工程」（此與1973年問世的「重組DNA技術」引發的「基因工程」似有本質的區別）等研究中，它都是最有價值的方法。我們有理由相信，除去目前已解決或已接觸到的遺傳問題外，未來要解決涉及基因本質和基因變異本質的那些最基本問題時，都將與輻射遺傳學方法有密切連繫。

當然，此時所採用的處理方法尚不確定，或未能得出最終結論，但是，溫度實驗和一些化學處理顯示，進一步的實驗必將產生有意義的結果。未來最有意義的問題之一是，研究材料經過如此處理後，其結果和功效將大不一樣，能夠使我們按照意願得到某些類型或組別的突變。只有經過精心設計的實驗系統，使用的研究材料在遺傳上要求絕對是純粹的，並選擇合適的處理及育種方法，才會引導我們解決這些重大的生物學問題。

1 萊索夫斯基提出突變的第一定律

由於突變頻率的增加量與射線的劑量成正比例，故而人們可以用突變係數來表達這種比例關係。舉一個日常生活中的例子，一種商品的單價同商品的總金額並不總是成比例的，平時買 6 個蘋果是一個價格，人們也許因為蘋果賣不出去降價處理而受到誘惑，以低於 6 個蘋果的單價再買 12 個蘋果。而當貨源不足時，就可能發生相反的情況。由此可以斷言，若輻射的一半劑量引起 1/1000 的後代發生突變，其餘未突變的後代是不受影響的。它們既無突變傾向，也無不突變傾向。由此說明，正相關規律突變並不是由連續的小劑量輻射增強而產生的積累效應，突變一定是輻射期間發生在一條染色體中的單一性事件。

2 萊索夫斯基提出突變的第二定律

發生這類事件是有局限性的，如果大幅度改變射線的性質，即波長，從穿透力較弱的 X 射線到穿透力相當強的 γ 射線，則只要給予同一劑量，突變係數則保持不變。所用劑量是用選定的標準物質（溫度為 0℃，壓力為一個標準大氣壓）經照射後按單位體積內產生的離子總數度量的。只要將空氣中的電離數乘以二者的密度比，就可得出組織內電離作用或相關過程（激發）總量的下限。因為還有其他過程不能用電離強度測量，但卻能產生有效突變，因此上述度量只是下限。

從這個定律可知，引起突變的單一性事件正是生殖細胞中的某個「臨界」體積內所產生的電離作用（或類似的過程）。根據觀察到的突變率，可以按照如下的思考來估計臨界體積有多大。如果 $1cm^3$ 產生 5 萬個離子的劑量，使得在照射區域內的任何一個配子以特定的方式發生突變的機會是 1/1000，那麼，即可斷定臨界體積，即電離作用要引起突變所必須「擊中」的「靶」的體積只有 1/（5×10^4）cm^3 的 1/1000，也就是說，只有 1/（5×10^7）cm^3。當然，這是一個估計數，按理論推算，得出的體積是邊長平均大約只有 10 個原子距離的立方體，也就是說，只有大約 1,000 個原子那麼大。這個結果最簡單的解釋是，如果在距離染色體上某個特定位點不超過「10 個原子距離」的範圍內發生了一次電離（或激發），那麼就有產生一次突變的機會。

萊索夫斯基的報告有史以來第一次提出「基因工程」這一新概念，而這概念於 40 年後被美國科學家科恩和博耶 (Stanley Norman Cohen & Herbert Boyer) 的一次「重組 DNA 技術」實驗證實。

物理學家季默對電離輻射引發有機體的物理和化學變化有濃厚的興趣。他曾提出這樣的問題：為什麼能量極小的 X 射線有誘變作用，同樣能量的熱輻射卻沒有這種作用？季默回憶道：「由於發現了劑量 —— 效應曲線而又沒有言之成理的解釋，從而產生了一個全新的思路 —— 運用量子物理學概念解釋生物學問題。」現代物理學概念就這樣接觸到了生物學，並隨之產生了豐碩的成果。

4.2.3 「基因的量子力學模型」問世

1932 年季默與萊索夫斯基合作，透過誘變研究基因的本質。1935 年後，德爾布呂克加入，共同提出了「散射」理論，認為基因是一個物理實體，具有一定形狀，用射線轟擊後可能會提供一些關於基因本質的訊息。

開始時，人們的注意力都集中在有害突變上，當然這種突變較為常見，但現實也確實存在有利突變。如果同一個體出現 10 多個不同突變，有害突變總是比有利突變占優勢，那麼物種非但不會透過選擇得到改良，反而會因此而停滯，甚至消亡。基因是高度穩定的，且有相當程度的保守性。就像一個大工廠，為了創造更多財富，提出一項革新，但是尚未確證該革新是否能提高生產力，有必要在一定期間內只採用一項革新，保持其他條件不變，這就是下面將要敘述的「基因突變的原子 - 物理模型（Atom-physikalisches Modelder Mutations）」，也就是人們熟知的「基因的量子力學模型」。

1 基因的穩定性

其實，德爾布呂克一直在關注著萊索夫斯基和季默兩人關於輻射對果蠅作用的研究。他們經常在德爾布呂克母親的家中聚會，往往為了某個問題，連續爭論 10 多個小時。隨後他自己索性全身心地投入到生物統計學，尤其是遺傳學研究中，試圖運用新的量子物理學了解遺傳現象，以期發現生命的本質。他說道：「物理學中的所有測量結果，原則上都應回溯到時空的測量結果上；而在遺傳學中幾乎只有一個例證，亦即性狀特定差異。遺傳學基本概念認為，這都是基因決定的，有可能用絕對單位來表示這類意義深遠的基因。」毫無疑問，對果蠅進行精細遺傳分析會引導人們評估出這個絕對單位，基因其實與已知最大的分子差不多大，它們都有著某種特異性結構。這一結論驅使許多研究者在思考，基因是否就是一類特定的分子，只不過對於它們的細微結構人們尚未清楚認知。

在化學中，我們面對的某種物質與化學試劑發生某種均質反應時，我們說它們屬於某一類化學分子；在遺傳學中，確切地說在異質性化學環境內我們只有一種相關「基因分子」的樣品，而且只有根據其類似的個體發育結果，我們才能鑑別此基因與另一個體的彼基因具有一致性。所以，問題可能不在於有一種均質化學反應，甚至也不在於預先設計好的實驗的均質化學反應，把基因說成生物學分子中占第一位的主要依據，而是在於基因在任何情況下對外部環境影響都有其顯著的長期穩定性，這才是問題的所在。除非我們將這些相關基因看作是從大量的在遺傳學上相一致的有機體中分離出來的，並且對這些分離出來的基因的整體表現進行了某種化學研究。

運用物理學知識如何解析基因變化和穩定這兩個有關突變理論的問題呢？這就接觸到問題的核心，即只有透過穩定的性狀確定下來的特徵，才可能判斷基因的顯著穩定性。在因突變而產生某個難得一遇的新性狀時，這個新的性狀也會以明顯的如實性實現傳遞。這表明，新產生的基因和舊的一樣穩定，唯有某種形式的能量才會引起某種變化。承認了這一點，原子聚合成為化學家們所說的分子，並以這種穩定態構型出現，物理學家們才能用這樣一種穩定態構型的原子進行研究。可惜，採用諸如短波輻射這樣的高能量形式時，這種穩定態構型就被打亂。因為輻射將單個或多個電子的振盪幅度提高到這樣一種程度，超越現有的構型極限，以致「跳躍」到新的軌道上，因而就完成了一個新的穩定態構型組合。其結果是，分子內的原子發生重新排列，如此它們需要新的活化能，才能發生新一輪的改變，新的活化能取決於基因內原子是如何排列的。由此有可能透過進一步輻射使之發生逆變，這種回覆突變所必需的活化能不一定與正向突變所需要的活化能相等。

這類的原子堆砌能夠經受得起振動及電子態離散和自發躍遷，但振動躍遷是很頻繁的，不涉及化學變化。電子躍遷形成的原子堆砌既能回覆到基態，也會在原子重排後達到一種新的平衡態，例如達到一種互變異構形式。由於果蠅的自發突變率低，溫度提高 10°C，自發突變頻率會增大 5 倍，這使德爾布呂克得出結論，「組成基因的分子有一半將經受電子躍遷，動能這時達到 1.5Ev[1]」。

後來，他還描述了 X 射線是如何將能量以每次平均離子化 30Ev 的比例消耗在感應電子上的，這相當於一次自發突變所需 1.5Ev 動能的 20 倍，Kt 值的 1,000 倍。然而，為了產生 1.5EV 的能量，電離必然不會在遠離其靶處發生。德爾布呂克對光電子能量耗散的方式知之甚少，因而他難以確定誘導具有單位機率的突變所需劑量的絕對值。但是，這一劑量以每單位體積電離的數值表達，比每單位體積基因的原子數值要低 10 到 100 倍。他按下方方法計算這一劑量。

常見的 X 射線突變四溴螢光素在 6000R 劑量時，7,000 個配子中出現 1 個突變。因而，其整體發生突變可能需要 42×10^6R 劑量。1R 劑量在 1ml 水中產生約 2×10^{12} 個離子對，所以，42×10^6R 劑量能產生約 10^{20} 個離子對。由於 1ml 水含有約 10^{23} 個原子，這就意味著在 1,000 個原子中至少有 1 個被離子化了。

照此可以認為，「1 個基因可能是由 1,000 個原子組成」，德爾布呂克出於謹慎，對此沒有作出最終肯定，這顯示出一位傑出科學家應有的嚴謹、審慎的學者風範。果然，由韋斯（J. Weiss）及科林森（E. et al. Collinson）等同年分別著文指出，電離輻射的生物學效應主要是由環境水中羥自由基和氫離子引發的。

假定兩個基因是相同的，表明相同原子就會有相同的穩定排列，所以，將基因說成某一類分子時，我們不怎麼考慮它們有類似的表現，而是較普遍地想到它們有一種確定好的原子聚合。基因的這種構型面對細胞內正常情況下發生的化學反應，其穩定性應當是極高的，基因僅僅在催化意義上，即後來稱作自催化或異催化的意義上參與一般情況下的代

1　1EV 指一種微量粒子的能量單位。1EV 就是一個電子在電場中經歷一個伏特的電位差所獲得或失去的能量。

謝。德爾布呂克意識到，只有在構建基因「分子」的每個原子均固定在它們的合適位置和電子態中時，才能說清楚這類的穩定性。所以，每逢原子總體上獲得了某種能量，它高出改變其特定狀態所需要的活化能時，原子排列才發生時斷時續的躍遷式變動，這些改變顯然就是指基因突變。考察不同溫度條件下的分子穩定性，恰恰是生物學問題中最讓人感興趣的一點。

最簡單的供給能量的方式是給分子「加熱」。把它置於一個高溫環境中，讓周圍系統（原子、分子）衝擊它。考慮到熱運動的極度不規則性，不存在一個確定的，立即產生「泵浦」[2]的，截然分開的溫度界限。更確切地說，在任何溫度下（只要不是絕對零度 -273℃），都出現「泵浦」的機會，這種機會有大有小，而且是隨著「熱浴」的溫度而增高的。表達這種機會的最好方式是，為發生「泵浦」就必須等待，這個平均等待時間稱為「期待時間」。

「期待時間」長短主要取決於兩種能量之比，一種是為「泵浦」而需要的能量差額（用 W 表示），另一種是描述有關溫度下的熱運動強度特性的量（稱為特徵能量 Kt，用 T 表示絕對溫度）。產生「泵浦」的機會愈小，期待時間便愈長，而「泵浦」量本身同平均熱能相比也就愈高，即 W：Kt 比值也就愈大。奇怪的是，比值 W：Kt 有相當小的變化，會大大影響期待時間。據德爾布呂克本人計算得到的數據，若活化能超出 Kt^* 值（熱力學溫度條件下的速率常數）的 30 倍，期待時間亦即它們的自生突變頻率可能低到每個原子每隔 1/10 秒就發生一次；但當 W 是 Kt 的 50 倍時，它們的自生突變頻率可能將延長到 16 個月；而當 W 是 Kt 的 60 倍時，它們的自生突變頻率可能低到每個原子每隔 3 萬年才有 1 次。(Kt：在熱力學溫度 T 時，一個大氣壓原子的平均動能，是在有關

2　泵浦 (pump)，即泵，又名幫浦、抽運；與泵不同的是，泵浦一詞主要出現在雷射領域。

溫度下的熱運動強度特性的量。其中 k 為波茲曼常數，$k=1.3806\times10^{-23}J/K$，T=-273℃。）

而從細胞的代謝活動看，DNA 和 RNA 的行為也表明基因的穩定性。例如在動物嚴格禁食的實驗中，饑餓鼠細胞核中的 DNA 含量一直不變，而 RNA 的含量則迅速下降。DNA 不變性是目前賦予它特殊功能的自然而然的結果，這些功能使它成為物種遺傳性狀的貯存庫。

2 遺傳學的自主性

德爾布呂克對突變源的興趣不同於萊索夫斯基和季默，令他感興趣的是遺傳學的自主性特點。這是一種定量的科學，要計算的單位不是質量、電荷或速度，而是顯示某些性狀的個別有機體；這就使得遺傳學研究不依賴於物理學的測量。那麼如何把遺傳學與物理學連繫起來呢？他認為這不會是透過化學，因為任何一位化學家都不希望研究材料既能滿足精確測定，又都具有相同的分子形態。那時人們尚不完全了解基因在生物的發育中如何發揮作用，也不具備足夠的知識。再說，德爾布呂克本人早年在柏林凱塞 · 威爾海姆（Kaiser Wilhelm）化學研究所進行鈾裂解實驗時，他的實驗結果就被化學家作出了錯誤判斷，結果將他們的研究引入了死胡同，所以他對化學家不信任的態度是由來已久的或者是根深蒂固的。他承認結構化學家要成功地把量子力學應用於越來越複雜的分子上，原則上是沒有什麼困難的，但實際推廣應用於遺傳物質時卻有不少困難。因為要有一個先決條件，即實際上要有無數個無限穩定的相同分子。當細胞內的異質性已「達到原子這一層次」時，化學家怎麼才能得到這麼多的相同分子呢？當一種基因在染色體裡只有一份拷貝時，他怎麼才能分離出足夠數量的這種基因呢？

其實，早在 1935 年他就強調指出過，遺傳學有自己的規律，不應摻雜物理學和化學的觀點。因此，絕對不可以將生物學概念中的「基因」

和化學中的「分子」等同起來。他讓讀者明白，當初他認為基因概念跟物理、化學概念不同，基因只是一個抽象的概念。直到將它和染色體連繫在一起考慮，並且後來又和估計具有分子一樣大小的染色體零部件連繫在一起考慮時，他還是這個態度。他確實沒有這個能耐或實力去直接揭示基因的化學性質，故而透過研究其穩定性本質和局限性，以及透過設問基因和原子理論提供的有關原子堆砌表觀方面的、已經確定的知識是否相符，才間接接觸基因概念與物理、化學概念的關係問題。

3 靶理論 —— 遺傳學和物理學基礎理論之關聯

德爾布呂克、萊索夫斯基和季默他們三位最後的結論是：基因的原子構型必然是特異性的，不會像高分子中僅由相似亞單位構成的一股長鏈；要是有那樣的高分子聚合物，回覆突變率接近正向突變率是不可想像的；在某種「精確」估算的最小容積內發生突變，涉及原子排列的一些變動。德爾布呂克透過統計學方法估算出發生突變的最小容積，其中大約包含了 1,000 個原子。從細胞學觀點看，容積邊長不會大於 300Å。

人們這才發現，這個最小容積相當於一些常見蛋白質分子量的基因，對某些科學家來說，無疑是十分有吸引力。從量子力學意義上說，這一事件是「一次擊中」，它代表一個「離子對」的形成，或代表在遺傳物質最小容積內，即所謂「敏感體積」內的一次激發。這個設想支持了 1922 年德紹爾（F. Dessauer）和 1926-1927 年克勞瑟（J.A. Crowther）提出的「靶理論」。不僅如此，他們還檢驗了自發突變與人工誘變的平行關係，強調了基因結構的回覆突變率的重要性，並估算出了基因最小尺寸。德爾布呂克認為，這一工作的重大意義還在於遺傳學事實可以和物理學基礎理論產生關聯。看來他與他的兩位合作者觀點不一樣，德爾布呂克只專心於證明基因不是單一亞單位聚合的分子，他甚至沒有將基因的穩定性歸因於某個分子的構型，他念念不忘他的「原子聚合」，至於分子則不大關注。這並不妨礙人們從他們三位學者的基本數據、資料中得出這樣一個結論：「基因的穩定性是由於原子內部力的強化，它們的突變是由於量子從一個穩定態構型跳躍到把這一構型與另一構型分開的能量峰值。」

今天看來這個結論已經過時了，但在 1930 年代中期，情況不是這樣的。那年德爾布呂克 29 歲，在柏林凱塞 · 威爾海姆化學研究所任研究助理。當時生物學研究尚是德爾布呂克的副業，然而他寫出來的遺傳學論文還真像回事，頗像是一位深諳生命機體活動規律、習性和從事過多年研究的資深學者，具有淵博的知識和敏銳的判斷力。他的這一重大角色轉換，連他的老師波耳也大為驚訝，波耳寫道：「我的互補原理學說有那麼大的影響力嗎？互補原理學說有可能用於探索生物學中的許多不解之謎，但是沒有估計到，這個學說竟能驅使這樣一位青年物理學家把他的全部注意力轉而傾注到生物學問題。」

4.2.4　「綠皮書」的巨大生物學意義

1935 年，德爾布呂克、萊索夫斯基和季默三位共同發表了一篇題為〈關於基因突變和基因結構的性質〉的文章。這篇文章在分子生物學發展歷史上具有重要意義，它後來被人們稱為「綠皮書」，自然有它的獨特之處。文獻不像後來的某些不同學科合作者撰寫的類似文章的形式，它並沒有把各人的觀點、分析綜合在一起，而是被他們撰寫成了一篇奇特的彙編，三位著者各占一定的篇幅。各人從各自專業出發，寫自己的看法、見解和觀點，只是在文章的結尾處才共同對結果從理論上加以解釋。

他們分析了用以解釋短波輻射誘變作用的各種機制，萊索夫斯基作遺傳分析，季默則進行劑量測定。季默在做數據圖上的橫坐標，萊索夫斯基做的是縱坐標，德爾布呂克再用量子力學語言陳述他們的結論，於是形成了所謂「基因突變的原子 - 物理模型」，又稱為「基因的量子力學模型」。顯然，沒有萊索夫斯基和季默兩人的工作，就不會有德爾布呂克的靶模型，所以萊索夫斯基和季默兩人的貢獻遠比過去評價的要深遠得多。由於這篇文獻發表在一家不起眼的《哥廷根科協消息》雜誌上，因此，除去翻印本文外，人們實際上看不到這篇論文，所以，凡提到過這篇論文的人幾乎一個也沒有看到過。

這種透過多學科的相互滲透來探索放射性對象基因這樣生物材料的效應，預料會有十分深遠的意義。它對於 1930 年代發展起來的靶理論不無重大影響，儘管在開始時物理學的概念應用到生物學研究中的效果不很理想，但從此以後，理論遺傳學的觀點從此被打上了物理學的烙印，或具有了物理學的意味。他們把基因比作是量子力學系統內的一種穩定態實體，而其突變型則被視為這一穩定態實體經過時斷時續地躍遷而變成為另一種穩定態實體。這一變化可以自發產生，也可以透過 X 射線或其他擾動誘發產生。這個基因的分子模型於 1935 年發表，並沒有引起人們的關注。只是在 10 年後，由另外一位量子力學創建者、來自奧地利的著名物理學家薛丁格在他撰寫的《生命是什麼？》(*What Is Life* ？) 的末尾處對之進行了嚴格而深入細緻的討論，這才引起了公眾的普遍關注。

這篇論文使得德爾布呂克獲得了洛克菲勒基金會的資助，讓他有機會赴美國帕薩迪納 (Pasadena) 和加州理工學院摩根果蠅實驗室工作了一段時期。1937 年歐戰烏雲密布，德國以及受到戰爭威脅的國家的一些資深科學家紛紛外流。德爾布呂克在美國遇見了美國著名化學家鮑林 (L. Pauling)，兩人合作研究並發表了一篇重要文章，文章指出：「分子之間的相互作用現在已有了深入了解，處於並列的兩個有互補結構的分子之間具有穩定性，在兩個全同結構分子之間則不具有穩定性。在討論分子及其合成酶的具體相互吸引時，一定要首先考慮互補這一概念」。

鮑林後來在闡明化學鍵本質及其應用於複雜物質結構的研究方面，為日後破譯 DNA 雙螺旋體結構提供了一把鑰匙，獲得了 1954 年諾貝爾化學獎。他的相關論文，就連愛因斯坦閱讀後也大聲驚嘆道：「太難了，看不懂！」也難怪，他是一位物理學家，隔行如隔山。

4.3 如何選擇遺傳研究材料

隨著細胞與遺傳研究中新概念的湧現和技術的演進，再加上所採用的材料更適合研究工作，現代遺傳學以空前的速度向前發展。

選擇研究材料時，必須先對現有的各類材料有過深層次的思考，不可率性而定。例如，本書第 1 章所述及的耐格里選用的山柳菊使他懷疑起了孟德爾定律，德弗里斯選擇月見草導致他提出了經由單一突變形成物種的錯誤觀點，約翰森的菜豆使他否認自然選擇的重要意義；最佳選擇卻能反映事物發展的本質和趨勢。德爾布呂克在美國加州理工學院摩根果蠅實驗室從事的研究課題是遺傳的物質基礎，在這裡他與這些「果蠅學家」合作得並不理想。他認為：「果蠅這個有機體，結構如此複雜，是多細胞形態，不會是解決遺傳物質基礎最合適的研究材料。」那麼究竟什麼樣的生物體才算是合適的研究材料？這是人們長期以來一直在思考的問題。

雖然果蠅作為模式動物為研究癌症做出了許多貢獻，但果蠅具有開放的循環系統，不具有獲得性免疫功能；果蠅體內無血管生成，無免疫監視的癌細胞，不會以和人體內癌細胞相同的方式發育、增殖和轉移，其生命週期也較短，故它還不是研究腫瘤發生所有內容的理想材料。

在本書第 1 章中敘述的孟德爾選擇了植物豌豆做雜交實驗，摩根選擇了動物果蠅做基因突變實驗，現在輪到德爾布呂克選擇。如上面所述，他對上述兩位經典遺傳學家的選擇都不滿意，於是，他將注意力轉向除去植物、動物之外的微生物身上。

4.4 微生物步入現代研究舞臺的歷程

4.4.1 微生物在生命世界中的名分受到質疑

臨近 20 世紀中期，許多人還認為微生物與高等生物之間不存在任何相似性，至少在遺傳這一領域是如此。基因主要被認為是重組和分離的單位，後來才被發現是突變和功能單位。遺傳學要涉及雜種研究，雜種透過有性生殖才會產生。要研究染色體的作用和遺傳的動態，只有將遺傳分析與細胞學觀察兩者結合起來，而這些工作開始時都不是用微生物來操作實現的。雜交也好、細胞學觀察也好，全不是用微生物來操作的，微生物是透過營養生長途徑實現生殖繁衍的。在很長一段時間裡人們都不知道它們有性別之別，兼之它們形體細小、結構簡單和缺少一個易於觀察的細胞核這些客觀存在，使得許多早期的生物學家不是將它們忽略掉了，就是將它們放到一個尋常生物學定律不適用的「混亂」的門類，從而阻礙了細胞學觀察。

由於它們缺少組織結構，人們也就不可能在體細胞和生殖細胞之間、性狀和基因之間、表現型和基因型之間進行分辨。因此早期的細菌學家和遺傳學家一致認為，細菌缺少一種遺傳部件，它們的遺傳與動植物遺傳毫無共同之處。那時在微生物學界內部，似乎也未表述過任何遺傳學概念，他們更不具備任何的遺傳學研究方法。上一章的埃弗里的細菌轉化實驗以細菌作為遺傳研究材料，遲遲未得到人們的認可，其中一個原因就是細菌在當時尚未被公認是研究材料。

4.4.2 遺傳學和化學各有說法

如上一章述說的，經典遺傳學尚不能填平基因與性狀之間的空白，即說不清兩者間的關聯性。不過，它卻能夠讓科學家斷定染色體上必定有一種具體物質，既能夠精確地操控生殖、繁衍後代，又攜有遺傳性狀。20 世紀前半葉，遺傳學家所用的材料既不能供人們研究出這種具體物質，也不能供人們研究其作用方式。摩根等人曾一度試圖將生理學和遺傳學結合起來，證明基因對果蠅機體內某些化學反應具有一定的影響，但在屬於有性生殖的複雜機體內，通常情況下只有經過相當長時期，並且經過發育和形態發生所必經的轉化之後，基因才會顯現出這種影響結果。

在顯微鏡下觀察到微生物後長達 3 個世紀裡，細菌學只限於觀察研究。直到巴斯德時代，細菌學才成為一門實驗性科學。儘管人們早期將微生物視為致病因子，但它們在轉化地球表面各類元素循環過程中表現的不可取代的功能，以及它們在某些生態環境所發揮的作用都不容忽視。從生物學研究角度考慮，長期以來微生物的這些有用價值仍被放在次要位置。細胞學說興起之後，本應有助於將生命世界整合起來，可是細菌仍被排除在這個大類之外，因為它們被認為形體細小，在實際操作中不能識別特點各異的結構。人們只是將它們做些培養、形態描述以及試著做些分門別類的研究。然而，當時在遺傳學研究中，遺傳學家所用的機體不符合化學家的要求，反之亦然，化學家所用的機體也不符合遺傳學家的要求。為使他們雙方都能接受，必須選擇一個普遍適用的生物材料，於是，微生物就這樣被推上了現代生物學研究舞臺，其中尤以細菌和病毒最為突出。

直到 20 世紀初，微生物才漸漸成為生理學和生物化學關注的對象。隨著醫學和工業的發展，菌種鑑定要求越來越準確，分離到的微生物也愈來愈多。微生物學家在研究菌株生長狀況和進行形態描述的同時，也能進行些相對精確的分析。例如，探索菌株的營養需求和它們利用一些化合物作為自己生長的能源的能力和抗微生物劑的敏感性等。

同時期的化學家也發現，微生物菌體中的各類酶對他們的研究工作十分有用，從酵母或細菌培養物中提取一些有用的成分也十分方便。在分析代謝產物或測定酶的活性等方面，因為微生物生長快且相對容易培養，用它們作研究材料比採用小鼠肝臟可以進行更多的重複。他們發現，小鼠或細菌這些實驗材料中，總是產生與蛋白質性質相同的酶，它們會發生相同的化學反應。在形形色色、特點各異的各類生物背後，生命世界竟會產生相同的成分，靠相同的方式，執行相同的功能，似乎大自然只認同這種運作方式。

到了 20 世紀中期，人們這才將微生物與遺傳分析拉近了一步。人們在黴菌與酵母菌中觀察到有性生殖和接合現象，便把這些微生物的代謝和遺傳結合起來研究了。此時，孟德爾豌豆雜交實驗中豌豆植株的花葉顏色、摩根果蠅雜交實驗中果蠅翅膀的長短等，已經不是那麼重要的性狀了，而機體的化學合成能力、生長強弱等能力才是他們關注的性狀。於是，遺傳學家和化學家第一次走到一起，他們共同研究黴菌在某種培養基上生長產生的化合物；遺傳學家又能從這些微生物中分離到突變株，而這些突變株卻不能在這種培養基上生長，於是生化學家便參加進來研究，試圖解釋它們不能生長的原因。經過一段時間認真的研究後，他們認為，可能是某一次突變阻斷了代謝鏈中的某一個環節，另一次突變阻止了某一個關鍵代謝產物的合成，或者改變了參與反應的某種酶的性質。

這說明，機體內的任何化學反應都是受到此有機體遺傳支配、基因調控的，特定的基因調控特定的化學反應，而化學反應由酶催化，於是特定的基因決定著催化此化學反應的特定的酶 —— 蛋白質的特性。「一個基因一個酶」的學說便產生了。這樣，先前研究中基因與生物性狀就合邏輯地填補了生物性狀與基因兩者間事實上存在著的一段空白區，基因→酶→性狀的推理成為必然的邏輯，化學遺傳學應運而生。基因與生物性狀有一段脫節，亦即有一個空白區，酶 —— 蛋白質就存在於這個空白區內。

4.4.3　細菌

代謝反應被認定為研究生物遺傳的標記，細菌這種結構簡單的生物便成為得天獨厚的理想材料。因為細菌結構簡單、無分室、遺傳物質具備可操作性，生長快，繁衍也快，所以人們有可能將完整細胞內的基因表達與高度純化成分構成的某一系統內的基因表達連繫起來考慮。過去將細菌排除在遺傳學研究範疇之外，就是因為它們形體細小、表觀形態簡單、缺少易於觀察的細胞核等實際操作中不能識別特點的結構。如今把基因和生物化學反應連繫起來後，這些特性反而最有利於細菌作為遺傳變異操作的實驗材料了。運用統計學方法查明，變異其實就是不常發生的量變結果，這與高等生物發生的突變是一致的。細菌跟果蠅一樣，也具備遺傳決定因子，即也有基因，它們按照既定的程式調控機體形態發生、代謝以及機體的全部性狀。一些細菌還存在接合現象（類似高等生物中的雌雄兩性雜交），以此方式實現基因之間的雜交。細菌中的基因是沿著線性結構分布的，與高等生物染色體類似，病毒也是如此。整個生命世界從細菌到大象，都要服從遺傳學上的遊戲規則，才能保證全部世代期間內機體形狀和特性不變；要改變機體形狀以及改進其特性，也必須服從遺傳學上的遊戲規則。

在遺傳學發展初期，人們用高等生物進行實驗，有性生殖似乎是實現某個物種基因交換配置的唯一途徑，基因組合也多到使得個體有不計其數的變種，而且高等有機體都是雙親遺傳，雙親缺一不可。等到人們發現也可以用噬菌體來研究遺傳規律後，實驗就變得容易多了。噬菌體是以細菌為宿主的病毒，它們只把宿主作為營養培養基進行自我複製，既無重組，又無分離，只是一種核蛋白分子的複製和自體催化。研究噬菌體的產生機制，可以繞過培養細胞的複雜過程去研究酶的形成機制。細菌繁殖還有另一套辦法，可以不透過交配就能將遺傳物質從一個細胞傳遞給另一個細胞。噬菌體可以作為細菌基因的傳遞媒介，實現所謂「侵入式」遺傳傳遞的目的。

「侵入式」遺傳傳遞就像醫院中醫生用針筒給病人打針一樣，噬菌體吸附在宿主細菌細胞表面，透過尾鞘收縮力，將自身的外殼蛋白留在胞外，只將自身頭部的遺傳物質 DNA 注入宿主細胞內。病毒 DNA 注入宿主細胞數分鐘後，宿主細胞即停止自身原有的遺傳訊息複製，幾乎動用全部資源來轉錄病毒的 DNA，合成的唯一的 RNA 是那些代表合成病毒遺傳訊息的複製物。我們也就可以不再讀取宿主細胞的遺傳「文庫」，而只讀取病毒的遺傳「文庫」。侵染式遺傳傳遞頃刻間便完成了遺傳訊息的傳遞過程，比之前使用豌豆、果蠅作研究材料又前進了一大步。

採用「侵入式」遺傳途徑，免去了利用動植物複雜有機體的有性生殖過程 —— 經過緩慢而單調的胚胎發育、形態發生，直至成形等一系列轉化之後，才能獲得基因表達的最終實驗結果，而且在這中間還有可能遭遇疫病、化學品汙染、干擾等。除此之外，基因還可以透過其他途徑實現轉移，例如把細菌細胞研碎，讓釋放出來的基因吸附和併合到其他細菌自身的染色體上。因此，遺傳因子的轉移並不一定要和有性生殖發生必然的關聯。

下面簡單介紹遺傳學舞臺上新登場的細菌和噬菌體。

1 大腸桿菌的發現和命名

說到細菌，不可避免要談論到大腸桿菌（E.coli），之所以用「大腸」定種名，是因為它們主要生活在人和高等動物的結腸或大腸中。

故事還要從德國慕尼黑一位年輕的兒科醫生埃舍里希（Escherich T.）說起，他從 1885 年起便就職於這個城市的兒童綜合診療所和胡納氏兒童醫院，擔任臨床助理醫生。當時，義大利拿坡里小城發生了一起霍亂疫情，他在觀察、治療疫情時提出了一個新的研究思路，即病兒腸道中的微生物菌群可能是腹瀉病症的傳染源。於是，他耐心地反覆觀察、實驗，終於從病兒使用過的骯髒尿布中分離到了這種病原菌。同年，他將這一發現發表於《進步》（*Fortschritte*）這一刊物，題為〈新生嬰兒和嬰幼兒的腸道細菌〉，一舉成為兒科學研究領域占領先地位的細菌學家，不僅如此，他還是嬰幼兒營養學的權威，積極倡導用母乳餵養。

初始，他將此菌株命名為「埃希氏桿菌（*Bacillus escherichii*）」；到 1895 年，始稱大腸桿菌（*Bacillus coli*）；在 1900 年，又稱「短矛桿菌（*Bacterium verus*）」「共存大腸桿菌（*Bacillus coli communis*）」或「大腸氣桿菌（*Aerobacter coli*）」等多種名稱。當米古拉（W. Migula）第一次提出以「埃希氏菌屬（*Escherichia*）」作為大腸桿菌的屬名，並由卡斯特蘭尼（M.A. Castellani）和查莫士（Chalmers）於 1919 年出版的《熱帶醫學手冊》第三版中確定這一名稱之後，「大腸桿菌」的名字才被最終確定。埃舍里希因此而成為一名不朽的人物。

不僅如此，大腸桿菌的特別之處還在於它與其他細菌不一樣，自從它成了分子生物學乃至新興的生物工程中的「主角」、「明星」，「E」字頭縮寫的 Escherich，每月都成千上萬次出現在科學文獻中。但願以大腸桿菌為主角的現代生物技術革命和醫學中的許多重大突破中，埃舍里希醫生所做的貢獻將和以他的名字命名的大腸桿菌一起永存。

2 大腸桿菌的特質

一株大腸桿菌長約 1-3μm、直徑 1μm，其大小不過 $2\times10^{-12}cm^3$，重約 $10^{-14}g$；有 400 萬個鹼基對，這麼多的鹼基對，總長度足以編碼 3,000 種左右的蛋白質。其染色體總長度約為 1,000μm，比細菌自身長約 500 倍，是病毒 ΦX174 噬菌體的 300 倍。這種細菌所包含的遺傳訊息量大約是病毒的 1,000 倍，也就是說，相當於 10^{10} 個單詞。如果將這些遺傳訊息印成書，這就是一本 3,000 頁左右的巨著。

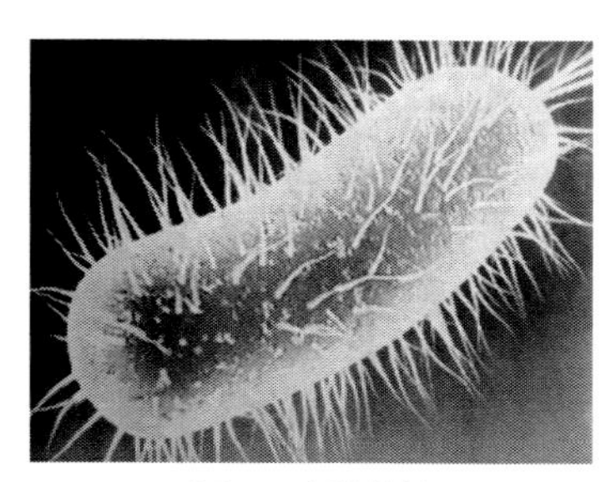
圖 4.2 大腸桿菌

大腸桿菌形體特別細小，但它們的生長繁殖能力快得驚人，成幾何級數繁殖。打個比方，1kg 重的細菌菌體增重 1 倍，僅需 1-4h，植物則需要 1-2 週，雞 2-4 週，豬和牛則要 5-16 週。人們做過實驗和推算，在正常情況下，動物細胞每繁殖一代約需 24h，酵母為 1.5-2.0h，而大腸桿菌僅需 20-30min。上一段列出的一株普通大腸桿菌重約 $10^{-14}g$，從理論上計算，經 24h 培養後，1 株細菌繁殖成 1677.72 萬株，經 4.5 天培養後，1 株細菌就能繁殖成為 10^{36} 株細菌，總質量相當於地球海洋水的質量之和。如果用恆化器培養，能將細菌的世代時間縮短為原來的 1/3-1/4；如果用恆濁器培養，其世代時間只需 40s，細胞密度為 10^6/ml；從熱力學觀點看，用不了 10s 就可以繁殖一代。

還有另一種計量單位，$1mm^3$ 體積能容納 6.33 億株細菌，若是 6,360 億株細菌，總質量僅有 1g；而球菌則更小，而且這還不是最小的。小小的體積，不出數小時便會生成一個大族群；細菌學家能在一次操作中很方便地篩選到以 10 億計的細胞體，從中能檢出一個唯一可遺傳傳遞的、具有特異選擇性的個體。親代菌株通常按 10^{-9} 的突變頻率產生突變株，則極易從培養物中找到任一特異類型。若採用高度選擇性環境，以某種物化因子殺滅非突變型（野生型）或不使其得到所需代謝物而停止生長，則優越性尤其顯著。

3 大腸桿菌被推上分子研究的舞臺

大腸桿菌受到遺傳研究者的青睞，也不是一蹴可幾的。它的選擇與孟德爾的豌豆雜交實驗，埃弗里的細菌轉化實驗以及之後的德爾布呂克的靶理論模型等一樣，也曾面臨眾多非議、質疑，最後在經歷了許多無可辯駁的、無懈可擊的、可重複的實證後，才儼然登上分子研究的舞臺，這樣便產生兩個重要的結果。

第一，以細菌培養物作為遺傳研究材料，打開了通向遺傳物質內部細微結構的通道。遺傳分析操作簡便，還能解析因為用複雜有機體作研究材料造成的迄今尚屬未知的遺傳奧祕。把微生物培養物鋪在一些選擇性培養基上，經過這一簡單操作，不出數小時，便能獲取到數十億計的突變或重組事件的資料、數據；用動植物作研究材料獲得等值的實驗資料、數據，則是難以想像的事。

經典遺傳學將基因描繪成念珠球狀的圖像，現在遺傳現象剖析能力的增強，要求我們要重新審視完整結構的基因圖像。突變會使確定為功能單位的基因發生變性，重組也能將它們分割開來，實際上它們所包含的遺傳因子有數百個之多。

此外，細菌還提供了一個通向了解遺傳化學物質的途徑。事實上，從細菌研碎物中釋放出來的基因如果都能滲入到其他細菌中，並在其中安家落戶，生根立足，賦予它們新的特徵，化學家們在這些過程中還真是大有作為的。他們自有辦法將這些基因提取、分離出來，定量測定，精煉純化，如同加工處理其他普通化學物質一樣，這樣，問題又回到了埃弗里的著名的細菌遺傳轉化實驗了。

隨著科學技術的發展，近一個世紀以來，人們已知道 DNA 存在於細胞核內，它的全部成分也都已弄清楚，可是它有什麼作用、它的分子結構是什麼樣的，人們還是不清楚。人們只知道它攜帶有孟德爾遺傳單位的特異性，這就是它的作用。透過化學分析，結合晶體學圖解，人們能夠解析其結構，4 個鹼基成百次地重複，沿鏈交替變換排列，形成一股長長的聚合物，而且這 4 個鹼基的排列順序決定了蛋白質中的 20 種不同胺基酸的順序，所有這一切引導人們將包含在遺傳物質裡的序列，視為決定分子結構和細胞特性的一系列指令。將某個有機體的基因藍圖視為一代復一代傳遞的信使，同時引導人們在 4 個化學基的組合中讀取到 4 個鹼基組成的數位系統。簡而言之，它是要人們相信，遺傳邏輯與電腦邏輯具有相似性，目的就是要引導全世界各行各業的精英，齊聚在「遺傳學遊戲規則」，拿出自己的本領，共同演出一臺有聲有色、響徹五洲的大戲。

第二，各行各業都來利用細菌培養物，還會導致另一個結果。利用如此細小而簡單的有機體作遺傳研究材料，人們可以同時運用各種不同的技術。遺傳分析已不再滿足於觀察細菌細胞的性狀、變異及在雜種體內的再配置了。一臺離心機可以允許同時平行操作提取遺傳物質和精確測定其性狀與特性。與此同時，必須分析對應的蛋白質，精確測定其結構，檢定其酶的活性。結果不僅能追蹤、觀察突變引發的功能變化導致的突變效應，而且還能剖析相關結構改變而引發的突變效應；反過來就有可能根據突變引發的損傷性質，分析細胞特性、組成和功能。

遺傳分析已不再是簡單致力於將遺傳原理一一解析，而是已經成為一種精細、準確的測試方式，能檢定細胞成分、作用以及它與細胞內的其他零件的關係了。

一個多世紀以來，研究病理學的人想透過研究細胞的方式，剖析細胞而不致對它造成損傷，因為它是解釋正常有機體的最可靠的方法之一。實驗生理學從機體的外部透過機械作用或毒物效應給機體造成損傷，分子生物學則從內部給機體造成損傷，以此作為突變效應，它力圖觸及的不是形成的結構，而是調控結構設計形成的程式。強加在實驗室細菌族群上的選擇變得十分有效，研究人員幾乎不費吹灰之力，隨手就能得到某些「怪種」；有機體由於發生某種突變而受到損傷，產生的這些「怪種」，其中有些功能可能是有用的。所以說，在分子水準上實現的突變最節省能源，而且是最有效的調節機制，在自然選擇中占據優勢。

生理學家和形態學家使用這樣一些怪種來分析完整有機體出現的畸變，生化學家和物理學家則利用它們來分析其提取物出現的光、色和像差。他們玩的是一場異曲同工的遊戲，同一種分析兼具兩種或多種用途；他們各有所好、各取所需，從此就不會再出現兩個不同領域互不認同的現象。

4 研究策略的審視

審視一下生物學研究策略的變化吧！貫穿於生物學的研究歷史中，一直存在兩類迥然不同的研究策略：一種是總想把有機體的表觀行為拉回到物質的屬性中去，還原其本來的真面目；另一種則相反，要大家承認這樣一種事實，物質的任何品質都是活體生命整體所特有的。兩種研究立場沒完沒了地爭論，一方面是由於化學分析愈是精細，它們支配生命世界和非生命世界的規律就愈加顯現出一致性；另一方面，對活有機體習性、演化等研究愈廣泛，斷層也就愈多。從病毒到人類，從細胞到個體，傳統的生物學接連不斷地整合了低級簡單的生命體系，同時又在關注不斷提高複雜程度的高等生命體系。每一個構建組合、每一個進化層次都代表了一道門檻、一道關卡，對它們進行的研究也要隨之發生相應的改變。與此同時，其觀察研究的材料、方法和條件也會突然發生變化或升級。還會出現另一種情況，能夠在某一個層次上顯現的現象，一到低層次上就了無痕跡，但這些現象的解讀對某個高層次則又沒有價值。

現代生物學則力求將這些高層次、低層次兩個兩個地連接起來，就是要將這一道道門檻與關卡拆除，突顯其整體特徵。也就是要讓這些層次整合的獨特性和邏輯學上的獨特性顯現出來。姑且說細菌是極其細小的生命機體，屬於極低層次。分子生物學從一開始就使用細菌作研究材料，搭建了首個整合平臺。另外微生物取食的特點是「吸收」，吸收式營養的一個關鍵在於接觸面要大，有機體越小，對營養物質的接觸面就相對越大，因為這個面越大越有利於吸收。科學家利用這個整合平臺描述、鑑別各類有機體的共同特徵。分子生物學儼然成為研究生命世界的前沿學科，同時也成為研究那些處於生命世界與非生命世界的邊緣學科。他們的低層次平臺用的是化學和物理學術語來描述的；高層次平臺用的是構建組合、邏輯系統乃至自動化機械術語來描述的。層次越高，複雜程度也越高，付出的就越大；這不是別的，只是一種補償，一筆有進有出的流水帳。但是，實驗系統的性質、觀察方法等總是能允許同時考察兩個層次，不停地比較有機體所有方面和成分的細節，或已經分析、證實過的現象中的細節。

5 細菌豈止「人小鬼大」

我們關於細菌細胞的知識、完整有機體的知識、提取物的知識越來越豐富、深化，這都要歸功於已實際採用並且經過無數次改進的技術積累，尤其要歸功於每一個層次平臺都是將遺傳分析與化學和物理學分析有機地進行了結合。研究者必須打破完整細胞的保護層，將目光深入細胞的內部，識別細胞成分，研究它們的功能。借助完整細胞，人們便能夠檢驗那些從細胞剝離出來的成分，再經分離、純化精煉後，置於試管內和機體內，看看是否具有相同的活性。這便要對細菌細胞進行兩個層次上的描述和比較，其實答案早就有了。早在 1862 年，巴斯德就曾斷言：「微生物，論形體它們是極小極小的，論它們在自然界經濟活動中的生理學作用，卻是極大極大的。」極小到什麼程度，又極大到什麼程度？

往遠裡說，普法戰爭中法國戰敗，有人計算過，僅巴斯德一個人在微生物應用方面的發明所帶來的經濟效益，就足以償還 50 億法郎的巨額戰爭賠款；不僅如此，還救活了千萬人的性命，免除了更巨大的經濟損失。微生物學發展初期，學術水準和技術水準都還處於起步階段，就有了如此巨大的經濟收益，這不能不令人驚異。

往近裡說，當前微生物學研究已進入分子水準，有數據顯示，單是「人類基因組計畫（HGP）」這一項，2011 年就已經為美國創造了 1 萬億美元的經濟效益，當今還有什麼能創造比這更高的經濟效益呢？更重要的是，這個數字往後還會不斷成長。

6　細菌還「神通廣大」到成為一個國家的立國之本

丙酮是生產無煙火藥所需的一種化學品，其製造工序複雜、產量低、成本高，一戰前，丙酮一度成為批量生產無煙火藥的限制因素或瓶頸。一位猶太人化學家魏茲曼（C.A. Weizmann），就職於英國海軍部所屬的一間實驗室，經過潛心研究、篩選、分離到一株丙酮丁醇梭桿菌（*Clostridium acetobutyricum*），利用它發酵生產丙酮取得了突破，並獲得專利，投入工業法大批量產，大大緩解了英國海軍火砲彈藥的後勤供應問題。

有了丙酮便有了火藥，英國人無疑是抓到了這把救命稻草。可是這把救命稻草價格不菲，因為這項技術的專利權所有人是猶太人化學家魏茲曼。按專利法，英國政府應向這項技術的發明人支付巨額專利費（即技術轉讓費），而且丙酮產量愈大，其技術轉讓費也就愈高，成年累月這樣累積，算下來竟達到天文數字。要是在過去，英國不在乎，完全可以支付，但恰逢第一次世界大戰，幾年下來，英國被拖成了一個窮鬼，國庫空虛、囊中羞澀。英國政府只得厚著臉皮派人跟魏茲曼商量：能不能先欠著這筆帳，或者給你個名分，冊封為爵士之類的？

誰知，魏茲曼是猶太人，自有猶太人的思維邏輯和行事準則，他把猶太人要有自己的家園、祖國看得比什麼都重要。魏茲曼本人大手一揮，回答道：「錢可以不要，爵士頭銜我也不稀罕，但是英國要支持猶太人建立自己的國家。」英國政府經過幾番權衡後，接受了魏茲曼開的「價碼」，再說，巴勒斯坦這塊地域也是從土耳其手裡搶奪過來的，失去也不心疼。於是，一戰後巴勒斯坦開始接受猶太人移民，隨後才有了後來以色列建國的故事。後人調侃這段情節時說：「都是細菌這個『小玩意』惹的禍，都是它引發英國政府與猶太人背著巴勒斯坦原居民達成了幕後交易，鬧得以色列人與巴勒斯坦人打了幾十年的仗，至今仍看不到有休止的跡象。」

科學家魏茲曼最終還是活著見證了以色列國的成立，還當選為以色列首任總統。如今他的肖像印在以色列貨幣中，被稱為「以色列國父」。

寫作此故事，是為獻給所有忠於自己理想，想扭轉乾坤，而不懈地勤奮學習、腳踏實地工作的人。細菌這個「小玩意」真有四兩撥千斤之力，「神通廣大」到能扭轉乾坤，使一個老早就失去家園、流落四方、寄人籬下的民族建立起了自己的家園、祖國，這是巴斯德當初所沒有預見到的。

事實也正是這樣的，分子生物學的許多基本概念當初是以細菌及其病毒作研究材料獲得的，單單 1980 至 1990 年，這期間利用微生物作為研究材料而獲得諾貝爾生理學或醫學獎的就有 8 位，還不包括有一位用微生物作研究材料而獲得諾貝爾化學獎的。2016 年入選美國全國科學院外籍院士的三位華裔科學家中，有兩位是用微生物作研究材料的。細菌具備了這麼多與眾不同的特點，很顯然是逃脫不了勤於思考、遇事總要問一聲「為什麼？」的狩獵者德爾布呂克等的研究視野。他們從職業本能就渴望能尋找到一種理想的、技術操作簡便、結構簡單的生物體，細菌便悄然成了他們進行遺傳操作實驗的理想候選者了，比前人使用豌豆、果蠅作為遺傳研究材料朝前邁進了關鍵的一步。它們所扮演的這些角色最終被演變成為一種被廣泛研究和深入、透徹了解的生命有機體，成為現代科學史的一顆新星。

它雖然細小到人們只能用顯微鏡才會看到它的真面目，但能量卻十分了得。它不僅震撼了美國華爾街，還使得全球許多跨國大型生物工程公司對這個細小生命趨之若鶩。由於人們對它刻意地研究、開發、衍生出來的 DNA 遺傳密碼，其重複比率竟然精細到 500 億分之一，不啻成為全世界司法系統裁判刑事案件的一大助手，一個終結「審判官」。

說完細菌，輪到比細菌更細更小的細菌病毒了，它只有細菌 1/1000 大小，結構也更簡單。細菌病毒即噬菌體，作為遺傳訊息傳遞載體便順理成章成為實現細菌遺傳操作實驗不可或缺的了。

4.4.4　細菌病毒 —— 噬菌體

virus（病毒）一詞源於拉丁文，原指某種動物來源的毒素。1898 年，荷蘭微生物學家拜耶林克 (M.W. Beijerinck) 用菸草鑲嵌病毒 (TMV) 為實驗材料證實，此病毒是菸草花葉病的致病因子，而且在被侵染植物組織中能增殖、遺傳和演化，具有生命最基本的特徵。

1　噬菌體的發現

噬菌體發現於 1920 年代，最初發現者是英國倫敦布朗研究所的圖爾特 (F. Twort)。他成天與病毒打交道，想在它們的子代培養物中尋找出原先不致病的祖先。於是他用天花疫苗接種在明膠上，指望疫苗病毒的祖先長成菌落。可是，不致病的病毒一個也沒有找到，卻發現了一個意想不到的現象，菌落上出現了一些黃白色的變異的球形菌落，再繼續培養，它們就變成透明圈。經過鏡檢和染色實驗，發現這是一些沒有完整細胞的透明性顆粒。如果再以正常的小球菌菌液與它們混合在一起，也會同樣從接觸點開始，逐漸顯出透明圈。其中的道理他還沒有來得及弄清楚，就去服兵役了，他的觀察實驗也由此中斷。

兩年後，正值第一次世界大戰，法國巴黎拉斐特城堡駐紮了許多從前線撤回來的騎兵部隊，他們中間正流行著一種細菌性痢疾。巴斯德研究所素以高超的醫學、免疫學、公共衛生及流行病學研究傳統著稱於世，研究所指派德雷勒前去調查，研究這種流行病症。他在騎兵駐地將患者糞便過濾液反覆培養在營養明膠上，屢次發現有透明性顆粒出現。於是他決定選擇一名痢疾患者，逐日培養他的糞便濾液，追蹤所謂的透明性顆粒出現的時刻。直到第四天，終於等到所有的致病菌痢疾志賀氏桿菌（Shigella dysenteriae）全部消失，並裂解成水明膠一般。在同一時刻，那位被追蹤的痢疾患者的病情也有了好轉，並開始痊癒。於是，德雷勒便將它們命名為「噬菌體」，並從這一現象進一步擴大實驗證實，噬菌體能裂解多種細菌，具有廣泛的醫療用途。他還發展了定量測定噬菌斑和定量稀釋的技術，再用這些技術，描述噬菌體的生長過程，與我們今天的認知頗為接近。

第二次世界大戰中，德國和日本軍部醫療隊曾經利用它們治癒過多種疾病。自從科學家發明了磺胺藥和抗菌素後，它們才被人們冷落。但在今天仍有某些特殊病例，因為抗菌素使用不當，致使一些適應性很強的致病菌產生了對多種抗菌素的抗藥性，人們這才會想到噬菌體的醫療用途。噬菌體在環保、農業、發酵以及新興的生物工程的研究、開發中也有重要的作用，其前景也很廣闊。必須強調指出，本章所述及的是噬菌體作為遺傳研究材料而備受人們關注，世界上第一次解析遺傳二進制開關的分子機制，就是透過研究噬菌體取得的。

2 噬菌體的生活史

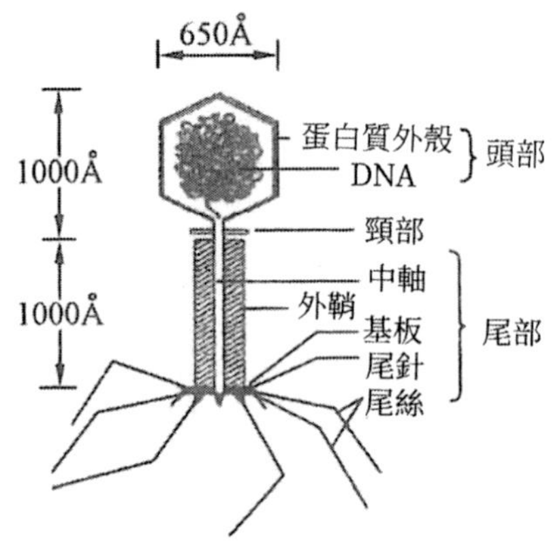

圖 4.3 T 偶列噬菌體結構

噬菌體形體只是細菌的 1/1000，重約 10^{-17}g，地球上再也找不出比它更小、更輕的生命有機體了。噬菌體雖小，但「五臟俱全」，它也是由核酸和蛋白質構成的，外形酷似醫生給病人打針用的針筒，它專一將自身所含的遺傳物質 DNA 注入細菌細胞裡，而將蛋白質留在細菌外部。那些進入到細菌細胞內的 DNA 劫持了細胞，將宿主細胞裂解掉，釋放出了數百個與原先一樣的具有完整蛋白外殼的子代噬菌體。《西遊記》中所描述的，孫悟空鑽進鐵扇公主肚子裡面鬧，繼之喧賓奪主，最後取而代之、坐山為王。這些子代噬菌體接著再去侵染其他的細菌細胞，如此循環不已，所以世人稱它們是「細菌病毒」；「電腦病毒」這一說法也源自於此。

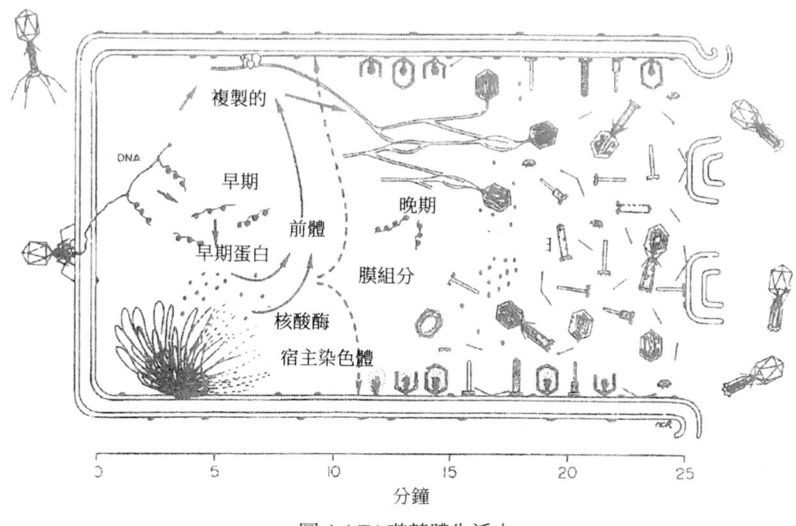

圖 4.4 T4 噬菌體生活史

3 愛因斯坦見證了噬菌體實驗研究

1920 年德雷勒在荷蘭萊登大學任職期間，用他出色的實驗證明，噬菌體是以一種非連續性形式存在的，也就是說以某種顆粒小體形式存在的。這項著名實驗引起了同在這所大學物理學系任教的，在當時已頗有名氣的德國物理學家愛因斯坦（愛因斯坦本人一直認為自己是一個數學家）的關注。愛因斯坦應邀到萊登大學執教，他開出的膳宿清單列出來後令人不敢想像：只有牛奶、餅乾、水果、一把小提琴、一張寫字臺和一把椅子。他在《我的世界觀》一文中說：「安逸和享受與我無緣，照亮我前進，並不斷給我勇氣的，是善、美、真……」

愛因斯坦成名後，到美國普林斯頓高等研究院從事純理論研究期間，他的收入是 16,000 美元，其實他只需要 3,000 美元。他解釋說：「任何多餘的財產，都是人生的絆腳石；而簡單的生活，才能給我創造的原動力。」難怪他曾將獲得的獎金支票當書籤使用。

愛因斯坦在入住的 115 室睡的仍然是單人床鋪，而且過的是近乎清教徒式的日子，就連接受美國羅斯福總統的宴請，還需經祕書批准，用愛因斯坦自己的話說，他住進「集中營」了。難怪研究院給他們發高薪，院內沒有學生、教師的干擾，沒有實驗室，研究進度自定，不需要向誰匯報，研究結束時，甚至連一份總結都不用寫。明擺著就是要讓這些進來的人在有限時間內，一門心思撲在研究工作上，少有非分之想。於是，便出現了這樣的結果，從這個高等研究院先後走出物理學大師愛因斯坦，數學家哥德爾 (K. Godel)、伯淩，「現代電腦之父」約翰 · 馮紐曼 (John von Neumann)，「原子彈之父」歐本海默 (J.R. Oppenheimer) 和天文學家斯特龍根 (Stromgren B.G.D.) 等科學巨匠，當然，別忘記了性格怪異的奧地利年輕粒子物理學家包立 (W. Pauli)。

包立五短三粗，身材壯碩，其肢體動作異於常人。他站著時，習慣性地前後搖晃，搖晃的同時，腦袋左右扭動，讓人覺得他的肌肉一直處於緊繃狀態。他說話口無遮攔，一次人們議論到某一個嶄露頭角的物理學家時，他戲謔地稱：「這麼年輕還這麼沒名氣。」他要是不喜歡誰的想法或理論，會說那種想法或理論「連錯誤都談不上」。有時還好話反說或歪說，讓人聽後比挨了一巴掌還難受。有一次愛因斯坦組織了一個論題研討會，包立當時尚是一個名不見經傳的研究生，他當著眾人的面說：「大家看，愛因斯坦教授講得還不算太蠢嘛！」倒是愛因斯坦很是大度，一笑了之，反映出大家的氣魄、包容、厚德和大度。

1933 年，愛因斯坦就在美國普林斯頓高等研究院任教授，1949 年他已 70 歲，雖已退休，但他在普林斯頓高等研究院仍有一間辦公室；從家到辦公室單程 2 公里，他每日步行上班，直到 1955 年逝世。

上面話說遠了，再重回到噬菌體實驗話題。同在荷蘭萊登大學任職的愛因斯坦，一方面出自好奇，另一方面想看看這些細菌學家們整天在實驗室內做些什麼。有時也來找德雷勒，間或還討論噬菌體實驗。他目睹了這一實驗的全程，並鄭重地對德雷勒說，他身為一個物理學家，願意將這項實驗視為噬菌體非連續性形式存在的證據。德雷勒本人毫不掩飾自己的興奮和喜悅心情，頗有感慨地表示：「我的大量生物學實驗會得到這樣一位數學大師如此高的評價，真不敢相信這些實驗從本質上讓這樣一位物理學家滿意。」

這件事的核心價值，不僅在於噬菌體的某項實驗得到一位著名物理學家的關注和肯定，而且在於學科間的藩籬開始出現鬆動，物理學家透過這些細小鬆動留下的縫隙，來窺探生物學實驗室內的人在做些什麼。10 多年後，另一位德國物理學家德爾布呂克不僅走進生物學實驗室，了解生物學家們在做些什麼，而且還開始考慮物理學家能夠為生物學做些什麼，最終自己索性也全身心地投入到生物學研究中。德爾布呂克的研究轉向就意味著噬菌體的現代研究開始了，這是不以人們的意志為轉移的客觀規律，也是科學橫向發展的必然性。

4 噬菌體的現代研究

噬菌體的真正現代研究始於 1930 年代，自從它進入物理學家的研究視野起，命運大變、「身價」猛增。恰在此時，德爾布呂克的好友著名病毒學家斯坦利（W.M. Stanley）兩年前獲得了菸草鑲嵌病毒（TMV）蛋白分子結晶。這給了德爾布呂克巨大的啟發，他也由此推斷：「假定病毒都是一個個分子，那麼要實現基因複製，研究病毒複製便是關鍵。」由於無細胞過濾液可能會傳遞一些動物腫瘤，理所當然地人們要選擇過濾性病毒。可是斯坦利研究的菸草鑲嵌病毒不是過濾性的，怎麼辦呢？此時此刻，德爾布呂克根據現有的實驗室條件、設備和經費情況，最重要的是根據三個過程的比較情況，最終決定選用噬菌體作為遺傳研究材料。這三個過程是：第一，卵細胞的致育作用；第二，噬菌體顆粒侵染細菌；第三，誘導性病毒使正常細胞轉變成為不正常的。

德爾布呂克還根據他在 1930 年代進行的推算，認為噬菌體與基因的大小差不多，如果研究基因自我複製，則噬菌體就是一個再理想不過的材料。他的這一判斷對促進分子生物學的誕生，以及了解這個學科的中心內容，即基因的結構發揮了某種關鍵性作用。原因如下：

第一，噬菌體易於生長，而且科學家能夠在很小的空間內培養出數百萬株噬菌體；

第二，它們的世代時間和細菌是一樣的，大約 20-30min；

第三，由於它們是由兩種類型的分子，即蛋白質和核酸構成的，所以在探索蛋白質和核酸的複製過程中，能夠精確檢測其實驗結果的，唯有噬菌體；

第四，更重要的是，噬菌體 DNA 分子中有 1/3 的片段是可以被置換的，而噬菌體不喪失其裂解生長的特性，所以可以利用「分子手術刀」切去這 1/3 的片段，加入或者置換上較多的外源 DNA。

除此，還有操作實驗時間短，不超過一天；對人體無害；有關技術易於掌握等。又由於噬菌體是當時所有已發現的最小生命體，它只有一股 DNA 或 RNA 單鏈。上面的基因只供編碼三種蛋白質，其中有兩種是用以構建噬菌體的部分微米級結構的，第三種蛋白質用於 DNA（或 RNA）複製。然而，它卻具備了能夠顯示普遍性遺傳學含義的特質，涵蓋了從細菌到大象；從細小至 8-12nm 直徑、重約 10^{-17}g 的口蹄疫病毒，大到有 30m 長、135t 重的藍鯨。從此，它已經不再是往日人們用醫學眼光來看待的噬菌體，也不是用細菌學基本觀點來研究的噬菌體了。德爾布呂克以及之後圍繞在他四周的許多研究者一致認為，噬菌體已經不再主要是研究病毒習性和複製的方法了，現在人們利用它，主要是研究和觀察遺傳過程及剖析基因自身的性質。在分子遺傳學歷史中，它可以和當年經典遺傳學史上作研究材料的果蠅具有同等的地位。

噬菌體比果蠅及鏈孢菌更具有優越，這一點在選擇研究複製的合適系統時顯然造成了某種作用。以噬菌體為材料研究單個遺傳粒子，從而能擺脫組織的遺傳系統的複雜性。細菌學家和細胞遺傳學家不一樣，研究人員可以操縱這個亞細胞界，不局限於研究分子水平上繁殖的整個合成單位，而且能夠在某種程度上控制進入細胞內的物質。基於這個原因，人們選擇病毒學方法也許能更直接地解決遺傳物質複製的問題。

德爾布呂克選擇噬菌體作研究材料還有一段插曲，即 1937 年他初到美國加州理工學院，當時在這所大學校園開展的果蠅遺傳研究正熱火朝天，他跟這些「果蠅學家們」合作得並不順利。奇蹟發生了，在該校的生物學院地下一層的一間實驗室內，德爾布呂克經常能遇到以埃利斯（M.L. Ellis）為首的研究組成員，這個小組正在從事大腸桿菌噬菌體實驗。他們抬頭不見低頭見，時不時一起交流，這使得德爾布呂克很快意識到，噬菌體是一個進行定量研究的理想生物系統，它不需要像高等有機體那樣要雙親遺傳。噬菌體像植物病毒那樣，只把宿主作為營養培養基進行繁殖複製，既無重組又無分離，只是一種核蛋白分子的真正複製和自體催化。它們像酶那樣自我繁殖蛋白質，研究噬菌體的產生機制，可以撇開細胞生長的複雜條件去研究酶的形成機制，或許這還是解決生物學基本問題的關鍵。噬菌體也從此被推上了現代科學技術分子研究的歷史舞臺，瑞卡德（L.F. Reichardt）是世界上第一位解析遺傳二進制開關分子機制的，而且他還是透過研究噬菌體取得的呢！

4.5 從噬菌體研究組看到科學發展普通動力學要素

1969 年的某一天，位於美國紐約長島北岸冷泉港實驗室的會議大廳燈火輝煌，鼓樂齊鳴，人聲鼎沸，呼喚聲不絕，好一派歡聲笑語的快樂景象。原來會議大廳舞臺上正出演一場別開生面的戲劇，為「當代分子生物學之父」德爾布呂克生日祝壽暨榮膺 1969 年度諾貝爾生理學或醫學獎。這場景很特別，參加演出的 14 位演員全是諾貝爾獎獲得者，他們清一色的是原噬菌體研究組成員。這些從世界各地專程趕來的 14 位諾貝爾獎獲得者，共同演出了一場主題為「我們的成就完全歸功於德爾布呂克」的大戲。

大幕徐徐拉開，舞臺中間放了一個大木桶，14 位諾貝爾獎得主按獲獎年代（1958 年、1959 年、1962 年、1965 年、1968 年）先後相繼登場。他們圍著大木桶繞臺一周，邊走邊說，臺詞只有一句：「我們的成就完全歸功於德爾布呂克。」臺下的諾貝爾獎評議會委員們一遍一遍地呼喚：「誰是德爾布呂克？德爾布呂克是誰？」劇情進入 1969 年，諾貝爾獎評議會委員想不出這一年諾貝爾獎得主的名字。委員們異口同聲地呼喚道：「乾脆把木桶拿來，看看裡面到底有什麼！」於是，便有一位諾貝爾獎評議會委員拿來一個長柄釘耙，逕自在木桶裡這麼一耙，耙出了一本書，書名是《噬菌體和分子生物學的起源》（*Phage & The Origins of the Molecular Biology*），這就是這 14 位諾貝爾獎得主為慶賀德爾布呂克 60 週年華誕而撰寫的論文集。

接下來是大合唱，14 位諾貝爾獎得主齊聲高唱，歌詞中有一句：「生物學、病毒學和占星學教授們都在慨然宣稱，他們的成就完全歸功於德爾布呂克……」歌畢，諾貝爾獎評議會才若有所悟，他們齊聲問道：「……現在是什麼時辰了？」大廳深處傳來德爾布呂克榮膺 1969 年度諾貝爾生理學或醫學獎的喜訊，劇終。

這 14 位諾貝爾獎得主都曾積極參加德爾布呂克倡導創建的噬菌體研究組學術活動，受到研究組學術薰陶、啟迪，並且在日後都為分子生物學研究做出過巨大貢獻，獲得諾貝爾獎。他們將參與研究組活動視為科學生涯中的重要「轉捩點」。那麼噬菌體研究組活動為什麼有這麼大的吸引力和這麼大的影響力，成為眾多學者、精英學術生涯中的重要「轉捩點」？研究組的倡導者、組織、活動有什麼獨特之處呢？

4.5.1 物理學家走進遺傳學實驗室

1939 年二戰期間，德爾布呂克有家不能歸，有國不能回，不得已只能在美國范登堡大學物理系謀得一席教職，賴以為生。實際上，他在從教之餘，幾乎將全部精力花在噬菌體研究上。恰值義大利著名細菌學家盧瑞亞這時也流亡到了美國避難，他們二位在一次「美國物理學會年會」上不期相遇。同是落難人，自然一見如故，科學是沒有國界的。他們相約共做 48 小時的科學實驗，盧瑞亞就將早年在巴黎巴斯德研究所從沃爾曼（E. Wollman）教授身邊學來的噬菌斑實驗技術，手把手地傳授給這位從德國來的理論物理學家德爾布呂克。

這可能就是 20 年前在荷蘭萊登大學，德國的另外一位更具影響力的物理學大師愛因斯坦關注噬菌體觀察實驗的後續。後者曾透過學科間藩籬鬆動留下來的縫隙，關注一位來自法國的細菌學家德雷勒的噬菌體研究實驗，想看看生物學實驗室內的人整天在做些什麼，還一旁煞有介事地進行些頗像回事的評價。

德爾布呂克身為一位物理學家，他走進遺傳學實驗室，不僅看到了生物學實驗室在做些什麼，而且自己也著了迷，索性全身心地投入到生物學研究中，尤其是投入到了遺傳分析研究中。他和盧瑞亞相約共做 48 小時的科學實驗，可能就是下文將敘述的噬菌體研究組的雛形；而一位物理學家走進遺傳學實驗室學習噬菌斑實驗技術，與 10 年後他所指導的噬菌體研究組成員、美國年輕的遺傳學家、資訊理論者華生，以一位遺傳學家的身分走進英國劍橋大學卡文迪許物理學實驗室，學習 X 射線晶體繞射技術的相對應。這兩位一進一出恰恰是 20 世紀前半期的科學生活中最具指標性的事件，象徵著傳統的噬菌體研究正在朝新學派過渡。

4.5.2　噬菌體研究組的宗旨

1940 年在美國冷泉港，以德爾布呂克、盧瑞亞、赫希為核心成員召開了「第一次噬菌體研究學術討論會」，會議決定把這個新創建的學術研究團體命名為「噬菌體研究組」。研究組成員最初想了解噬菌體怎麼會在半小時左右時間內，在宿主細胞中增殖成為數百個子代噬菌體；還想弄清楚哪些成分在噬菌體複製時有著關鍵作用。換言之，重點在於檢定這類病毒的遺傳物質。

為達到這個目的，必須盡可能吸引更多的科學家參與這個研究組的工作，他們希望有人能看到或聽到他們已發現的所有東西後，會懷著濃厚的興趣和他們一起工作。一種強烈的甘願冒險的精神激勵著研究細菌病毒的人們，這種感情在推進解決生物學這個基本問題的宏大運動中發揮一定作用。最終他們吸引了許許多多的人，並形成和這些有志之士共同組成的噬菌體研究組。其中還有一對來自臺灣的年輕華裔物理學家詹裕農和葉公杼夫婦，他們毅然決然地投奔到噬菌體研究組發起人德爾布呂克門下，後者對這對年輕物理學家非常支持。

50 年前，物理學家們看到許多令人振奮的發展將集中於原子的構成；今天，這些物理學家們認為，生物學的許多問題都將聚集到一個中心問題上，即細胞的結構。這些「門外漢」們感到細菌病毒這個領域將是他們大展宏圖的廣闊天地。德爾布呂克自謙是這些人中的一個幼稚的「門外漢」，他是一位理論物理學家，對生物學極為生疏，對細菌病毒更是一無所知。這些「門外漢」感興趣的是，一個病毒顆粒進入細菌細胞內，20 分鐘後這個細菌細胞便裂解，釋放出 100 多個病毒顆粒。一個顆粒是怎麼在頃刻間變成 100 多個相同顆粒的呢？怎麼才能查明這個過程呢？它是如何進入細菌細胞，又是如何繁殖的？是像細菌那樣生長、分裂，還是另有一套完全不同的繁殖機制？它是否必須在細菌內才會這樣繁殖，或者殺死細菌後，它們仍能像原來那樣繼續繁殖？這樣的繁殖方式是否是有機化學家尚未發現的有機化學中的一個奧祕呢？

他們有著不同的興趣，專業各異，研究方法也不盡相同，因而對所獲得的研究成果有不同的解釋。一些人如科恩（S.S. Cohen）等認為生物化學能解析基因，另一些人如德爾布呂克、盧瑞亞等則主張結合運用物理學、遺傳學解析基因。有爭議是常有的事，而懷有「異議」的人，往往就是有異常稟賦的人。其實，這樣的學術環境才能使研究日新月異，不斷提升，持續地將科學發展推向新的高峰。他們各抒己見，自由討論，誰也不強求對方一定要認同自己的觀點、看法。然而，大家都致力於協作，例如一些人共同研究某一種細菌（大腸桿菌）和某一種噬菌體品系（T 系）。他們並不是共同使用一個實驗室，而是在分布於世界各地的實驗研究場所積極從事研究。

4.5.3 「人才」大流動和一個「吸智」平臺

德爾布呂克正好趕上了一個特殊「人才」大流動時期，須知這種大流動卻是改變歷史發展的一種動力。

二戰期間德國以及被德國威脅及占領的歐洲各國，有近 50 萬猶太人被迫流落他鄉，有上萬名科學和文化精英逃亡到美國，這種「人才大流動」與本書的主題「DNA 是如何發現的」有著某種直接或間接關係。美國以「拯救科學和文化」的名義，接收了大批從德國等歐洲各國流亡來的科學家和文化精英。他們當中有「電腦之父」約翰 · 馮紐曼，「現代宇航之父」馮 · 卡門（T. von Karman），「氫彈之父」泰勒（E. Teller），著名物理學家費米（E. Fermi），數學家柯朗（R. Courand），音樂家荀白克、史特拉汶斯基⋯⋯還有與本書主題有不同程度關聯且在本書多次提及的相對論創立者愛因斯坦、量子力學創建者之一波耳、「原子彈之父」西拉德、「分子生物學之父」德爾布呂克、細菌學家盧瑞亞……

換個角度講，美國密芝根大學靜電學權威摩耳（Moore A.D.）在 1911-1915 年大學讀書期間，老師從未提及馬克士威（Maxwell J.C.）的名字，儘管其理論是電學原理的基礎。在 1920-1930 年代，美國一些科學領域在蹣跚學步，處於起步階段，有些領域甚至是一片空白。蛋白質結構研究方面也是如此，1930 年代除了懷克夫（R. Wyckoff）拍過幾張蛋白質的 X 光照片外，再沒有人拍過類似的照片。從 1920 年代起，有記錄的只有一次嘗試，當海德堡（M. Heidelberg）知道在斯克內塔第有 X 光設備，他便帶著血紅蛋白晶體去那裡，但那裡的技術還不成熟，設備也不配套，因而他失望而歸。

因為戰亂，歐洲許多國家的大學及科學研究機構遭受破壞，大批科學家外流，絕大部分流向美國。從 1894 年以來美國工業生產就一直居世界首位；1853 至 1979 年的科學研究經費累計約 6,200 億美元，全世界知名科學家和工程師半數仍舊生活在美國，目前活著的 2/3 諾貝爾獎獲得者還在美國工作，一些高水準的科學家比例可能還要大於 50%，所以，沒有多少年，美國科學研究在各方面均處於領先地位。這也可以說德爾布呂克趕上了好時機，是美國的科學環境成就了德爾布呂克，成就了噬菌體研究組，也成就了分子生物學。

4.5.4　一本《生命是什麼？》使噬菌體研究組發展茁壯

這時又出現了一件奇妙的事件，德爾布呂克 1935 年在柏林時，與萊索夫斯基及季默合作發表的，人稱綠皮書的《關於基因突變和基因結構的性質》刊登在一家不起眼的雜誌上。這篇被人們譽為靶理論模型的經典文獻，想不到在戰爭期間被另一位從奧地利流亡到愛爾蘭的著名量子力學創始者之一薛丁格接過去了。他從物理學層面討論活細胞問題，認為生命有機體有一套特定的遺傳縮微密碼文庫，借此可以讀取到「基因的分子圖」。我們也就不難理解縮微密碼能精確地表示十分複雜和特定的發育計畫，並能以某種方式使得該計畫得以實現了，這也就是這本書最有積極意義和最有影響力的一面。根據這一概念，基因的複製不只是我們在晶體三維生長中看到的「機械性重複」，複製好的結構像是在複雜有機分子中那樣呈「非週期性的」，其中每個原子和每個原子團都有各自的作用。在大分子亞單位的同分異構排列中，字母碼和化學碼是相似的。物理學家除熟悉這一概念外，更重要的是要用非週期性晶體概念來說明這個遺傳縮微密碼文庫與晶體學的關係。人們期盼有朝一日有位物理學家，而且是一位傑出的物理學家能擔當此任。

1944 年，薛丁格寫了《生命是什麼？》，這本書激發了人們的廣泛興趣，尤其是引起了那些年輕的僅具有粗淺又過時的動植物學知識的物理學家們的興致。身為物理學家的威爾金斯 (M. Wilkins)、克里克等自不例外。這些物理學家中有人在二戰中參與過美國「曼哈頓計畫」，製造了世界上第一顆原子彈，害怕因原子武器巨大的殺傷力而承擔道義上的責任。還有，在不少人的心目中，原子彈爆炸這一事實意味著物理學已走到盡頭了，再研究下去，人類的命運堪憂。而且，物理學研究變得愈來愈複雜，常需要許多人的參與、協作和極貴重的儀器，個人的作用不太明顯。於是，在薛丁格的《生命是什麼？》鼓動下，很多傑出的物理學家毅然決然地投身到生物學這個瑰麗的新園地，尋求新的發展空間。

當時的生物學的確不怎麼具有吸引力，也談不上有什麼「新概念、新技術、新方法」。走進生物學實驗室，人們所能看到的，除了滿架子的標本、一架老掉牙的顯微鏡外，研究者們無非在做些蛙類和胡蘿蔔切片實驗，一旁再背誦些拉丁文學名。一直到 1950 年代初，生物學的主要研究內容依然是被作為定性研究對象來看待的，在微生物學研究領域，對定量實驗方法的牴觸現象隨處可見。薛丁格那本書籍的出版，給生物學平添了許多異彩，給那些戰後徘徊、觀望的年輕的物理學家們指出了一個大有作為的新領域。這時，恰好德爾布呂克正在美國冷泉港舉辦一系列有關噬菌體研究的學術活動，書籍的出版，一時間使生物學成為一門炙手可熱的學科，吸引來了各類學科的代表人物（主要是物理學家），他們紛紛湧入噬菌體研究組。書籍的出版，確實對這個研究組的發展和壯大造成了一種極大的，也是決定性的推動作用。

4.5.5　社會工程的應用

運用社會工程原理，組建某種社團開展學術活動，進而催生一個新學科誕生，在科學發展史中也早有先例。例如在數學界，歷史上著名的希爾伯特 (D. Hilbert) 運動，引發了「現代代數學」的誕生，這與噬菌體研究組的學術活動頗為相似。

波耳在哥本哈根發起並組織的「量子力學研究組」，亦即人們所稱的「哥本哈根精神」，則是另一種創舉，也是波耳感召力的極大表現。他將全世界最活躍、最有智慧和最具洞察能力的物理學家都吸引過來了，有來自 17 個國家的 63 位傑出物理學家，其中有克萊因 (O. Klein)、克喇末 (H.A. Kramers)、埃倫費斯特、包立、狄拉克 (P.A. Dirac)、伽莫夫 (G. Gamow)、克里克、卡西米爾、朗道 (L.D. Landau) 等眾多精英。他在這裡創立的所謂「哥本哈根精神」，使得這些世界一流的物理學精英不經意間觸及了宇宙的神經，對準大自然內部結構的人類智力之眼被打開了。在這之前，在世人的眼中宇宙還只是一種說不清、道不明的不可知現象。

還有，1901 年愛因斯坦在瑞士伯爾尼專利局擔任助理鑑定員期間，他與青年時代的朋友索洛文 (M. Solovine) 和哈比希特 (C. Habicht) 一起，組建了一個「奧林匹亞學院」，經常在一起探討物理學、數學、哲學等各種科學問題。德布羅意（L. de Broglie）、海森堡（W.K. Heisenberg）、薛丁格等也曾參與這個社團活動，且為創建量子力學做出了巨大貢獻。維納（N. Wiener）、羅森塔爾則創立了控制論，也與這種學術上自由組合的協同作用密不可分。

這種「小環境」在人才成長過程中具有重要地位，他們在志同道合的基礎上自願結合組成的學術社團，成為一批「研究高手」的世界，也是多學科的「科學狂人」的出沒之處。他們往往思想活躍，各自懷揣的奇思妙想層出不窮，極富創新精神；追求科學真理是他們的共同願望和最大的樂趣。這種充滿活力、親密無間的「小環境」，正是孕育新秀和形成新學說的沃土。這些精英們聚集到一起，他們的綜合創新能力不是簡單地疊加，而是他們日常彼此交往、點撥、啟發、相互影響，使得每個個體的創新能力成倍地提高，從而顯現巨大的社會進步推動力。

1 噬菌體研究組的組織結構

德爾布呂克不僅在學術上秉承了老師的衣缽，而且接過了波耳在社會工程原理的應用手法，在一定程度上還有發揮。他先後進行了一系列學術活動，例如創建比較穩定的通訊聯絡網，出版了科技情報刊物《信號》和《內部議論》，舉辦過「噬菌體暑期學校」、學術講座、寫作營，這些都為參加者提供了更多的學術交流平臺。德爾布呂克秉承了典型的「德國式」辦大學的理念，將學術自由放大到極致，盡可能不干預成員的獨立思考，使得研究組成為靈感的泉源，因此，研究組吸引來了各種學科、各學派的代表人物。最盛時有上百個來自 37 家世界頂尖的研究機構和大學的科學家參加了噬菌體研究組的學術活動，其中包括前文提到的來自臺灣的年輕華裔物理學家詹裕農和葉公杼夫婦。研究組並沒有刻意吸引生物化學家參加，可是生物化學家科恩也被吸引過來了，科恩曾經和斯坦利合作研究、分析過菸草鑲嵌病毒分子並獲得結晶。在這裡，科恩也受到這個研究組的影響，轉而研究起了細菌病毒。不久，科恩又將現代量子生物化學應用到了噬菌體 —— 細菌宿主系統的研究中，從而為噬菌體研究組的活動做出了重大貢獻。

參加噬菌體研究組的人員數目極不穩定，人員有進有出，來去自由，屬於開放型的鬆散組織。參加者一般是臨時性的，在 111 位研究組成員中，有 59 位只是短期協作，例如完成一篇論文，充其量不足一年的工作量；有 15 位留在研究組長達 10 年以上。如果將這 59 位短期協作者排除在外，其他人平均留在研究組內的時間只有 6 年。

這個崇尚個人自由選擇課題的研究組，研究進展是透過一系列精確有效的科學實驗活動取得的，而不是靠長時間的有組織、有計劃的研究工作累積獲得的。研究工作累積雖說「游移不定」，但十分活躍。愛因斯坦也是這樣說的：「只有自由的個人才能獲得新發現。」科學史也表明偉大的科學成就通常並不是透過有組織和有計劃的研究取得的，如同新思想往往源於某一個人的思考中一樣，因此，學者獨立開展的研究是科學進步的首要條件。

1946 年，噬菌體研究的輝煌時代已經過去，人們的研究熱情逐漸平息下來，但是有著不同興趣的人還在從事這方面的研究，他們原以為這只是一件簡單的事情，後來才知道這種想法錯了，原來這不是幾個月的事，也不是一兩個人能做成的事，而是需要幾十個人，花費幾年乃至數十年才能弄清楚的事。

2 生物學史上的一次重大抉擇

身為這個研究組的第二號人物盧瑞亞還採取了一項具有深遠意義的策略性措施，指派他的學生華生遠赴歐洲哥本哈根海爾曼實驗室學習生物化學，這是一個具有遠見卓識的重大舉措。他深深感受到，DNA 的化學知識對了解它的生物學功能是不可或缺的。他在和德爾布呂克閒聊時，常常帶著懷舊的心情不無感慨地說道：「歐洲人的那種邁著四方步子走路的老傳統、慢條斯理的生活節奏，往往有可能讓他們產生第一流的科學概念。」他深諳慢節奏生活與科學進步之間的「函數關係」，實質上就是，有效率的工作與有質量的慢節奏生活成正相關，因此他派華生到歐洲學習，希望他能夠接受一流的研究訓練，一方面能很好地掌握現代酶學方法和技術，另一方面培養和發展有關核蛋白合成的同位素操作技術、高級物理學知識，從而成為一名研究分子結構的物理學家。可是，令華生感興趣的不是生物化學，他的全部心思還是在遺傳學方面，他在哥本哈根海爾曼實驗室期間，人們常看到他抱著大本的遺傳學叢書。

噬菌體研究組在整體上對化學抱有成見，採取漫不經心的態度。德爾布呂克早年在柏林首次從事鈾分裂實驗，由於他本人對實驗結果作出過錯誤判斷，掉過頭來反倒埋怨化學家將他們的分析引入死胡同，因而並不鼓勵華生朝化學方面發展。難怪華生和克里克後來在如何審視、處理鹼基比例問題上，沒有找研究組成員請教，多是去找不是研究組成員的著名生物化學家查加夫，並從他那裡獲得了至關重要的啟示。

華生在歐洲有一系列離奇作為，巧妙地周旋於多個學科頂尖代表人物之間。他在短短一年半內（1951 年 10 月至 1953 年 3 月）獲取的涉及多個學科的大量極其寶貴的資訊、知識，遠遠超出這個研究組派他遠赴歐洲學習生物化學的預期。噬菌體研究組在運用社會工程學原理中的「請進來，派出去」方面，顯現出來的作用和影響力具有史詩般的意義。後來有人評論噬菌體研究組的工作時說道：「可以將研究組的工作比作『資訊』方法的反映，可以用『範例、雲集、網絡和專題』來形容這個研究組及其發展的社會意義。」

4.5.6　噬菌體研究組取得的成就

這期間電子顯微鏡和 X 射線晶體繞射技術也獲得了迅猛發展，再加上免疫學方法的應用都為噬菌體研究創造了必要的條件。

1　一步法實驗

德爾布呂克的第一項成就是成功實現了噬菌體增殖的一步法實驗，這象徵著從此開創了噬菌體現代研究的新篇章，他的這項成就至今仍是研究噬菌體增殖的基本方法。1943 年，盧瑞亞和他還一起證實，在對噬菌體敏感的細菌培養物中，出現了抗噬菌體的突變株系，表明自生性細菌突變株具有選擇特性。此結論與當時流行的細菌學教義相悖，可以說，一舉推翻了拉馬克關於獲得性遺傳的最後一道防線。這項實驗象徵著細菌遺傳學的誕生，它足以與 1866 年孟德爾的豌豆雜交實驗相提並論。這個噬菌體研究組接著在屬於細菌遺傳學範疇內的諸如自我複製、遺傳重組、有性生殖等基本概念方面均取得了重大突破，這些研究成果後來都順理成章地構成了現代分子生物學大廈的理論基礎，發展成為分子生物學資訊理論學派，德爾布呂克設立在美國加州理工學院的實驗室也便成為這個研究組的「梵蒂岡」。

2　噬菌體同位素標記實驗

任何新建立的學科體系都會有不完善的地方，研究組中一些人最初也認為病毒的遺傳物質是蛋白質。這個推測的根據是噬菌體在生長潛伏期內存在無 DNA 的噬菌體前體。他們在各類實驗中還證實，噬菌體都要有一定份量的蛋白質才能攜帶 DNA，所以當初認為遺傳訊息的傳遞是由蛋白質來完成的。在此必須指出，埃弗里 1944 年發表的那篇著名文獻中，顯然也考慮過這種可能性，所以他沒有明確肯定文中指的遺傳特性取決於 DNA。

這個研究組的早期成員赫希等由此推測，既然前人已明確肯定侵入性噬菌體是在細菌細胞裡面繁殖的，那麼噬菌體在吸附到細菌細胞表面以後，必然有什麼物質進入細胞的內部，於是他們各自使用不同的放射性同位素，分別標記噬菌體的外殼蛋白和內含物 DNA。實驗證實，噬菌體在吸附到細菌細胞表面時，它的外殼蛋白留在細胞表面上，只有頭部的內含物 DNA 進入細胞的內部。而且這些進入細菌細胞內部的 DNA，會繁殖成為數百個與原來噬菌體一模一樣的，也具有完整蛋白外殼的子代噬菌體。人們將這個稱為「放血者」的實驗，確認了具有遺傳特性的絕對不是蛋白質，而是 DNA。

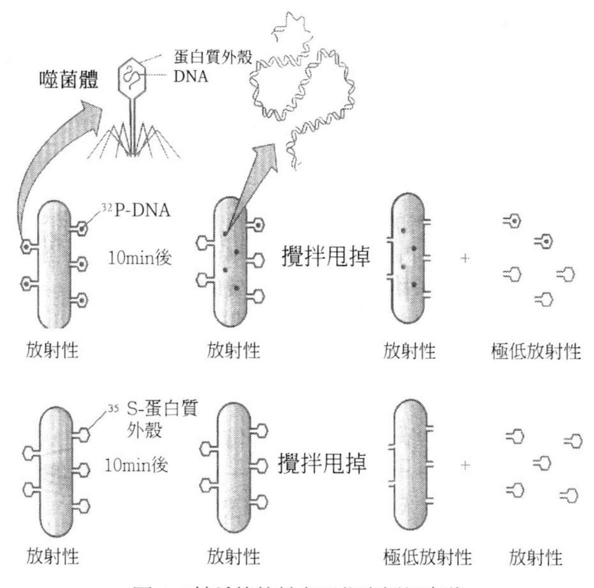

圖 4.5 赫希等的著名同位素標記實驗

這一著名的同位素標記實驗跟 8 年前埃弗里的著名細菌遺傳轉化實驗是何等吻合；對年輕遺傳學家華生和在劍橋大學的物理學家克里克正在從事的合作項目的衝擊之大，怎麼形容也不過分。他們正在積極探索一條前人從未走過的道路，嘗試建立 DNA 雙螺旋立體結構模型，而且正處於模型建立征途中的十字路口、關鍵時刻。赫希等的同位素標記實驗結果大大地激勵了他們，使得他們發誓要將這項具有里程碑意義，且具有遺傳學、生物學深遠含義的工作進行下去，直到最後獲得成功。在同位素標記實驗成功後不到一年，果然不負所望，他們兩位共同的寶貝 —— DNA 雙螺旋立體結構模型問世了。

3 遺傳訊息流「中心法則」問世

1953-1962 年是噬菌體研究組學術活動的黃金時段，成就頗豐。一些過去欲說未說，或因證據不足、數據不全，抑或羞於充當領頭羊而不敢說、不敢提的新概念、學說，由於有了上述決定性的實驗結果，為他們壯了膽，便一股腦地都拋出來了。這是一個資訊爆炸期，許多過去沒法解釋的問題、說不清的道理，都先後找到了答案。例如 1950 年代後期，人們曾假定 RNA 有好幾種存在方式，到 1960 年代初期便通通得到證實。於是，便有可能構成一幅完整的基因 —— 蛋白質的生化圖解；它還為 DNA 複製提供了一致性解釋。下列流程圖表示的遺傳訊息流向，稱為分子生物學的「中心法則」。

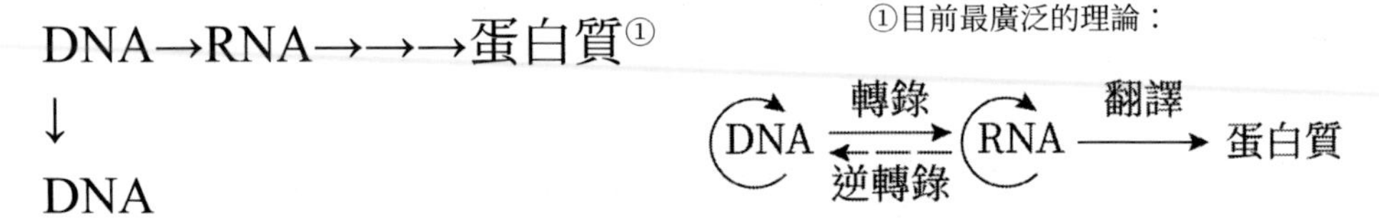

圖 4.6 遺傳訊息流向

垂直方向表示「自催化」，新名稱叫作複製或遺傳傳遞；水平序列表示「異相催化」，指細胞內非染色體物質的代謝活動。實際上如圖 4.6 所示的那樣，可以將它分成兩個獨立的流向，即 DNA → RNA 稱為轉錄，RNA →蛋白質稱為翻譯。當這些過程的生化途徑變得比較清楚的時候，就有可能在沒有細胞存在的試管內（只用前體和 DNA 或 RNA 模板）合成出完整的蛋白質。1960 年代期間，最富有革命性的研究進展當推伽莫夫 1963 年計算出的遺傳密碼，即三聯密碼子。從此，人們便可以用「自催化」和「異相催化」這兩個功能性術語來重新解釋噬菌體 DNA 自我增殖的這個最基礎的問題，從而完成這個研究組當初給自己定的歷史使命。

盧瑞亞和德爾布呂克他們兩位不是第一個研究細菌突變的，正如孟德爾不是第一個透過植物雜交來研究遺傳的一樣，前兩位是研究細菌遺傳學的，後一位是研究普通遺傳學的。為了使獲得的結果能夠令人一目了然，清晰易懂，這必然要求他們的論文在解釋實驗安排、數據分析時，義正詞嚴，文筆流利，文字也高度精煉。雖然這並不表明他們所獲得的結果擲地有聲、出乎人們的意料，但他們的論文的的確確成為所有後來者發表論文時比對的標準、範例。

噬菌體研究組主要成員只有 52 人，不僅結出了豐碩的研究成果，還先後走出了 20 位諾貝爾獎得主，算得上是歷史上少有的有成果、有人才的團隊。

4.5.7 噬菌體研究的局限

噬菌體研究組在如此短的時間獲得如此巨大的成就，其中一個根本原因，在於研究組的許多成員在集中研究侵染大腸桿菌的極少數幾個噬菌體品系，以及將分布在世界各地的噬菌體實驗室獲得的研究成果統一進行綜合分析 —— 這樣會優於過去「經典性」噬菌體研究時期的工作。

噬菌體研究組也有自身的不足之處，有人將其比喻為一座「小教堂」，研究組的一些參加者有時置外來資訊和概念於腦外，時常有意無意提出一種與他們的學術活動及從事的合作項目離題千里、古怪而毫無意義的問題，從而忽略了對噬菌體課題本身的研究。

另外，研究組畢竟沒有將真正從事創新性研究的埃弗里、查加夫、富蘭克林等著名的、卓有成就的科學家吸引過來，這不能不說是噬菌體研究組的又一大憾事。

以這個噬菌體研究組成員為核心，在世界各地紛紛建立起了分子生物學研究機構或實驗室。設在劍橋大學內規模龐大的分子生物學研究所，是在卡文迪許物理學實驗室基礎上發展起來的，他們中間的許多人與噬菌體研究組有著千絲萬縷的關係。屬於法國全國科學研究中心的分子生物學委員會，聯合了很多位於巴黎、薩克爾、聖特拉斯堡的科學研究機構，例如巴黎巴斯德研究院就有莫諾（J. Monod）、利沃夫（A.M. Lwoff）、沃爾曼（E. Wollman）、賈克柏（François Jacob）等。這個研究所一度還是分子生物學研究的世界科學中心之一，分子生物學的許多基本概念都是在這個研究所取得的。在瑞士日內瓦大學物理學研究所，有凱南伯格（Kellenberg）和維格勒（Weigle）等一班人；在當時的美國印第安納大學，有盧瑞亞及他的學生華生、杜爾貝科（R. Delbucco）；加州理工學院有德爾布呂克和他周圍的一班人；還有冷泉港這個分子生物學發源地，更擁有一大批噬菌體研究組早期的成員；日本名古屋大學和義大利的一些研究機構也都紛紛建立起了分子生物學研究機構或實驗室。分子生物學從此成為一個公認的專門學科，有正式的組織，有公開應徵研究人員的章程，有自己的刊物《分子生物學雜誌》（*Journal of the Molecular Biology*），還有支配研究機構自身經費的辦事機構等。瓜熟蒂落，分子生物學真的誕生了。凡此表明，噬菌體研究組為分子生物學的誕生在學術上、組織及資源上打下了堅實的基礎。

1966 年以後，研究組沒有必要繼續維持下去了，從此便被納入分子生物學大範圍內，而分子生物學所涵蓋的範圍更為廣泛。正如法國著名分子生物學家賈克柏事後若有所悟，滿懷感慨地說：「今後我們所做的一切，全都屬於分子生物學研究範疇的組成部分。」分子生物學既然已經是一個明確的實體，那麼，亞分子、原子或量子生物學等都是毫無意義的術語了。生物學實驗分析已經深入到分子層次，生物大分子本身不具有生命屬性，只有這些生物大分子形成細胞這樣的複雜系統，才表現出生命的活動。沒有活的分子，只有活的系統，像蛋白質和核酸這樣的生物大分子對化學家來說是最複雜的分子，對生物學家來說則是最簡單的體系，再進一步將它們拆分下去，將會失去生物學的特性。

4.6 德爾布呂克對分子生物學的影響

德爾布呂克對分子生物學的影響是十分深遠的。

第一，選擇噬菌體作為研究材料，藉以研究基因複製，為了解這個學科的中心內容即基因的結構，造成一種關鍵作用。1940 年，德爾布呂克率先建立了一步生長曲線方法，使同步生長的細菌幾乎同步被噬菌體侵染，而且不再發生侵染，從而為定量研究噬菌體增殖提供了可能性。如果說孟德爾的貢獻代表著普通遺傳學的誕生，那麼德爾布呂克的貢獻則代表著細菌遺傳學的誕生。

第二，在 1953 年以前，傳統生物學的研究方法在生物學界仍占主導地位的情況下，以德爾布呂克為首的少數幾位早期噬菌體研究者，幾乎沒有獲得過其他科學研究機構的任何支持，研究課題也沒有倚靠各單位，一切全憑研究者堅信所從事課題的潛在價值，憑著各自的執著、學養、風範、精神等特質，三人為伍、五人為組，以零星分散的方式，憑著濃厚的興趣自發地從事噬菌體研究，最後轉變成為學院式噬菌體現代研究，組成了一個產生巨大影響力的噬菌體研究。他們將噬菌體研究過程中產生的一些新概念、新思想、新技術，徐徐注入昔日生物學思想的清潭中，最終形成一門嶄新的學科，即現代分子生物學。一大批研究人員，其中大部分是年輕的物理學家，在噬菌體組的組織、協調和引領下，凝聚在一起，這保證了噬菌體研究項目能夠穩定順利進行。僅 1958-1975 年期間，從這個研究就先後走出 20 位諾貝爾獎得主；又由於德爾布呂克選對了研究材料，在之後 1980-1991 年之間有 8 位諾貝爾獎得主是用他選定的材料而獲獎的。德爾布呂克後來不無調侃地戲言道：「50

年前的物理學家看到令人振奮的發展皆集中於原子的構成，50 年後的今天，這批『門外漢』也認為生物學的許多研究方向都將聚集於一個中心問題 —— 細胞的結構。他們感到細菌病毒這個領域，對於那些想搞出些名堂的『門外漢』來說是大展身手的廣闊天地。」

第三，德爾布呂克將孟德爾的豌豆雜交實驗所建立起來的經典遺傳學理論，推向了由華生和克里克兩位主演的分子舞臺。不僅如此，德爾布呂克還是一位反還原論的勇士，早在 1935 年他就強調過，遺傳學有自己的規律，不應摻雜物理學和化學的觀點。因此，絕對不可以將生物學概念中的「基因」和化學中的「分子」等同起來。他反對因果論者認為的完全可以用物理學術語來解釋生物學的做法，認為那是走進了「自然發生論」的死路，從而維護了生物學的立場。他透過推理和假設，為資訊理論概念的研究開拓了道路，即不僅要用訊息這一術語的物理學內容來分析結構，還要了解活有機體實驗是如何得到重複的，亦即遺傳訊息是如何傳遞的。

第四，德爾布呂克雖非一名傑出的物理學家，但他卻是一位獨具匠心的靈魂分析師式科學家 —— 他所具有的那種活脫脫的哥本哈根精神，不愧是和波耳從同一個模具中走出來的，他思維敏捷且清晰、誠實可信、極富幽默感、善解人意、廣結友情、愛護同事、樂於與年輕人交往，頗得同仁們的敬重。一個新移民能在異國他鄉短期內影響一大批科學精英，組建一個很有影響力的學術團體，除他的學術思想具有極大感召力之外，與他親和性佳、善於處理人際關係等優點密不可分。

多年來德爾布呂克一直反對在科學研究中相互保密，認為這不利於新概念的形成，而且批評某篇論文時從不講情面，但人們仍然認為他的批評是可取的，因為在他嚴厲又無情的外表後面，是他所堅信的「如果不把自尊心擱置一邊，在科學上將無所建樹的信念。」

他還告誡年輕科學家，「選題立項不要追風趕時髦」。此跟日本諾貝爾獎得主大隅良典倡導的「做別人不做的事情」，其實說的是同一回事，到科學研究的空白區尋找課題，切忌急功近利，什麼能快點看到成果就做什麼。

德爾布呂剋期待對生物學進行新一輪的探索，但此時他走到了另一個極端，錯誤地忽視了生物化學，認為那是無用的或用途極小的，但是在另一方面，他和薛丁格一樣，還想尋找物理學的其他規律，後來研究鬚黴（*Phycomyces*）時，才不得不學習起了生物化學。他堅信在量子機制和統計熱力學範圍內能夠描述生命系統中重要的個體特徵。在 20 世紀中葉，資訊理論還是一種新概念，主流概念或典範的轉變尚處在孕育階段的陣痛期，可能正需要有這樣浪漫色彩的研究風格或德爾布呂克式的反生化論風格，人們才會有勇氣、膽識提出一種新格調的生物學思想，即使把握不大也要大膽表達。在他的這種浪漫色彩的思想影響下，從研究組初期所得出的研究結果中引出來的一些直接結論雖然都是正確的，而從這些結論再引出具有普遍意義的推測，則又往往是錯誤的，他們曾主張的遺傳性狀由蛋白質決定的結論就是一例。

二戰時，美國優越的科學環境成就了德爾布呂克、成就了噬菌體研究組，也成就了分子生物學。不僅如此，構成世界現代科學的三大支柱技術的相對論、量子力學和 DNA 雙螺旋立體結構模型，全是在歐洲開花，在美國結果。全世界獲諾貝爾獎人數最多的國家是美國，其中半數是外籍移民或移民的第二代。科學是沒有國界的，所以也就沒有內外之分，只能說是人類文明進步的必然趨向。因此，人們將德爾布呂克稱為「生物學類型的康德（I. Kant）」，這位新時代「康德」沒有任何背景，沒有世俗的權位，有的只是一股永存的、但有時不能令人立刻領悟的精神力量。他不僅鼓勵同仁不斷提出新問題，而且在他積極實驗某一學說模型時，還能熱情地提出一切不確定的因素。更可貴的是，他不主張在科學研究中相互保密，這樣也有助於適時改變對生物學研究的探索思路，他還要求研究成員在解釋自己的實驗時，盡可能詳盡些。後人遂將德爾布呂克稱為「分子生物學之父」。

德爾布呂克到了晚年對基因研究已不再關切，認為噬菌體已掌控在「高人」的手中，基因問題已有多位高手在研究，用不著他再去關心。1950 年，他才意識到從噬菌體繁殖中尋找新的物理學規律是不能實現的，現在需要用正統的化學技術來探索生物複製之謎以及揭開受噬菌體侵染的細菌細胞的「黑箱」。如同當年他放棄了天體物理學轉而研究原子物理學，而後又研究起遺傳學那樣，現在他又靈機一動，放棄了遺傳學，轉而研究感覺生理學。「老驥伏櫪，志在千里」，他仍是一個閒不住的人，他先是用紅螺菌屬（*Rhodospirillum*），後又用鬚黴作研究材料，又積極組織了一個鬚黴研究組。希望花兩倍於在噬菌體研究組的時間（25 年），運用生物物理學、生物化學和遺傳學技術來研究有機體的光傳感系統，研究活細胞將太陽能轉化成化學能和電能的原理，然而這方面的成就與已往的研究工作比較，大為遜色。

普朗克是人類歷史上第一個提出量子概念的，德爾布呂克是第一個將量子力學應用於生物遺傳分析的，這是德爾布呂克的一項意義重大的貢獻。他開創的這番事業自有「二傳手」來接手，這位身手不凡的「二傳手」把傳承這項工作做得既風生水起，繪聲繪色，又比喻生動，舉例確切，基因遺傳全部過程彷彿被這位十分了得的「二傳手」寫活了，讓許多門外漢（主體是年輕物理學家）讀來有滋有味，愛不釋卷。這位「二傳手」向生物學徐徐注入顛覆性思維，同時也使得物理學自身獲得了空前的發展，且看下章分解！

第 05 章
薛丁格和他的《生命是什麼？》

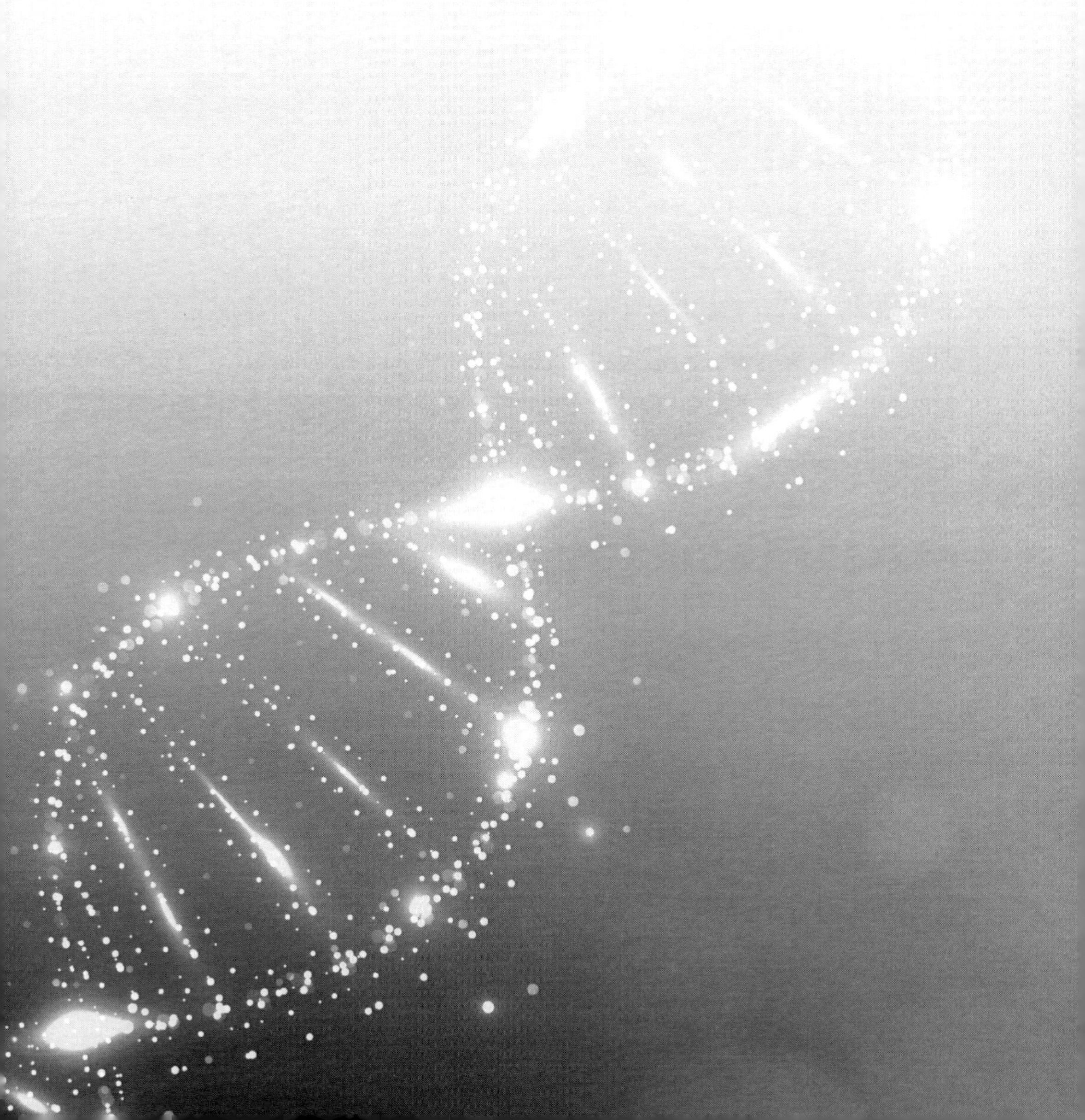

德爾布呂克 1935 年在柏林時，跟萊索夫斯基、季默合作共同發表的人稱綠皮書的《關於基因突變和基因結構的性質》被刊登在一家不起眼的《哥廷根科協消息》雜誌上，除非有人專門找來原刊複印，否則人們是看不到的，所以提到這篇論文的人幾乎都沒有看過原文。薛丁格與德爾布呂克交往甚篤，1935 年文章一發表，他就從德爾布呂克處獲得了一份，似乎上帝早就決定了他們兩人的命運。否則為什麼唯有薛丁格能看到德爾布呂克那篇〈關於基因突變和基因結構的性質〉的文章呢？命運注定要薛丁格擔當承前啟後的重要角色。薛丁格本人也自認：「只能用分子學說來解釋遺傳物質，在物理學方面不存在用其他理論來解釋基因穩定的可能性。如果德爾布呂克的解釋不能成立，我們也就不必再費腦力去尋找另外的解釋了。」

薛丁格 1944 年寫的那本《生命是什麼？》，成了「分子生物學之父」德爾布呂克的第一個精神產物。這本屬科普讀物，本意是面向非專業普通讀者傳播他本人對生命有機體的思考，但卻吹響了物理學家，尤其是年輕物理學家向生物學研究領域，特別是遺傳學分析研究領域進軍的號角。在當時，只有像他那樣有聲望、有影響力、有代表性且卓有成就的物理學界老前輩率先站出來發表自己的觀點，才會產生如此巨大的號召力。

5.1 薛丁格凡人逸事

薛丁格是奧地利人，其父經營著一家麻布廠，這位麻布廠主人除經營麻布生意外，還常常擠出一部分時間種植栽培、研究植物學，也寫過幾篇有關植物系統發育的短文。薛丁格的母親是一位化學教授的女兒，因此人們據此認為，薛丁格自幼接受過生物學和化學的雙重薰陶，至他從維也納大學畢業時，他又成為一位物理學家，並留校任教。他在第一次世界大戰中曾服過兵役，當了一段時期的砲兵軍官，這樣便又給他增添了社會實踐的經驗，造就了他博學多聞、兼顧多學科的角色。他興趣廣泛、多才多藝，立志要通曉大自然包羅萬象、浩如煙海的科學知識，幾乎沒有他不想了解的知識。他看上去像是孜孜不倦地在從事相對論和量子理論的研究，但他也常常涉獵其他學科領域，做些大智若愚的短暫「科學旅行」。他在寄居都柏林的日子裡，生物學便是他主要的興趣所在。他還研究過蘇格拉底的哲學，且直言不諱地說，希望參加一個普通哲學問題的探討。他還曾把自己科普系列講座內容編纂成另一本書籍，名稱是《大自然和希臘人》(*Nature & Greeks*)。

圖 5.1 薛丁格

薛丁格一生幾乎都是在單槍匹馬、特立獨行地進行自己的研究工作。他從來沒有在某個學術團體中成為中心人物，他本人也極不願意在團體活動中拋頭露面。他大部分時間都坐在自己家裡一張大餐桌旁，專心致志地從事卓有成效的工作。他會在早晨騎著自己拼裝的破舊腳踏車到學院上班，豪情滿懷地投入工作。閒暇之餘，為轉換思考模式，他也曾興致勃勃極其巧妙地完成了所有的三角形都是由等腰三角形組成的幾何命題的論證。生活中他穿著隨和、不修邊幅，一副邋遢相，不拘禮節，而行止瀟灑，人們認為他是一個古怪的、不可捉摸的另類。1912 年，他應邀到比利時布魯塞爾參加沙勒維的一次學術討論會，從車站到參加會議代表下榻的旅館有好長一段路程，別的代表們都理所當然地乘坐各種類型的車輛抵達旅館。唯有他一人獨自背了一個大旅行袋，徒步至旅館，活脫脫像一個無家可歸的流浪漢。到了下榻的旅館，頗費了些口舌，會計才半信半疑地相信他就是來自奧地利、赫赫有名的大物理學家薛丁格。

薛丁格和德爾布呂克的關係十分融洽，彼此常有來往。1933 年 2 月，德爾布呂克參加薛丁格在家中舉行的化裝舞會，他扮演了一個管家先生，還煞有介事地臨時借了一身服務員制服穿上。舞會辦得賓主盡歡。半年後，當他得悉薛丁格獲得當年諾貝爾獎，就喜不自勝地又扮演成一個大管家，並以大管家身分向他的「主子」薛丁格先生表示祝賀。後者在回信中說道：「我親愛的大管家先生……您多年來的忠實服務我始終銘記在心，為此，我將每年向您酬謝 100 磅馬鈴薯的年金。」這反映了一個科學家的一份幽默和情趣。

5.2　從物理學層面討論「生命是什麼？」

在 1940 年代初期，薛丁格在都柏林某研究所工作。有一天他碰上了埃瓦爾德（P. P. Ewald），後者在第一次世界大戰前曾就讀於哥廷根大學，現時是一位德國理論家，在大學任教授。埃瓦爾德送給他一篇文章，即前文提到的德爾布呂克 1935 年在柏林時，跟萊索夫斯基、季默合作共同發表的、人稱綠皮書的《關於基因突變和基因結構的性質》。

薛丁格與德爾布呂克交往甚篤，顯然，自己朋友寫的論文自然而然會引起他特別的關注，薛丁格有好長時間對這篇論文一直興味盎然，像著了迷一樣。他把該文作為 1943 年 2 月在都柏林三一學院所進行的一個系列講座的基礎，該系列講座後來以《生命是什麼？活細胞的物理學觀》出版。

薛丁格對生物學的興趣，一方面有家庭背景的影響，另一方面還是在於薛丁格本人。他勤於思考，常常帶著那對老鷹般深邃而機靈的眼睛，觀察物質的內部結構，思考著生命世界中那些生生不息、千姿百態的物種的遺傳習性為何如此奇妙，有機體是如何一代復一代地以自己為模板繁殖出活像自己形象的生命。每日上班途中，他都騎著那輛自己裝配的除去車鈴不響外，其餘零件都不時發出「咯噠」之聲的自行車，穿梭在大街小巷。沿途一邊東張西望，一邊思考著自己鼻子的大小、形狀等為什麼總是像父輩的鼻子，照此可以追溯到祖輩的鼻子。他由此推斷，這中間必然存在著某種遺傳性因子，才會出現這種世代相傳、生生不息的自然現象；從而便能肯定，這個從他祖父那一代遺傳過來的鼻子，應當是由某個基因決定的，這個基因在 23℃條件下，保持了一個多世紀的穩定性；他祖父又將決定鼻子大小、形狀等特徵的基因，如實傳遞給了他的父輩，他的父輩又如實地傳遞給了他自己，也就不足為奇了。

基因是如何產生作用的？基因的結構是什麼樣的呢？這些關於遺傳機制的功能等詳細資料仍然是一個謎。科學家對大自然的奧祕有著永無休止的好奇心，這正是科學研究的動力。像薛丁格這樣執著、好奇，而又勤於思考的科學家，對「生命是什麼」有著深層次的思考。對執著探討的人來說，如果讓他丟棄和遠離這個吸引他興趣的對生命的本質方面的問題，恐怕辦不到了，攔也攔不住。

5.2.1 《生命是什麼？》是德爾布呂克播下的第一顆精神種子

令薛丁格念念不忘的還是德爾布呂克等 1935 年發表的那篇著名文獻〈關於基因突變和基因結構的性質〉。只是由於歐洲戰爭爆發，政局動盪，他才暫時中斷對這篇著名文獻做進一步深入探討。薛丁格在萬般無奈中不得已離開了奧地利，於 1940 年流亡到英國愛爾蘭，在都柏林主持一個高級研究所的工作。到了這裡後，他才有空閒時間重新梳理早年對德爾布呂克那篇文章的思考。1943 年，在都柏林三一學院他為該市廣大民眾做過一系列講座，這是他之所以能在這座城市避難所承諾的。後來他又到曼徹斯特做過一系列講座，內容都以對德爾布呂克靶理論模型的思考梳理後的結果為基礎。

德爾布呂克等 1935 年發表的那篇著名文獻中，透過統計學方法估算出基因容積，差不多包含 1,000 個原子。從細胞學觀點看，容積邊長不高於 300Å（$1Å=10^{-10}m$），大體與邊長為 10 個原子的立方體相等。這個結論比遺傳學的繁育實驗以及直接從細胞學中觀察到的基因體積小了三四個數量級。薛丁格緊緊抓住這個遺傳學事實，並與物理學基礎理論間的關聯性進行透澈的分析。第一，他認為基因中存在一種密碼，一個基因也許是整個染色體纖絲，是一種非週期性固體，通俗地說，就是一種生物大分子，正是它包含了足夠多的訊息，足以充當密碼的載體。第二，他強調，一個基因包含的原子數量少了，少得無法克服漲落定理，因為一種遺傳性狀可維持數個世代，達數百年之久，這種不變性是無法用經典物理學解釋的。這個矛盾可以從剛剛問世的量子力學獲得滿意的解釋，因此，基因的奧祕中蘊藏了量子力學。薛丁格從空間大小和時間範圍（不變性）兩個方面對基因作出研究後，得到了上述兩個極為重要的結論，構成了生命的分子基礎。

他接過德爾布呂克的學說，運用分子結構、原子間的連接和熱力學穩定性術語來描述遺傳事件，斷然提出：「遺傳物質雖然離不開我們迄今已掌握的物理學規律，但也有可能涉及物理學中尚屬未知的其他規律。它們一旦被我們掌握，便會和已知的規律一起，成為這門學科不可缺少的一部分。」這也是他於 1944 年將所有做過的講座內容彙集成《生命是什麼？》的原因，這也使德爾布呂克 8 年前發表在一個不起眼刊物上的經典文獻被挖掘出來，並被認為是一篇不可多得的著名經典文獻。這篇文獻從默默無聞、塵封多年、不為人知中顯現在廣大讀者面前，重新引起公眾的注意。

1944 年，劍橋大學出版社出版的那本《生命是什麼？》，成了「分子生物學之父」德爾布呂克的第一個精神產物。這本屬科普讀物，幾乎是用詩一般的風格寫成的，提出「一個放射性原子的可能壽命遠比一隻健康的麻雀的壽命更難預見」。但這本書籍卻吹響了物理學家，尤其是年輕物理學家向生物學研究領域，特別是遺傳學分析研究領域進軍的號角。

5.2.2 一個「樸實」的物理學家的自白

薛丁格自詡是一個「樸實」的資深物理學家，他打算投身於生物學研究。他要冒天下之大不韙，甘願丟棄原來所謂「尊貴者負重任」中的「尊貴」，以及隨之而來的「重任」。他試圖找出一條道路，在一個他並不精通的領域中著書立說，並且不在乎書中會說了些錯話或外行話——如果有的話；他希望在廣度和深度上擴展知識，超越原有已吸引他的領域，試圖將所掌握的知識整合成統一的整體。有人將他的這一作為看作「瘋人」的舉措，但他終究看不出有什麼理由讓他放棄這個決定。

這位「樸實」的物理學家首先要清楚研究生命有機體自身應當具備什麼樣的概念。他熟悉自己的物理學專業，尤其熟悉統計力學基本原理，於是他利用這些已有的知識開始思考生命有機體、有機體的習性和功能表達的方式，並且思考是否能夠透過這些比較簡單但又不能立時令人領悟的科學知識，得出一個有關這個有機體問題的結論來——只有具備這樣思想的物理學家，才能為有機體問題做出相應的貢獻。他必須將這種理論上的推測和生物學中發生的事實加以對比。另外，雖然這位「樸實」的物理學家的概念在整體上非常精確，但他還需要對這些概念進行細緻的修正和補充。他承認目前尚未找到任何比這些更好、更一目了然的通向既定目標的方式，承認他的觀點不一定是最為正確的，顯而易見恰恰都是必要的過程。

薛丁格提出了如何運用物理學、化學說明一個活有機體占據的空間範圍內所發生的時空事件，他從一開始就向讀者指出：「要說明這些事件，就現在已知的物理學、化學知識顯然是無能為力的，但這不是懷疑運用這些科學方法來說清楚這些事件的理由。持此懷疑態度的人，難道也會懷疑運用力學分析來了解原子的穩定性嗎？」他流露出一種期待，即生物學家和化學家已經盡其所能將他們的知識與發生在細胞內的事件連繫起來考慮了，現在該輪到我們這些物理學家將已知的物理學定律和發生在細胞內的事件連繫起來思考了。

狄拉克因發現「正電子」而聞名，在量子力學研究方面也有不俗的建樹，不愧為與薛丁格共同獲得 1933 年物理學諾貝爾獎的同道之人。他幫腔說：「量子力學可以解釋大部分物理學和整個化學，現在我們或許還可以再加上生物學。」

5.2.3　從物理學層面討論活細胞問題

1　基因與非週期性晶體

基因與非週期性晶體存在某種類同性，薛丁格提出了大分子即非週期性晶體作為遺傳物質（基因）的模型。用他自己的話說：「可以把一個小分子稱為『固體的胚芽』，以這種小的固體胚芽來構建愈來愈大的（化學）聚合物其實有兩種方式。一種是比較單調劃一的方式，在三維空間中一再重複同樣的結構，這就是晶體生長採用的方式；一旦建立了週期性，聚合體的大小就沒有確定的限制了。另一種方式是不用單調劃一的方式來構建愈來愈擴大的聚合體，而是構建愈來愈複雜的有機分子，在這種分子中每一個原子及每一個原子簇都發揮著各自的作用，與許多其他原子或原子簇並不完全等效（在週期性結構情況下則是等效的），我們完全可以稱這種有機分子為非週期性晶體或固體，並將此假設表述成『相信基因也許還包括整個染色體結構，就是一種非週期性晶體』。」

2 遺傳物質的穩定性和不變性

薛丁格大膽預測，自然界必定存在著一種由同分異構物構成的非週期性晶體，俗稱生物大分子，其中必定包含數量巨大的排列組合，再由它們構成遺傳密碼的文庫。人們可以根據這些遺傳密碼，即有可能用量子力學的觀點，論證基因的穩定性和發生的突變。除此之外，他還運用統計物理學中有序、無序和熵的概念來分析生命現象，表示生命物質的運動必然服從於已知的物理學規律。他說道：「染色體是一種非週期性晶體，就是說組成基因的原子以其穩定性方式連接在一起。基因絕對不是一滴均一性液體，而可能是一種蛋白質。染色體中包含機體的全部訊息轉變物，它的發育以及運作機能，全被編碼成為數字化密碼。」

雖然當時夏農 (C.E. Shannon) 的資訊理論尚未問世，至於伽莫夫的基因密碼假設也是 10 年以後的事，薛丁格在本書中就已從訊息學角度提出遺傳密碼的假設，是超前的科學預見。他認為，染色體結構確實具備了實現這一套程式的方法，就好比一個政權機構，將立法和執法的權力集於一身。說得通俗些，它既是選手，又是裁判，既具備實施這一套程式的方案和能力，同時還有建築師的繪製藍圖和現場施工技術。基因的遺傳奧祕已經被他描繪得如此生動、引人入勝，彷彿被他寫活了。

薛丁格寫道：「生命受一種高度有序的原子團控制，在每個細胞中這種原子團只占原子總數的一小部分。根據已經形成的關於突變機制的觀點可以斷定，在生殖細胞的『支配性原子』集團裡，只要很少一些原子位置發生移動，就能使有機體的宏觀遺傳性狀發生一種既定的改變。這些無疑是當代科學告訴人們的最感興趣的事實。」他甚至接過前輩科學家拿坡里（P.S. Laplace）的觀點，認為掌握了受精卵的結構就能了解生物性狀，認為能從基因構造預見到所產生的活有機體是什麼樣子。所謂「牽一髮而動全身」，說的就是這個現象。受精卵細胞核這樣細小的物體如何包含有機體全部未來的發育過程的呢？如何包含面面俱到的和精確細緻的遺傳密碼文本的呢？他認為，一個排列恰到好處的原子聚合結構，看來也是唯一可設想的物質結構，可具有足夠的抵禦能力以保持其穩定有序，我們可以設想它能提供各種可能的（同分異構）排列方式。如果原子聚合結構足夠大，大到足以能在一個狹小空間範圍內包含某一個複雜的已成定論（determinations）的系統。其實，此結構中的原子數無須過大，就會產生近乎天文數字的可能排列數目。

薛丁格根據德爾布呂克對基因結構的分子圖像，設想遺傳密碼與一個高度複雜而特異的發育程式有著一對一的對應關係，並以某種方法包含著使密碼發揮作用的程式。那麼它是如何做到這一點的呢？我們又如何將「可以設想的」變成真正理解的呢？薛丁格當時並不指望這個普遍性結論很快被證實，物理學家們對這個問題提供了詳細的資訊，相信在不久的將來會實現。但他確信，在生理學和遺傳學指引下的生物化學對這個問題的研究將獲得突破性進展。

薛丁格一生受波茲曼（L. Boltzmann）學術思想影響極深，愛因斯坦年輕時也最崇拜這位偉大的物理學家。按照波茲曼統計熱力學的觀點，單一分子的行為不可預測，許多分子的行為則是可以預測的。薛丁格由此得出結論，「在遺傳學中，我們面對的原理是完全不同於物理學的機率論原理的」，這一區別形成了他撰寫《生命是什麼？》的主線。薛丁格還證明，數量大到天文數字的遺傳訊息，是透過一種化學密碼裝置儲存在像染色體那樣細微結構裡面。他的這番話對生物學家來說，的確具有實實在在的啟發作用。

3 生命熱力學和熵

熱力學定律說起來雖然抽象，但用穿衣、吃飯比喻就會更容易理解。熱力學第一定律可以解釋我們為什麼要吃飯的話，熱力學第二定律則可以解釋我們為什麼要穿衣。

食物經過消化、吸收等一系列生化過程以後，一部分轉變為有機體組織的構造材料，其餘的則經過氧化分解反應而產生熱，這些熱又以化學能的形式儲存在人體內。熱是物質運動的一種宏觀表現，它是由物質中的分子和原子的無規則運動產生的。物質熱運動的能量不能無中生有，也不能無端消失，它可以轉化為其他形式的能量，但在轉化過程中，能量既不會增加，也不會減少，此即熱力學第一定律。在正常的生命活動中，化學能可以轉化為維持體溫所需要的熱能、有機體運動需要的機械能、訊息傳送所需要的傳導能、體內物質滲透所需要的滲透能以及體內生物合成所需要的能量等。

熱力學第二定律描述的是熱傳遞過程，也就是為什麼我們在夏天感到熱、冬天感到冷。說得更形象一點，我們每個人的體內，平均每天約有 7%的蛋白質被分解掉，人類只能靠消耗其他動植物能量來補充、重建系統，而其他動物也無一不是憑藉食物鏈而得以生存的，植物同樣是以消耗太陽能來維持自身的有序化而控制熵值的增加。人們後來發現，熱不能自動地由低溫物體傳到高溫物體，也不能完全轉化為功，即熱的利用率不能達到 100%，此為熱力學第二定律。

熱力學第三定律說的是熱定則，又稱能斯特（W. Nernst）熱定則，我們就拿絕對零度（約 -273°C）不可能達到來說，溫度等於絕對零度時，任何物質的熵都等於零。

4 波茲曼和熵的概念

波茲曼在 19 世紀發展出熵的概念，用來衡量一個物理系統的混亂程度，亦即不確定性量，例如氣球裡的氣體。認為熵增過程是系統從有規律狀態到無規律狀態的變化過程。熵是一個系統失去訊息的量度，這樣，他便把熵的概念同訊息的概念連繫起來了，一個系統有序程度越高，它的熵就越小，所含的訊息量也就越大。波茲曼指出，熱力學第二定律的論證只有在機率基礎上才能成立，就是說，不能自發發生的過程是發生機率很小的過程，有規則狀態的機率較小，無規則狀態的機率較大。他深信能從研究系統中各種可能狀態的機率來計算熱平衡狀態。

科學一般都從研究平衡態開始，力學起初是研究力的平衡的靜力學，電學先研究靜電，化學先研究平衡反應，但科學總要從研究平衡態向研究非平衡態發展。現實的熱力學都是開放系統，其初始狀態是可幾性很少的狀態，而從初始狀態起，逐漸向可幾性較多的狀態過度，最後進入最可幾的狀態，這就是熱平衡。如果我們把這種計算應用於熱力學第二定律，我們就能將普通所謂熵的那種量等同於實際狀態的機率。也就是說，熵是無規則狀態的量度，熵增就是發生機率的增加。這樣，波茲曼就對熱力學第二定律進行了統計解釋，建立熵的微觀模型：S=klogW，S 為熵，W 為微觀態（可能有的分子組態數），k 為波茲曼常數）。

波茲曼的研究為什麼如此重要？普里高津（Ilya Romanovich Prigogine）說：「這是因為他把科學史中獨立引入的各種方式的描述連繫起來了，即把用力學定律表示的動力學描述、機率描述和熱力學描述等連繫起來。」還可以進一步說，波茲曼提出了統計熱力學的基本理論，運用統計學方法將原子水準上的微觀世界和熱力學數量級水準上的宏觀世界連繫起來了。正是由於他的工作，人們率先打通了力學和熱力學這兩個相反學科之間的連接通道，提出了「熵」的概念。熵是物理學中用來度量不能再被轉化來做功的無效能量的單位，也是數學上的一個尺度，用來定義我們現在稱的「無序」或「原子聚合機率」。熵不是一個模糊的概念或說法，它像一根棍棒的長度、物體任何一點上的溫度、某種晶體的熔點、任何一件物體的比熱，是一個物理學中可計算的量。

美國科學家惠勒說：「一個人如果不懂得『熵』是怎麼回事，他就不配算是在科學上有造詣的人。」

1906 年波茲曼逝世，人們在他的墓碑上只刻著一個公式：S=k-logW，後人用這種悼詞來悼念他，卻是十分新鮮，折射出世人對知識的崇敬，也警示後人別忘記他對科學的貢獻，哪怕就是一個公式。奧地利人為紀念他的偉大貢獻，還專門建立了一座以他的名字命名的「波茲曼基因功能研究所（Boltzmann Institute for the Gene Function）」。該所藏有 1.5 萬個轉基因果蠅組，每一個組作為一個基因的研究單位，這樣便有助於了解人類致病基因的作用分式。

熱力學第二定律指出，物理和化學變化導致系統的無序性或隨機性（即熵）增加。自然界中發生的每一件事，已發生和正在發生的每個突變過程、突變事件本身，都意味著熵在增大。生物無休止地新陳代謝，不可避免地使系統內部的熵增大，從而干擾和破壞系統的有序性。因此，一個活有機體在不斷增大自身的熵，就是說增加的是正熵，接近熵值最大時的危險狀態，那就是死亡。要避免這種死亡危險，唯一的辦法就是從環境裡不斷吸取負熵，有機體就是靠負熵來維持生命的。

薛丁格提出，生命系統顯現有兩個基本過程：一個被他稱為「從有序產生有序」；另一個是「從無序產生有序」。薛丁格用前一個過程綜合了迅速導致 DNA 發現的已有的物理學知識，並做出描述；接著他又開始用後一過程，將放大了的熱力學規律與生物學統一起來。薛丁格提出生命以負熵為生的見解，認為生物是從環境中吸取「序」來維持生命系統組織，並保持和不斷增加（或提高）其複雜程度的。他的關於基因組是具有穩定性和編碼能力的非週期性晶體的觀點，後來被華生及克里克對 DNA 的分析證實了，不僅如此，也為導致現代生物學中的許多發現提供了框架。

5 薛丁格的熵流觀點是耗散系統思想的萌芽

生命系統卻違背熱力學第二定律。這個定律表明，在一個封閉系統中，自然界演化的方向應該是從有序到無序，熵將趨於最大值，因而，在平衡意義上無序將處於支配地位。生命系統中的發育、成長和演化過程卻是從無序構建有序的過程，他們從層次較低的有序到層次較高的有序，就是說，使其內部的熵降低，這是非生命世界中難以實現的。薛丁格用「非平衡熱力學」的理論解決了這一難題，他指出生命系統存在於能流世界中，與外部環境進行著大量的能量交換。生物體透過吸收自身周圍或鄰近周圍系統中的能，用以維持一種高度有組織的狀態，促進它在自身內部形成較低熵的狀態。生命體保持著總質量和總能量守恆，生命只不過是一個熵增熵減的動態過程，是一個遠離平衡的耗散系統，它透過支出更大的宇宙熵預算，來維持其局部的組織程度，即負熵。他用數學式表示如下：

$$\triangle S=\triangle S_e+\triangle S_i，\triangle S_i \geq 0$$

算式中$\triangle S_i$是系統內部產生的熵，必須大於零，$\triangle S_e$是外部引入的熵，可以是負數，因此，系統的總熵變化$\triangle S$可以是正數，也可以是負數，只要$\triangle S_i \geq 0$，也就不違背熱力學第二定律。換句話說，生物體一定是負熵的儲存場所，具體地說，熵流如今被說成是生物體靠負熵過日子。說得更明白些，新陳代謝的本質在於使有機體成功消除進行生命活動時不得不產生的全部的熵。實際上，淨負熵流是貫穿於生物體邊緣的全部熵流之和，個別營養物的代謝可能有益於正熵或有益於負熵。這些系統都透過異相催化和自催化的非線性過程逐漸形成，而熵的產生、增大、複雜化和循環，以及受熱力學制約的生物學過程，不久的將來或許會給物理學尤其是熱力學增添新的研究空間。

薛丁格的這些看法是耗散系統思想的萌芽，他的這一夙願只能由後繼者普里高津的研究來實現了。因為耗散系統理論蘊含著關於力學規律性與統計規律性、可逆性與不可逆性、進化與退化、有序與無序、平衡與非平衡、線性與非線性等新時代的科學思想。

1960 年代，比利時物理化學家普里高津提出了「耗散系統理論」，這是熱力學關於探討結構穩定性和熵漲落的一種新的嘗試。該理論認為生物體是遠離平衡的開放系統，它從環境中以食物形式吸取低熵狀態的物質和能量，將它們轉化為高熵狀態後排出體外，這種不對稱交換使生物體和外界熵的交流出現負值，這樣就可能抵消系統內熵的增漲。生物的生命活動，只不過是同熵的生成不斷鬥爭的過程。這樣理解生命本質的關鍵是熵，是何等含蓄，何等深刻！

5.2.4 《生命是什麼？》的影響力

薛丁格從量子力學角度論證了基因的不變性、遺傳模式的長期穩定性，他提出來的問題可以歸納為四點：

(1) 有機體是如何防禦、破壞它自身組成的趨向？

(2) 它的遺傳物質如何保持不變？

(3) 這些物質如何保持這樣的如實性進行增殖？

(4) 感覺和自由意志是什麼？

其中尤其以遺傳物質的不變性以及活機體能夠保持（或提高）其複雜性程度這兩個問題，真正涉及他所寫的《生命是什麼？》的核心內容。

書籍中提出的這些最富開創性的論點，已成為現代生物學的內容。這些概念給物理學家極深的印象，也只有像薛丁格如此有聲望的資深科學家提出，才會引起那些二戰後由於種種原因，尚徘徊在十字路口的才華橫溢的年輕物理學家們以空前的熱忱，紛紛轉向生物學這個老學科中尋求發展空間，開拓新園地。生物學家雖然在字面上尚未完全理解它，但它確實代表著一個重大轉折點，甚至是一場革命。

書籍的作者薛丁格本想從複雜的生命物質運動中找出未知的物理學定律，實際上卻概括了 1930 年代物理學界對生命物質運動和對遺傳學問題感興趣的原因所在，也啟發了人們用物理學的思想和方法探討生命物質運轉的興趣。一些知名的物理學家轉向生物學，尤其是在華生和克里克發現 DNA 雙螺旋體模型後，許多物理學家轉向生物學，其動因與閱讀了這本書籍都有直接或間接關係，所以有人將這本書籍比喻為從思想上「喚起生物學革命」的號角。這本書籍悄然成了孕育生物學革命的「湯姆叔叔的小屋」，掀起窗簾、除去塵埃，又成了分子生物學的產房。書籍一出版，頃刻間便引起了人們的廣泛關注。除去作者的地位、影響外，還因為他是從物理學角度考察生命系統，也就必然得出一些關於分子及熱力學的論斷。他對這些問題闡釋得如此的精練、生動和感人，以至於獲得了生物學家、物理學家和化學家的普遍讚譽。

薛丁格不像波耳那樣，拋出相互排斥的互補關係作為鋪墊，而是提出與已知的物理學有關的其他定律，好比電動力學定律同更一般的物理學定律有關一樣。如他將細胞比作發電機，將枯燥無味的遺傳學現象描述得使物理學家興趣盎然，閱讀起來也有滋有味。人們無法將已知生命物質結構的工作方式歸結為普通物理學定律，這不是什麼「新動力」在支配生命有機體內單一原子的行為，因為它的構造與當時在物理學實驗室內研究過的任何東西都不一樣。這好比僅熟悉熱動力引擎的工程師不了解電動機的構造，發現它是按照他沒有掌握的原理工作的一樣，打造飯鍋用的銅在這裡卻成了細長銅絲繞成的線圈，制汽缸和傳動槓桿的鐵在這裡卻被嵌填在那些銅線圈裡面。由於細胞與電動機各自的構造不同，便使得這些裝置運用了全然不同的做功方式，不用蒸汽推力，只需按一下開關，人們總不至於覺得這是「魔力」在驅動吧！這讓物理學家閱讀起來何其熟悉、親切！

科學家賈克柏曾這樣解釋這本書籍引起轟動的原因：「戰後許多年輕的物理學家憎惡那些已研發的原子武器，加之另一些年輕的物理學家早已厭倦於實驗物理學研究要求使用大型、複雜又昂貴的設備裝置造成的壓力，在這些因素的影響下，他們看到了這門學科的『末日』，正在尋找其他更理想的領域。」於是，一些人便帶著希望卻有點遲疑的眼光審慎地看待生物學：希望是由於他們的最有名氣的老師和老前輩已將生物學描繪成為一門充滿希望、前景廣闊的學科；遲疑是因為他們在生物學方面，只是從學校教科書中學了一星半點的動物學知識和膚淺又模糊的植物學知識。

波耳將生物學看成是探尋物理學新定律的泉源；薛丁格也如此，他預言那些滲透入生物學，尤其是滲透入遺傳學中心領域裡的物理學定律，有朝一日會得到復興和提升。只要聽一聽量子力學創始者之一的薛丁格發出「生命是什麼」的提問，同時按照分子結構、原子鍵、熱力學穩定性等術語來描繪生物的遺傳規律，就足以激發這些年輕物理學家們對生物學的熱情。這些年輕物理學家們的進取心和興趣都集中在這樣一個簡單的問題上 —— 遺傳訊息的物理學性質。

克里克於 1965 年不無感慨地回憶道：「對那些只是在 1939-1945 年

戰後才進入這一學科的人來說，薛丁格的那本書籍……似乎有著一種特殊的影響。其主要論點是生物學要求化學鍵的穩定性，而只有量子力學才能對此加以解釋，它讓物理學家都感到必須拜讀這本書籍。書籍不僅文筆極為優雅，而且以一種引人入勝的手法傳播生物學概念，它從分子水準上解釋生物學概念，不僅是重要的一步，也是不可迴避的一步。不僅如此，這本書籍還吸引來了那些原來根本不打算進入生物學研究領域的人群。」

總結這本書籍產生的影響是不易的，無所不包。評價薛丁格的生物學思想絕對不能根據他有沒有提供現代科技發展水準所要求達到的東西這一標準，而是應當根據他比其前輩提供了新的思想貢獻這一原則；堅持既指出他的歷史局限性，又不能苛求他的原則，這樣就不難作出公正評價。例如他企圖透過生物學研究，發現某些新的物理學規律的設想，現在公認是他的一大失誤。僅僅這樣說還不夠，因為這沒有將薛丁格的這一失誤與當時科學界認知水準連繫起來考慮，因為這類失誤實際上是時代的產物。當時堅持這種思想的，除薛丁格之外，還有波耳、德爾布呂克。雖然物理學家的這個目的至今未能實現，但卻從此啟發人們用物理學的思想和方法來探討生命物質的運動。將利沃夫（A.M. Lwoff）當初說的話重新提出來不是沒有意義的，「我所詢問到的一些物理學家均斷然認為，薛丁格的設想是完全可以接受的；另一些人則認為，他的那些公式毫無意義」。其中對薛丁格的設想提出質疑的，最起勁的當推佩魯茨，接著又有人對佩魯茨的質疑提出反質疑，爭辯並沒有完結，還在繼續。

從邏輯上講，薛丁格提出了內容廣泛的訊息問題，不僅提出了遺傳訊息，還包括熵、能量交換、生命的機率和規律性的問題。它們雖成為當代幾位分子生物學家「哲學」的主要方面，但也有可商榷的地方。現在的問題不是簡單、武斷地否定他們，而是在於他們在其他學科的專家心目中仍然占據一定的地位。它已成為一部經典性著作，引發了眾多爭議不說，也為評論該書或對評論作評論，以及對評論以評論作評論的科學社會學家、科學史學家和科學哲學家，提供了豐富的營養和材料。

5.3 幾個有待商榷的問題

為解決熱力學與生命之間的矛盾僅僅做了一個初步探討，從物理學的角度看，人們對生命的描述仍存在很多難點。

第一，當生命熱力學提出的最普遍性問題還未來得及解決時，人們就不可能將已有的某些科學史料進行實質性的剖析和評價。發現如達爾文、伽利略這樣偉大的科學先驅容易做到，但要知道薛丁格究竟先驅到什麼程度，並且因為什麼成為先驅的，卻不那麼容易做到。於是便有一些人站出來說，他的設想是完全可以做到的，甚至將他的《生命是什麼？》奉若經典，並認為可以與達爾文的《物種起源》一書相提並論。另外一些人則認為他的那些公式毫無意義，他本人不熟悉「互補原理」概念，甚至曾用嘲弄、挖苦的口氣反對波耳主張的物理學中的互補性思想，他卻對還原論非常支持。這些都引來一片質疑聲。雖然說薛丁格認真參考了德爾布呂克初期的工作，但他的立場卻與德爾布呂克不同。他將生命的整體活動都歸為細胞內染色體上的基因的活動，還原為構成基因的有機分子的活動，並最終還原為構成分子的原子活動。生命有機體照此還原下去，就成了一個純粹的原子集合體，人類只不過是按照自然界的定律，控制著原子運動的機器 —— 這樣自然界裡的一切定律，包括生命活動的定律在內，歸根結底全屬於統計物理學的定律，這就是典型的還原論觀點。

隨著 1950 年代後期的分子生物學研究取得巨大進展，人們這才發現，按當時已剖析的生命現象無須運用太高深、太微觀的物理學，它主要還是宏觀和介觀的物理化學現象。換言之，在物理學與生物學之間存在而且也必須存在化學這個中間層次。根據現代還原論的看法，還原應該是逐層進行的，由於湧現（emergence）的不可預知性，跨層還原常常是不切實際的，易流於臆說。人們質疑薛丁格的跨層還原這種物理主義思潮，即生命現象可以還原為物理現象的實證不足，是站不住腳的。

第二，「遺傳物質雖然離不開我們迄今已掌握的物理學規律，但也有可能涉及物理學中尚屬未知的其他規律。它們一旦被我們掌握，便會和已知的規律一起，成為這門學科不可缺少的一部分」。這正是引起爭議的一個重要問題，重要的是在於不應根據基因這類分子的尚不明確的活動規律來想像這是不可預測的，應根據生物序，亦即根據僅僅存在於一個複本中的單一原子團有序地產生的一些事件，並按照最微妙的規律奇蹟般地互相協調並與環境適應來預測。生命的有序性和非生命的有序性看來是不盡相同的，且生命的有序性遠比非生命的有序性更為複雜。非生命的有序，例如晶體，只是結構上的有序，結構與結構之間是不能傳遞訊息的。生命是活生生的，具有所謂的「活力」，也就是「生物功能」。可以說，生命體除結構上的有序之外，還要加上功能上的有序，即生物大分子或生物部件（如細胞質膜）能進行有秩序的活動，從而完成一些設定好了的功能。例如，DNA 分子能進行自我複製，並將複製的訊息傳遞給周圍其他細胞內的 DNA 分子；酶分子能產生一種奇妙的催化作用，如在很短時間內催化完成一些不易發生的化學反應；細胞質膜能輸送鈉離子與鉀離子，而使細胞內外的離子維持一個濃度梯度。

薛丁格在書中寫道：「受物理學規律支配事件的有規則過程，絕對不是原子的一種高度有序構型的結果，除非那種構型本身多次重複。」生命和統計物理學規律的這種明顯不對稱性，以薛丁格這一概念而論，說明他還未意識到這是化學在發揮作用，因為這恰恰是化學催化劑如何作用的關鍵。幸虧造物主早就為我們人類預備了各類酶或酶系，酶的作用足以阻抑 DNA 鏈的不規則運動，於是，在單個分子內允許發生不違背已知物理學定律的有序過程。酶的糾錯、校對和校定系統也保證 DNA 複製中的差錯率在 10^{-10} ～ 10^{-9} 之間，這比其他情況下的誤差率低 4 個或 5 個數量級。假設存在一種自由能的來源，單個的酶催化劑分子內的一個高度有序的原子構型，就能夠以每秒 10^{3} ～ 10^{5} 個分子的速度決定一個有序的立體特異性化合物的形成，這就是在最大限度耗費太陽能的情況下，從無序構建成為有序。

在解釋生命物質大分子的穩定性這個令他頗為煩心的問題上，可以看出薛丁格並沒有花費多少心思在此處。因為化學還告訴我們，大分子鍵能的分布範圍在 3eV 以上（包括 3eV），這相當於每個鍵的半衰期在室溫條件下至少是 10^{30} 年，所以，生命物質大分子的穩定性絕對不成問題。困難在於解釋其非週期性模式中每一個世代是如何複製的，這一點薛丁格在書中沒有提及，而這恰恰是重中之重的中心問題，到華生 - 克里克 DNA 分子立體結構模型的複製原理提出來後，大家很快便理解了該問題的重要性。

第三，一個基因可能由 1,000 個原子組成，德爾布呂克當初對這數據很謹慎，沒有下最後結論。然而，薛丁格竟然在自己的著作中引用了這一不成熟、未經進一步證實的數據，提出：「當電離發生於離染色體的某個特定位點的距離低於 10 個原子時，就有了產生一次突變的良機。」薛丁格的書籍出版不久，同年韋斯 (J. Weiss) 及科林森等果然分別著文稱：「電子輻射的生物學效應主要是由環境水中的羥自由基和氫原子引發，這個假設中的氫原子實際上是水合化電子。羥離子和水合化電子的半衰期分別是 1ms（假設過氧化氫的濃度為 1μmol/l) 和 0.5ms。在這段時間，羥離子和水合化電子會擴散到各自的靶位，即便它們是在離它們直徑距離達 1,000 個原子以上產生的。」因此，德爾布呂克告訴人們：「現在我們只能滿足於下列的解說，單個基因是透過相同原子結構重複，還是由非週期性結構抑或是由生物大分子形成的一種聚合物整體？個別基因是由一個個單獨的原子堆砌成的，還是一個大結構中獨立的大部件，亦即一個染色體是含有一串珍珠樣態的一大排分開的基因，抑或是某種物理化學意義上的連續流？這些問題我們先暫時擱置一邊，因為都還沒有答案。」當年的情況就是這樣的。

第四，有關「訊息」和「熵」的概念雖已得到普遍承認，但對它們的最高層次的推測，就普通原理而言，尚未在分子生物學家實際操作實驗中普遍運用起來。熱力學中有兩類熵函數，即克氏和玻氏熵函數，前者與分子運動秩序沒有直接關係，後者有直接關係，它可以度量分子運動秩序。

所以，研究熵首先應結合具體系統的元素行為特徵來研究，再分清採用的是何種熵關係式，否則籠統地研究熵沒有意義。薛丁格提出來的僅僅是秩序量化的一種函數關係式。如果用在熱力學平衡態中得到的克氏熵來說明生物序，則至少存在兩個問題：一是分子行為特徵與生命細胞行為特徵有質的區別；二是克氏熵既然無法解釋分子序，那麼它解釋生物序的基礎是什麼呢？人們繼續期待孕育中的真正精確性研究的時刻到來。這些反映多見於生物學文獻內，在分子生物學文獻中卻不多見。

第五，也與上列內容有關，即將資訊理論概念擴大應用到熵的概念中，有時不一定能夠獲得足夠的證據。因此有人提出疑問，愛因斯坦的某一個定理或字母的隨機組合，只要字母數目相等，所包含的訊息量也是相等的。在這種情況下，要不要將這套證明也應用到遺傳訊息中去呢？遺憾的是，將資訊理論概念擴大應用到熵的概念中出現了一種傾向，人們將熱力學內容所包含的有序性與生物學內容所包含的程式混淆起來了，將非機率性與訊息量混為一談，反過來，卻試圖在熵、無序、偶然性、機率等之間建立某種抽象等值（Abstract Equivalence），這些大膽的、有時竟是粗製濫造的比附可能會導致失敗。那些在生命熱力學、熵和資訊理論概念方面走得過遠的專家、學人，還是應該回過頭來，暫時要先滿足於下面的一些提法：熵和熱力學系統的研究達到某種程度時，我們再來探討力學能；訊息理論概念發展到某種程度時，我們再來研究訊息的傳遞和變化；機率論系統發展到某種程度時，我們再來留意只是偶然才會發生的現象。例如我們在預測雜交實驗結果時就是這樣的，採用過分抽象的推理，往往使我們忘記生物大分子功能的差異和它們的作用。須知，要達到這些大分子的理想活性，取決於諸多因素，這些因素要比力能學或資訊理論術語中所表達的更加複雜、更加易變、更具特異性。

5.4 薛丁格對生物學的巨大貢獻

從伽利略、牛頓起，這 400 多年的科學傳統和規範是實證性與理性的巧妙結合時期，相對論和量子力學就是這種結合的典範。所謂實證性就是一切知識均來源於感覺能力；而所謂理性就是任何實驗都必須與推理相結合，棄偽存真、去蕪存菁。薛丁格正是將近代物理學的這種思維方法運用到了生命科學的基本問題中，生物為了生存而使群體熵減，為了進化而使群體熵增。在分子進化過程中，核苷酸突變是進化的動力，而核苷酸突變和相鄰點突變具有保熵性質，表明 DNA 是一個封閉式系統。熵變規律是生物進化的本質，也證明了波茲曼關於「生物生存是為了熵而鬥爭」和薛丁格關於「生物以負熵為生」的正確性。即生物生存必須抗爭熵增加的封閉式系統，只有開放系統才能使有利基因增加，這種有利基因頻率增加的過程是產生負熵的過程，也是生物依賴自己的生殖能力向自然環境索取生存物質和生存空間的過程。這是生物生存與進化獨有的性質，對於物理的非生命封閉式系統來說，僅有熵增而已，這便是理論物理與生物學之間既有相同又有區別的熵理論，他的這些見解吸引來眾多的物理學家湧入生命科學研究中。

《生命是什麼？》是晶瑩剔透的瑰寶，各行各業的人用幾小時便能讀完它，從中能獲取到終身也不會忘卻的知識。書中簡明回答了一個科學家企圖解開生命奧祕時遇到的很多概念問題，它在決定分子生物學研究過程方面，確實有著某種推波助瀾的重要作用。然而，這一重要作用並不被所有人認同，有些人認為這只不過是通向科普的眾多渠道之一，而不是在專業上經過深思熟慮後的論斷或所包含的見解。另外，他用分子、量子力學、熱力學及密碼的物理學術語，來探討基因和發育的嫻熟能力也頗令人讚嘆不已，引發了眾多生物學家和非生物學家從不同角度考察生物學中的問題。

在 1944-1953 年，生化遺傳學只採用了生物學和生物物理學相當簡單的技術，處在基礎階段，因此，薛丁格用這種全新視角觀察問題的方法，能夠將一些新概念或新事物引到生物學研究範疇內。例如他在書籍中早早地從訊息學角度提出遺傳密碼的假設，不可謂不是一個超前的科學預見。當時夏農的資訊理論尚未問世，至於伽莫夫的基因密碼假設還是 10 年以後的事，遺傳密碼的假設當時還未產生積極影響，因為當時涉足該領域的科學家人數還不多，他們僅僅出於個人研究興趣、好奇，才涉獵這個領域。直到 DNA 雙螺旋立體結構模型問世才打開了局面，敲響生物學大門的科學家才接踵而來，他們運用數學和物理學作為工具、方法，展開了一場有形無形的分子生物學研究的競賽，迎來了之後 10 年分子生物學大發展的黃金時段。在這段時期湧現了許多分子生物學研究的新概念，一時間在歐美學術界形成了一個罕見的分子生物學情報爆炸期，也是研究成果收穫期。

訊息這個術語，從嚴格意義上來說除可供物理學家使用外，供生物學家使用的時刻也到來了。從批判的觀點考量，等待進一步補充證明，這也是正常的現象。第二作用固然比第一作用的榮譽少一些，但也是根本性的作用。薛丁格對生物學的興趣，用薛丁格的話說，「是個人的一時愛好」，用曇花一現比喻實不為過。他將自己對生物學問題的思考，連同對這些思考所作的系列講座，梳理之後一併用書籍形式發表出來，供後來人參考，在學術界產生巨大的影響。雖然薛丁格他個人以後並沒有和生物學上這些問題發生任何瓜葛，但就是這本書籍也足以將他推到神話般的地位，激勵無數的讀者，並因此有可能孕育出一些全新研究的胚種，它如同一步階梯，甚至可能是一場革命。可以說，公眾對薛丁格的「非週期性晶體」所懷有的熱情遠遠大於波耳的「互補性」原則，但德爾布呂克、本澤等卻對波耳的觀點感興趣。

薛丁格在這本書籍內提出來的一些新見解，一時間成為眾多正打算進入生物學的年輕物理學家們要探討的課題。它產生的影響力非常大、非常深遠，以至於到 1948 年針對這本書籍的評論性文章達到 65 篇，書籍發行量達到 10 萬多冊，被翻譯成中、德、法、俄、日和西班牙文版本。到 1979 年，涉及這本書籍的評論性文獻又增加了 120 篇，而且這個數字還在增加、討論仍在繼續。

薛丁格的這本書籍連同他在量子力學方面的建樹，在構成現代科學三大支柱，即相對論、量子力學和 DNA 分子雙螺旋立體結構模型中，就占了其中兩項。薛丁格稱得上是一位超級科學巨擘。

第 06 章
DNA 雙螺旋立體結構模型的建立

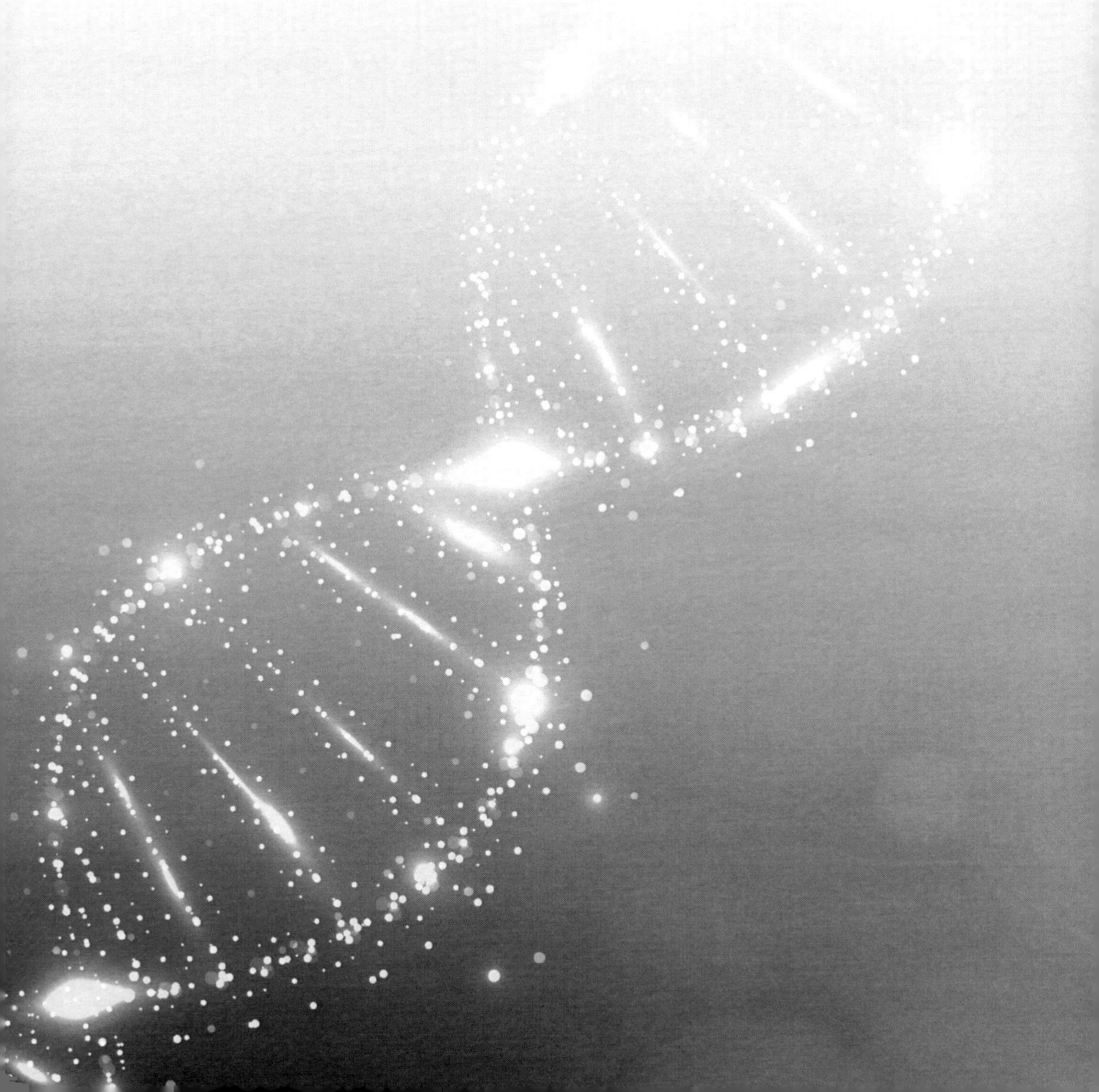

從米歇爾、埃弗里、德爾布呂克到查加夫好像都是在打擦邊球，都沒有想到點子上，沒有觸及問題的核心，即基因的結構與作用。

1953 年前，人們都把注意力用於嘗試建立單螺旋結構或三螺旋結構。1951 年在阿斯特伯里（W.T. Astbury）的實驗室內發生過一件值得後人回味的事件。在這個實驗室工作的貝頓（Beighton）已經拍攝到了非常清晰的 DNA 的 X 光晶體繞射 B 型圖片，只不過當時並沒有想到要發表；而富爾柏格在 1952 年採用的方法雖與當時華生 - 克里克所採用的方法比較接近，但他根據結果建立起來的模型裡，鹼基被擺在分子裡面，沒有設想成雙螺旋。

只有弄清楚脫氧核醣、磷酸和鹼基彼此是如何聯結成核苷酸，許多核苷酸又是如何聚合起來的，才能確定 DNA 怎麼執行其遺傳功能。當時威爾金斯實際上已被邊緣化，除華生 - 克里克小組外，還有兩個實驗室在研究 DNA 結構，他們三家實驗室具有同等的成功機會。

(1) 鮑林實驗室曾在闡明蛋白質 α- 螺旋結構時做出過重大貢獻，他們的研究涉及分子鍵合的作用力方面，鮑林本希望構建一個雙螺旋結構模型，但根據密度測量，最後選擇了三重螺旋模型。
(2) 富蘭克林小組拍攝到了一些非常出色的圖片。她的工作和研究發現引出了下列幾個問題：

◆ DNA 分子的骨架是直的還是扭曲成螺旋形的？
◆ 螺旋是單股、雙股還是三股？
◆ 嘌呤 - 嘧啶鹼基是怎樣結合在骨架上的？
◆ 鹼基是不是像瓶刷的刷毛那樣聯結在骨架的外側？
◆ 螺旋若是雙股或三股，那麼這些鹼基會不會在骨架的裡側？這些鹼基彼此又是如何連接的？

華生 - 克里克小組開始研究 DNA 時均沒有找到這些問題的答案，因為他們在開始研究時，既沒有這項計畫，更沒有扎實的工作基礎。

從生命科學中新出現的理論和概念，到當時已經發展起來的分析用超速離心機、色層分析法、電泳、X 射線晶體繞射技術等實驗方式正一步步完善，這些條件都預示著揭開 DNA 結構的奧祕正處在「萬事俱備，只欠東風」的時刻。人們期待有某個智者以超常的思維，憑藉超常的智慧和實驗技巧，帶來超常的作為。

1953 年真是一個不尋常的年份，在這一年中接連發生了許多事件：英國女王加冕，人類登上了聖母峰，赫胥黎（J.S. Huxley）和後來的漢森（J. Hanson）發現了肌肉收縮的滑動原理，佩魯茨發現了一種解讀晶體蛋白質 X 光晶體繞射圖的方法，華生 - 克里克也是在這一年發現了 DNA 分子雙螺旋結構模型。

6.1 威爾金斯的 DNA 圖（A 型）和他的「煩惱」

威爾金斯原籍是紐西蘭，他在英國長大，接受的是英國式的教育。1938 年，他從劍橋大學物理係獲得博士學位時，論文題目是〈捕獲的電子在磷裡面的熱穩定性以及磷光理論〉。然後他在伯明翰大學擔任藍道爾（J.T. Randall）教授的助手，研究電子在晶體中的發光現象和運動。

圖 6.1 威爾金斯

威爾金斯轉向生物學，尤其是轉向生物遺傳分析研究，一方面是受到薛丁格《生命是什麼？》的影響；另一方面，二戰中原子武器的巨大殺傷力，使得一些年輕的物理學家們看到這個學科也許已經走到盡頭了，他們認為那樣的殺人武器再研發下去，恐怕全球也將會被毀滅，他們不願意承擔道義上的責任，故而毅然決然離開了物理學。

早在 1939 年，英美兩國即開始研製核彈，因為英國核物理學家，尤其是資深核物理學家人才濟濟，所以核物理學研究基地最先設在倫敦，而此時核物理學領域的英美知名專家幾乎同時從公眾視線中消失，其中包括威爾金斯等。日本偷襲珍珠港，把一直處於觀望中的美國拉入戰爭，趕在法西斯與德國之前製造出致命的核武器，就成了美國的當務之急。雖然美國政府很快制訂了核武器研究計畫，但進展非常緩慢。只是到了 1941 年春，當英國科學家透過計算證明，有可能造出原子彈時，美國政府這才加快了步伐。1942 年 10 月，英國本土受到德國飛機轟炸，為安全考慮，美國總統羅斯福和英國首相邱吉爾共同簽署協議，將核彈研究基地從英國轉移到美國，命名為「曼哈頓計畫」。

第二次世界大戰中，威爾金斯將電子在晶體中的發光現象和運動這些概念應用到了與軍事科學有關的方面。他先是研究雷達裝置，後又在加拿下安大略省粉筆河 (Chalk River) 實驗室從事鈾的分離，並因此參與了美國曼哈頓計畫，研製原子彈。戰後他回到英國聖安德魯斯大學物理系，開始轉向生物遺傳研究，觀察聲波對遺傳物質的效應。他受到薛丁格的影響，被控制著生命過程的高度複雜的分子結構所折服，1948 年又隨他的老師藍道爾教授轉到倫敦大學國王學院生物物理系，研究細胞在紫外線顯微鏡下的特性，發現有可能檢測到諸如核酸這類紫外線吸收的物質。

威爾金斯的一位摯友，生化學家科恩參與過菸草鑲嵌病毒顆粒的成功結晶工作，在他的影響之下，威爾金斯自己也對提純病毒顆粒產生了興趣。1950 年 5 月，威爾金斯參加倫敦召開的法拉第學會的一次學術討論會時，有幸免費獲得了小牛胸腺 DNA 樣品，喜不自勝，因為此時他正想用這種材料研究鹼基在 DNA 分子中的位置。

一次，他在提取 DNA 時，不經意間觀察到 DNA 形成了一些纖維細絲。拿到偏光顯微鏡下觀看，可以觀察到這些纖維有完整的對稱性，形狀非常一致，在交叉晶格之間，還可以觀察到它們具有明顯的消光性，這說明纖維裡的分子是有序排列的。這樣，他便把 DNA 作為研究生物分子結構最理想的材料。他接著又證明，DNA 纖維收縮和展開時發生由正變負的雙折射，同時還製備出了具有一定特性的結晶纖維，並創造了挪動此纖維細絲方向的技術。他和助手一道，因陋就簡，就地取材，用戰爭剩餘物資裝配了一架 X 射線晶體繞射儀，成功拍攝到了世界上第一張 DNA 纖維的 X 射線晶體繞射圖像（圖 6.2）。

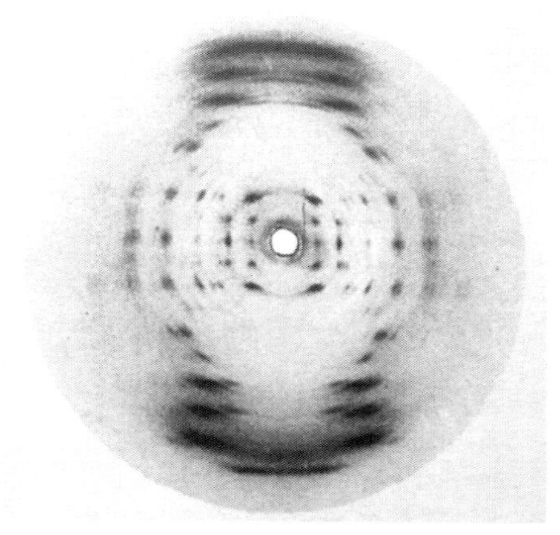

圖 6.2 DNA 纖維的 X 射線晶體繞射圖像 A 型圖

根據威爾金斯的推測，圖中有好幾股鏈，盤繞成類似於螺旋體形狀，外形很像一架螺旋式的梯子。更重要的是，他還發現，獲得和保持 DNA 纖維結晶，必須有一個適宜的大氣溼度環境。這些工作都遠遠超出 1947 年英國利茲大學的阿斯特布利研究組獲得的圖像和成就。

威爾金斯直到 1950 年仍未弄清楚核酸在細胞中到底有什麼用途，雖說他是一位物理學家，但他並不是 X 射線晶體繞射晶體學家。要顯現更加細微的結構，就要求有更高分辨率的照相系統，不僅如此，還要求樣品 DNA 纖維必須成束地平行排列，並保持這種結構，而且只有單纖維才能被拍攝到。但是他沒有這樣的技能，身為他的老師藍道爾教授也看到了這一點，於是又應徵來了一位女科學家富蘭克林。由她改進了樣品的製備方法和儀器裝置，從此這個學院的 DNA 分子結構研究才重新步入正軌。此後，威爾金斯才拍攝到第一張烏賊精蟲頭部 DNA 分子的 X 射線晶體繞射圖像，再一次支持他早先得出的 DNA 分子呈螺旋形的說法。尤其重要的是，他還提供了證據，說明螺旋體結構不是從 DNA 分子抽象出來的人工產物。只是更晚一點，他才確定 DNA 纖維是雙股鏈，確認對 DNA 分子鹼基比率的研究是十分有意義的工作，這時他初步認知到嘌呤與嘧啶之間的氫鍵連接是 DNA 分子的基本結構。他還注意到，嘌呤大，嘧啶小，將大的零配件與小的零配件連接起來，看起來是構成 DNA 分子結構的關鍵所在。可是，他不是化學家，也不是遺傳學家，所以他對此束手無策，也不知其所以然。

儘管如此，我們不能否認他在富蘭克林來到倫敦國王學院之前做出了貢獻。例如，選擇 DNA 作為研究生物分子的理想材料，另外，為開展分子結構的研究，他還發展了某些基本技術和概念。

遺憾的是，在國王學院召開會議討論新應徵來的女科學家富蘭克林的工作安排時，威爾金斯正好去美國參加一個學術討論會，所以他未能參加討論。待他回院上班時，他所從事的課題由於有了富蘭克林的參與，並且在短時間內取得了一系列重大突破，使他從心理上產生了一種說不清、道不明的滋味。他還認為：「我是先來的，DNA 分子結構的研究我已從事多日了，富蘭克林應是我的助手。」不僅如此，他還兩次揚言，「富蘭克林什麼時候離開國王學院，我就什麼時候再開始工作。」由於雙方互不相讓，從此種下了不和的種子，釀成日後威爾金斯有意無意地泄漏了富蘭克林辛辛苦苦得來的研究資料、數據和圖像，這些對建立 DNA 雙旋螺立體結構模型至為關鍵。尚未發表的研究成果泄露，這一舉世皆知的倫敦大學國王學院科學研究成果管理不善的大事件，不僅成為人們久久議論的談資，而且也使國王學院痛失了 DNA 分子結構研究世界科學中心的地位。

威爾金斯曾這樣回憶道：「在 1951-1952 年這期間，我曾頻繁地去克里克那裡，由於這期間不被允許從事 DNA 研究，一度轉而研究血核蛋白，故而將在與富蘭克林合作期間得到的數據盡數告知了華生和克里克，包括 DNA 分子鏈長、鏈的大致數目、螺旋間距和直徑以及鹼基堆堆、螺旋層線及膠束間存在著空間等全部資料數據。」等到重新研究 DNA 時，他又開始感到要對他的劍橋大學朋友留一手了，所以他後來雖已答應與華生和克里克合作研究 DNA，但內心十分勉強。

1953 年 3 月第二個星期三，當華生和克里克的 DNA 分子雙螺旋立體結構模型的建立大功告成時，他還蒙在鼓裡。這天他給克里克的一封信就很能說明他自我膨脹的心態，信中說：「……那位黑皮膚女士（意為富蘭克林小姐）下星期就要走了，你聽了後定會高興！……我們從此可以全力以赴地向 DNA 模型、理論化學、晶體的數據和比較等全面進攻了。」這些頗有人身攻擊意味的言語，讓人們覺得他將個人關係置於崇高的科學事業之上，也顯現出某種霸氣，這些都有失一個科學家的形象。

1962 年他和華生、克里克一道分享了諾貝爾獎。1990 年代有報導說，他仍在倫敦大學國王學院就職，並且還當上了「自然科學家社會責任協會」會長。2003 年，國王學院將一座新建的大樓命名為富蘭克林 - 威爾金斯館（Framklin-Wilkins Building），以紀念他們在國王學院工作期間為 DNA 分子結構研究所做出的貢獻。一個堂堂諾貝爾獎得主的大名竟然排在與諾貝爾獎無緣，已故多年的富蘭克林的名字後面。無奈，已到耄耋之年，他也自認了富蘭克林從來就不是他的「助手」。新建大樓命名後一年，威爾金斯也離開了這個充滿紛爭的世界。

6.2 富蘭克林的 DNA 圖（B 型）和她的不朽功績

發現或者說裝配 DNA 分子雙螺旋立體結構模型好比是運動場上的一場接力賽跑，其實更像是建造一座大廈。木工、管線工人、水電工、裝修工人等都要齊備，他們各有所長、各顯其能。擺在他們面前、必須弄清楚的是下列幾個問題：DNA 分子的骨架是直的還是扭曲成螺旋狀的？只有一股螺旋還是兩股、三股？嘌呤 - 嘧啶鹼基是如何結合在骨架上的？鹼基是不是像瓶刷的刷毛那樣一排排聯結在骨架的外側？如果是兩股或三股螺旋，這些鹼基會不會在骨架的裡側，它們彼此又是怎樣相連的？

圖 6.3 富蘭克林

接著進入這一領域的是以晶體學見長的一位女物理學家富蘭克林，她是英國人，其父是一所中學的物理學教師，後為中學校長。富蘭克林早年曾就讀於以水準高、人才輩出而著稱的倫敦女子學校。1938 年二戰前夜，她進入倫敦大學攻讀物理學。正值其知識準備期，她結識了一位從法國流亡而來、造詣頗深的金屬學教授威爾（Adrienne Weill，瑪里 · 居禮的學生）夫人。研究金屬構造離不開 X 射線晶體繞射這個最新技術，富蘭克林將這個最新技術成功應用於檢測生物學研究材料，不能不說這與威爾夫人對她的影響和她日後的成就密不可分。她不僅師從威爾夫人，深諳 X 射線晶體繞射新技術，還在和威爾夫人的日常交往中，學會了法語，長此以往，逐漸也能用法語進行交流，這為她戰後到法國深造、謀職創造了便利條件。

1942 年，富蘭克林從倫敦大學畢業，被任命為英國煤炭利用研究協會的助理研究員，從事煤炭分子細微結構的測試研究。在這期間，她所發表的論文和親手設計的別出心裁的測試技術，有些仍沿用至今。才華橫溢的她一出校門就顯露出不凡身手。1947 年戰後不久，經威爾夫人幾番力舉，富蘭克林到法國巴黎國家中央化學實驗室任研究員。她在巴黎的大部分時間實際上是在繼續學習 X 射線晶體繞射新技術，同時還研究石墨的非晶態物質。在這短短的三年內，她完成了一系列石墨化碳和非石墨化碳的研究論文，這些成果被美、日、英等國先後應用於工業生產中，這使她一躍成為世界該領域屈指可數的佼佼者。更重要的是，她的創新性學術思想進入一個相對成熟期，即她不僅是一名普通物理學家，而且是一個實實在在的物理化學家、晶體學家、X 射線晶體繞射專家，到 30 歲時她已經能夠獨當一面。她固然有創新、超常思維等特質，但她的那種孤芳自賞、特立獨行、不善交流、一派萬事不求人的脾氣，也為她日後在 DNA 雙螺旋立體結構模型研究最後衝刺時「敗北」的悲劇埋下了「伏筆」。

1951 年春，富蘭克林放棄了巴黎的優渥生活，回到英國參與了一場有形無形的智力博弈。她轉到倫敦大學國王學院生物物理學系研究 DNA 分子結構的 X 射線晶體繞射技術，其時從事這方面研究的，校外有尼茲大學阿斯特布利和美國加州理工學院的鮑林，校內有系主任藍道爾教授和威爾金斯。他們不是由於樣品纖維製備不理想，就是因為 X 射線晶體繞射設備不合格或晶體繞射技術不得法而研究進展緩慢。由於富蘭克林有在巴黎從事過各種類型的碳、石墨以及類似碳成分的 X 射線晶體繞射研究的經驗，又具備廣博的物理化學知識，如今轉向 DNA 纖維結構研究，可以說是輕車熟路，遊刃有餘，是再合適不過的人選了。學院方面為她配備了一位研究生葛斯林 (R.G. Gosling) 作為助手，自成一個研究組，將威爾金斯晾在一旁。她和威爾金斯雙方互不相讓、關係緊張。不團結使這個學院的 DNA 分子結構研究受到嚴重干擾，而劍橋大學華生和克里克兩人卻能很好配合，於是，這項 DNA 分子的 X 射線晶體繞射技術研究的世界科學中心從國王學院自然而然地轉移到了劍橋大學。

富蘭克林本人果然不負厚望，上班伊始，首先在樣品製備上初露鋒芒。她建議在水溶液中吹入適當的氣體，這是先前介入這一領域的人未曾想到的，一舉解決了 DNA 纖維的水合過程；接著她運用更先進的設備，組裝了一個細焦距管，並將它連接到一架顯微照相機上，獲得了 DNA 纖維高分辨率的圖像。為了在纖維軸方向和鄰近這個方向尋找進一步的反射，隨後她專門設計了一架顯微照相機，用於 X 射線光束在一系列角度上的樣品拍攝，與此同時，她對樣品溼度進行調整 —— 從 70% 上調到 80%，獲得了 DNA 分子的 X 射線晶體繞射圖像的 B 型圖。這張圖最能說明 DNA 分子呈螺旋形，此前威爾金斯拍攝到的 A 型圖卻說明不了什麼問題。

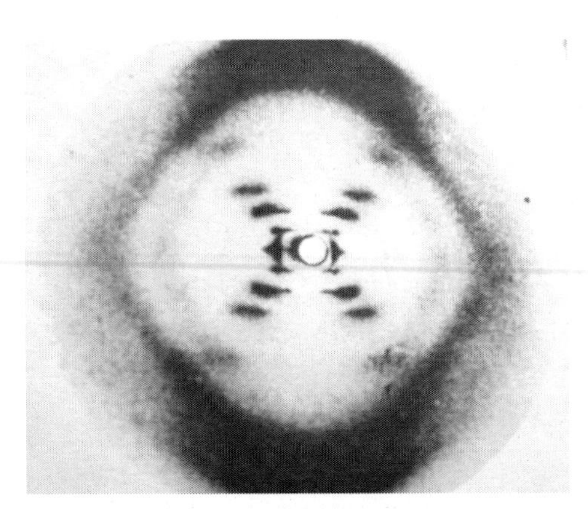

圖 6.4 DNA 分子的 X 射線晶體繞射圖像的 B 型圖

富蘭克林從事這項工作前，已經有了豐富的經驗，因此從一開始就認定 DNA 分子是呈螺旋形的，有多股鏈，磷酸基暴露於水中，在分子結構的外側。可見她從事這項研究無論在廣度上還是在深度上都已經走過好長一段路了，這個時候的華生還是一個不滿 20 歲的小夥子！他從美國到哥本哈根卡爾卡 (Herman Kalckar) 實驗室學習生物化學，不久前剛到劍橋大學卡文迪許物理學實驗室學習 X 射線晶體繞射技術。克里克這時還在研究多肽和蛋白質分子結構，並在寫博士論文，根本無暇顧及 DNA 分子的結構研究。

接著，富蘭克林對拍攝到的 B 型圖進行了定量測定，確定了 DNA 螺旋體的直徑和螺距，特別是對 B 型圖的密度測量，使她了解到 DNA 分子不是單鏈，後來又證明是雙鏈同軸排列的。在證明 DNA 分子從干晶態到溼晶態的轉變中，她拍攝到的圖像是不同的，從而明確了 DNA 分子有 A 結構和 B 結構，還查明了這兩種結構的過度條件。她的出色貢獻還在於 1952 年曾運用帕特森函數分析中的堆積法，確定了醣 - 磷酸骨架的位置，證明磷酸基團必定在結構的外側，鹼基在內側，這是整個研究過程中非常關鍵的一步，她所設想的結構最能說明核苷酸聚合物是雙螺旋的。

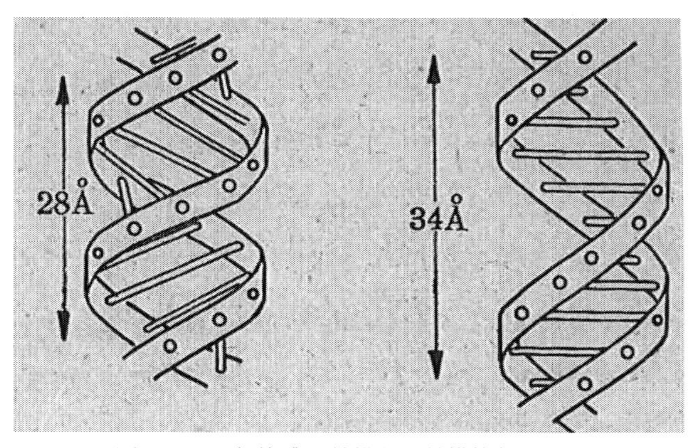

圖 6.5 DNA 螺旋體 A 結構和 B 結構的主要區別

帶狀表示醣 - 磷酸鏈，氫鍵結合的鹼基對將鏈聯結。在 A 結構中，分子緊緊地包裹成一個晶體，每股鏈含 11 個核苷酸，螺旋軸向重複距離為 28Å。在 B 結構中，分子基本上是鬆散式的，有 10 個核苷酸，螺旋軸向重複距離為 34Å。

這些結果使她形成了一個概念，即在這個高度有序結構內，兩種嘌呤化合物可以互相替換，兩種嘧啶化合物也可以互相替換，嘌呤和嘧啶相互間卻不可以互換，因此有可能照此方式，用核苷酸序列的無限多樣的排列方式，來解釋 DNA 分子的生物學特異性。從鹼基互換到鹼基配對，無疑是決定性的一步。她所從事的晶體圖像分析，為結構中的有規則重複部分提供了一種解釋方法，即認為結構中的可變部分的鹼基和有規則重複部分的醣 —— 磷酸是相互配合的。1953 年 3 月 17 日，富蘭克林曾建議將包含上述內容的影印稿送交發表，這比 3 月 18 日華生和克里克成功構建 DNA 雙螺旋立體結構模型的新聞傳到國王學院還早一天。

後來有人分析，這兩方工作者的進展幾乎是同步的，兩者的差距不大，相信富蘭克林用不了多久，也會走完那最後一小段路。照克里克本人的說法：「只有兩步遠了。」他指的兩步，說的就是關於「鹼基配對」和「雙股鏈反走向」這兩步。富蘭克林身為一個訓練有素的晶體學家，自然會了解到晶體的對稱性取決於雙螺旋對稱性，那麼，單斜晶的空間基群 C2 對稱性顯然意味著這些鏈呈反走向平行這一事實，可以說是順理成章的事。克里克也承認，「DNA 分子兩條鏈的反走向平行，我只是根據富蘭克林的數據和啟發，才先於她一步想到了這一點」。

要是華生不是在 1951 年 10 月來劍橋大學，而是在 1953 年或 1954 年來劍橋大學，那麼就不會發生華生和克里克四次接觸過富蘭克林未發表的研究資料、數據和圖片的事件。而這些資料對建立 DNA 雙螺旋立體結構模型至為關鍵，否則，DNA 分子結構解析這一史詩般的事件，就不會發生在劍橋大學，而會發生在倫敦富蘭克林所在的國王學院內，分子生物學的歷史就得重寫，或者在數年之後，由其他人來完成，發明人也許就輪不到華生和克里克了。

富蘭克林一心追求的科學真理是 DNA 雙螺旋立體結構。她既不知道劍橋大學有幾雙眼睛正緊盯著她的工作、日夜兼程地追趕，更不曉得她的那些大量關鍵性資料、數據和圖片已被泄漏出去了，而且比她原先想像的還要多，還要早。1953 年 3 月 18 日華生和克里克成功的消息傳來，她和眾人一樣高興，也十分欣賞製作精緻、巧妙的模型。她沒有怨言、沒有嘆息、沒有芥蒂，更沒有埋怨、指責，也沒有說這個是她的研究成果、那個是她首先發現的。她出於一個真正科學家的正直品行、寬宏大度和責任感，認為她比任何人都更有發言權來證實這個模型的正確性。

於是，她立即著手將那篇簽署日期為 1953 年 3 月 17 日，準備送交發表的論文影印稿僅進行了一些細小修改，改寫成為一篇支持性文章，與華生和克里克的文章同期發表於《自然》(*Nature*) 雜誌 1953 年 4 月 25 日的這一期上。華生正是根據這篇支持性文章，才敢大膽地闡述此模型深邃的遺傳學含義，提出遺傳複製原理，並寫出了第二篇文章，在同一刊物 1953 年 5 月 30 日這一期上發表。後人稱讚富蘭克林此舉，可以和瑪里 · 居禮齊名，也有人將她譽為「居禮夫人第二」。她的高尚科學道德觀，以及她的巨大貢獻確實難能可貴，值得人們尊敬。富蘭克林刊登在《晶體學報》(*Acta Crystallographica*) 上的第二篇文章，主要是關於數據處理方面的，亦是這一領域內的先驅性工作，為模型的定量研究提供了依據。

富蘭克林畢竟不是生物學家，她尚沒有完全掌握模型的鹼基配對和雙股鏈反走向這兩方面，她對 DNA 分子結構研究深遠的生物學含義也還沒有足夠的了解，在通向斯德哥爾摩的征途中沒有做最後衝刺的努力，沒能捷足先登。

不久，富蘭克林離開了國王學院，不再從事 DNA 分子結構研究，轉而研究病毒的分子結構，以每年發表 5 篇論文的效率繼續為人類社會做貢獻。

英國當年以保守著稱，人們總是對女性另眼看待。她在倫敦大學就職期間，男教工可以在很講究的教師餐廳用餐，女教師只能到學生餐廳用餐，要不然，只能到大街上的餐廳。他們看人，首先看到的你是女性，然後才看到你是科學家。她離開國王學院轉而研究植物病毒的分子結構，但向英國農業部申請科學研究基金時遭到拒絕，理由是農業研究協會不支持女性主持的科學研究項目。英國女性可以當女皇、首相，卻不能主持一個農業研究項目，豈不怪哉，此與英國作為一個西方先進工業國家極不相稱。富蘭克林一生沒有婚嫁，死於癌症，只活了 37 個年頭，否則，她會是諾貝爾獎很有希望的候選者。

富蘭克林離開國王學院已經有 60 多個年頭，直到現在還有人不斷著文紀念她。為了表彰富蘭克林在分子生物學研究中不朽的貢獻，英國組建了「羅莎琳 · 富蘭克林學會」和設立了「羅莎琳 · 富蘭克林獎」，每年評選一次。2004 年，美國將創建於 1912 年的「芝加哥醫學院」改為以羅莎琳 · 富蘭克林名字命名的「羅莎琳 · 富蘭克林醫科大學」。國王學院也沒有忘記她，2003 年，國王學院將一座新建的大樓命名為富蘭克林 - 威爾金斯館，以紀念她在國王學院短而璀璨的兩年，對 DNA 分子結構模型的建立所做出的傑出貢獻，並且將其名字排在威爾金斯前面。此次以他們二人命名的新建築物落成，將已故去多年、與諾貝爾獎無緣的富蘭克林的名字排在威爾金斯前面，這是實至名歸，富蘭克林也從來不是威爾金斯的助手。

圖 6.6 美國芝加哥「羅莎琳 · 富蘭克林醫科大學」

華生應邀參加這座新館的落成暨紀念 DNA 雙螺旋立體結構模型建成 50 週年儀式，時年 75 歲。閱歷深沉，世事如鏡，還有什麼需要忌諱的、不能丟棄的呢？華生在新館落成儀式上的演說中說：「富蘭克林的貢獻，是我們能夠有這項重大發現的關鍵。」這才符合當時的實際情況，而不是 50 年前那篇轟動全球的，發表在《自然》雜誌上的文章中輕飄飄地說的：「國王學院研究小組的工作（亦即富蘭克林的貢獻）始終激勵著我們……」牛頓說他是站在伽利略、克卜勒、胡克、惠更斯等巨人的肩上，站得高，望得遠，所以能看到事物的本質；華生則借助富蘭克林等人的肩，才能爬上生命科學的高峰。克里克比較老實，他承認「我只是根據富蘭克林的數據和啟發，才先於她一步想到了這一點」，才能走完富蘭克林沒有走完的那兩步，即鹼基配對和雙股鏈反走向這兩步。

6.3 遺傳學家走進了物理學實驗室——華生的智慧和戲劇般成就

6.3.1 一個從美式「資優班」走出來的「奇才」

現在輪到組裝工人登場了。華生是美國人，在實驗中學時一直與成績好的同學來往。15 歲進入芝加哥大學，提前入讀大學課程計畫的實驗班，1947 年獲理學學士學位。當時他的主要興趣是鳥類學，上課從不記筆記，但學期結束時總是名列前茅，他還選修了無機化學、定性化學和有機化學。顯然，在芝加哥大學他沒有學什麼遺傳學。翌年，他成為印第安納大學動物系 12 位研究生之一，19 歲便獲得了博士學位，4 年便拿下大學與碩博士學位、在高級實驗室學習了製備蛋白質和核酸，還學會了德語。在眾人的眼中他智力超群，但行事怪僻，不喜閒談聊天，喜歡和年長的有才智又經驗豐富的人打交道。參加學術討論會，若演講人枯燥乏味或缺少才智時，他就拿起書閱讀，但從不退場。對於他不想交往的人，他保持緘默，甚至不屑一顧的樣子。他的好奇心只限於科學問題，其餘皆漠然視之。

1947-1949 年，在印第安納大學任蛋白質和核酸課程教學的教授說：「蛋白質和核酸誰最重要，這是他們最關心的問題。但就當時的知識水準，我們還不能說核酸是否具有物種特異性。」果真如此，那麼核酸只能是次要作用，所以這期間華生所受的教育，只造成了「相反的作用」。自從華生閱讀了薛丁格的《生命是什麼？》後，便立刻改變志向，決意揭開基因的奧祕。他認為，以果蠅作為遺傳研究材料的黃金時代已經過去。在他聆聽了盧瑞亞的病毒演講後，他被吸引住了，便在噬菌體研究第二號人物盧瑞亞的指導下研究噬菌體遺傳學。這期間，他與盧瑞亞、德爾布呂克以及噬菌體研究裡的人都認為，DNA 的確切作用仍是一個懸而未決的問題，這應由化學家而不是生物學家來解決，因為當時生物學家正忙於從生物學角度探索基因的複製原理。不過華生已經意識到對噬菌體越了解就越會觸及基因的本質，在他寫的〈衣藻性別的遺傳學〉論文末尾也說過，「我們不得不重複這句話——『對基因作用這樣重大問題的研究應該各自進行重複實驗』」。這是華生第一次提到基因作用的化學過程極為重要。

1950 年 11 月，華生奉老師之命到哥本哈根卡爾卡實驗室學習生物化學，而華生的興趣在遺傳學，人們常看見他在圖書館裡抱著大本的遺傳學叢書。所以不難相信，德爾布呂克和盧瑞亞已經將埃弗里 1944 年的著名轉化實驗的深遠意義，也間接地傳遞給華生。在 1950 年底到 1951 年初那個冬天裡，沒有證據說明華生渴望從研究微生物代謝轉到研究結構化學。他與別人合作的那些實驗，也都表明他的工作沒有一項會告訴我們基因是什麼以及基因是如何擴增的。他內心深處擔心基因可能具有「極不規則」的結構，因此直接研究它的結構難以取得成功。

6.3.2 研究雙螺旋體模型的歷史性「轉捩點」

1951 年可以算是生物學發展到了重大轉折的一年，富蘭克林在這一年初進入倫敦大學國王學院，華生悠閒地到義大利的地中海之濱拿坡里小城度假也是在這一年。拿坡里小城不僅風景秀麗，氣候宜人，而且還是名人出沒的勝地，從 1894 年到 1895 年，摩根就曾在拿坡里動物園工作了 10 個多月，凡是到過這座小城的人，無不留下深刻的印象：這裡彙集了來自四面八方的不同的思想流派，從不同學派的爭論中，可以學習到很多有益的知識；在這裡能夠接觸到世界最現代的工作。當年摩根從拿坡里小城取經回到美國以後，隨即改變了他的研究方法 —— 用實驗方法代替了過去的描述方法。

幾十年過去了，恰好在這個小城正在舉行一個為期 4 天的小型「原生質亞顯微結構學術討論會」，華生既非專門來參加這個學術討論會的，又非某個學術團體的參會代表，而是在度假之餘，出於好奇信步走入這個會場的。藍道爾教授是這次學術討論會的特邀代表，只不過在臨行時偶有小疾，故委派他的學生威爾金斯代為在會上宣讀預先準備好了的講稿，介紹倫敦大學國王學院生物物理學系新建立的 X 射線晶體繞射技術實驗室的工作成就。威爾金斯在報告最後，放映了一張結晶 DNA 纖維的 X 射線晶體繞射圖像，這張圖像（A 型圖）立刻吸引了這位不速之客的全部注意力，這在他心靈深處產生了巨大震撼。他心想，基因還可以結晶？！這是他從來沒有想到過的，那麼，也就有可能研究基因的空間結構了。因為，只有了解了 DNA 的空間結構，才能知道基因是如何工作的。

後人不無調侃地稱拿坡里小城不愧是一塊「風水寶地」，地靈則人傑，先是埃舍里希率先在這塊「寶地」上發現了大腸桿菌，大腸桿菌日後成為分子遺傳學研究材料的「新星」，每年成百上千次出現在世界頂尖學術刊物上。「子貴父榮」，以 E 字開頭簡寫的埃舍里希的大名也跟大腸桿菌學名一起頻繁出現在科學實驗室的案頭，出盡風頭。

隨後，摩根和華生也先後來此「寶地」，沾染了一身所謂「靈氣」，並將此「靈氣」帶到各自的研究中，助推了「基因論」，也助推了 DNA 雙螺旋模型建成。

科學家所作的解釋都是學說，這些學說必須永遠接受檢驗，一旦發現不合適，就必須馬上糾正，離開原來的研究路線，另起爐灶研究一個全新的問題。身為一個科學家，尤其是一個著名科學家改變主意不僅不是弱點，反而是他由於不斷關注與自己研究領域相關的問題，以及有能力一再檢驗其學說正確與否的明顯證據。創新往往不是僅靠一個學科乃至幾個學科裡的邏輯推理得到的，科學創新的萌芽、苗頭、生長點，在於圖像思維，在於大跨度聯想。他用一個遺傳學家的眼光，審視這個看上去風馬牛不相及的物理學實驗室的工作 —— 基因還可以結晶，會突如其來地給他以某種啟發，隨之產生靈感，這才有創新。靈感產生以後，再按照科學的邏輯去推導、去計算，或者設計嚴密的實驗去加以證明。

所，一個科學家既要有邏輯思維力，也要有圖像思維。邏輯思考力是科學領域的規律，很嚴密，圖像思維是創新的生長點。創新思考方式歸納起來有點式、線式、矩陣式、立體、多維、系統、逆性或顛覆性等。點式思考靠立時領悟，迸發出些許火花、產生靈感，這種思維方式較適用於藝術家；線式思考是考慮工程各個環節的連續性，達到環環相扣又融會貫通，這種思考方式多為工程界採用；矩陣式思考注意到兩個坐標，在兩個坐標的交會點上尋找答案。華生率先將基因可以結晶和基因的結構與功能連繫在一起考慮，這是人類智慧一次質的昇華，是一個超常人的非凡思維或創新思維。在眾多思考技巧中，他著眼於遺傳學和物理學兩個坐標交會點。他就是要在這兩個坐標形成的會合點上尋找別樣的探索途徑，這就是矩陣式思考，這也是人們常說的「真理往往掌握在少數人手裡」的逆向思考或顛覆性思考。要弄清楚 DNA 分子的空間結構，因為只有了解了 DNA 的空間結構，才能知道基因如何工作。

華生如果像參加這個討論會的來自各類學科的其他代表人物一樣，對威爾金斯報告末尾放映的那張 DNA 結晶纖維的 X 射線晶體繞射圖毫無反應、沒有感覺，像過眼煙雲那樣，不會想那麼遠、不會思考那麼深，那麼他就不是真正的華生了。只有華生一人真正想到了，將結晶 DNA 纖維的 X 射線晶體繞射圖像與生物大分子研究的內核 —— 基因的結構和功能結合起來考慮，也由此演繹出了一系列扣人心弦的事件，生物學界真的要發生翻天覆地的變化了。從此，華生對化學產生了興趣，心想，基因既然能結晶，基因的結構一定有規則，那麼也是可以直接研究解析的了。他深信，研究從細胞、細菌病毒和植物病毒裡提取的核蛋白及核酸的分子結構是探索基因的最有效方法。

人類由於有了這樣一些為數不多的超常人的超常思維，才使社會得以發展、進步，走出刀耕火種的石器時代，擺脫逐水草而聚居的遊牧生活。這些成功人士的背後都各有一段或幾段引人入勝的故事，把它們全部寫出來，必將對後來人有無窮的啟示，也必將產生更巨大的正能量。

一個人的創新能力必須具備兩大要素：一是要學會到哪裡去尋找他所需要的知識，尋找比他本人能記憶的多得多的知識；二是要學會整合，排選、分類，進而利用這些知識進行創新。華生覺得，過去費了九牛二虎之力學習的生物化學，對於解釋基因的結構實際上並未造成多大作用。他既非晶體學家，又非 X 射線晶體繞射專家，要研究 DNA 纖維結晶的結果以及 X 射線晶體繞射技術，談何容易。要辦好一件事，而且要把這事件辦得十分完美，單有超常思維還不夠，必須輔以超常作為。可以說，有超常思維的人，必有超常的作為。於是，他想方設法接近威爾金斯，以便從他那裡獲得更多的有關 DNA 結構的知識。華生的下一步就是向劍橋大學進軍，至於找什麼人推薦介紹、接洽的人是誰、經費來源等這些都來不及考慮了。在所有研究 DNA 分子結構的人群中，只有華生一人對研究 DNA 分子結構具有深遠的生物學認知，也只有他才會有此膽識，不顧一切地努力追求他的既定目標，其中也隱含著要克服即將面對的各種困難。從哥本哈根轉到劍橋大學卡文迪許物理學實驗室，便是其中抉擇之一。

6.3.3　目標劍橋大學

卡文迪許（H. Cavendish）是英國著名物理學家、化學家，出生於法國，一生建樹頗豐，他還從頻繁移動兒童玩具鏡子折射太陽光中得到啟示，第一個計算出了地球的質量接近 6×10^{13} 億噸。1871 年，他個人為母校劍橋大學捐款建立了一棟實驗大樓，校方為表彰他的貢獻，便以他的名字命名。該實驗室以人才輩出、高手如雲、學術水準高而享譽國際，迄今已培養出了 26 位諾貝爾獎獲得者，因此，它在世界上有「諾貝爾獎搖籃」的美稱。

華生小小年紀，不與別人商量，就自作主張，決定朝劍橋大學進軍。他認為到那裡去便於和威爾金斯套近乎。殊不知這一舉動，客觀上產生的影響，遠遠超出了他本來的意願。

第一，華生的這一舉動，與 10 年前德爾布呂克身為一位物理學家走進遺傳學實驗室學習噬菌斑操作實驗正好相反，華生現在身為一個噬菌體研究成員、一個年輕的遺傳學家走進物理學實驗室學習 X 射線晶體繞射技術。這兩進兩出正好反映了 20 世紀前半期科學生活的一大特徵 —— 學科間的藩籬開始被拆除。

第二，這一舉動給雲集於劍橋大學的物理學、化學大師組成的分子生物學結構論學派帶來了生物學方面的基本概念。這些物理學、化學大師過去在血紅蛋白和肌紅蛋白研究方面取得過出色的成就，但他們從生物化學家、生理學家那裡得到的啟示，主要還是涉及蛋白質結構方面的知識，至於蛋白質從哪裡來的卻從未思考過。華生的到來，使雲集於劍橋大學的分子生物學結構論學派的這些眾多物理學、化學大師們茅塞頓開，將物理學和化學研究資料置於生物學背景考慮，華生無形中扮演了結構論學派和資訊理論學派兩者的橋樑。

第三，這一舉動使華生能夠與另一個關鍵人物 —— 物理學家克里克走到一起了。一個是遺傳學家，一個是物理學家，他們在學術上互相補充，堪稱科學史上少有的合作典範。這兩者的結合，最終完成了富蘭克林未完全掌握的鹼基配對和雙股鏈反走向這一小段路程，完成了 DNA 分子雙螺旋立體結構模型的構建。華生自己也承認：「沒有克里克，我就寸步難行。」爾後進一步發揮說，「沒有華生，克里克仍可大有作為；但沒有克里克，華生便一事無成」。

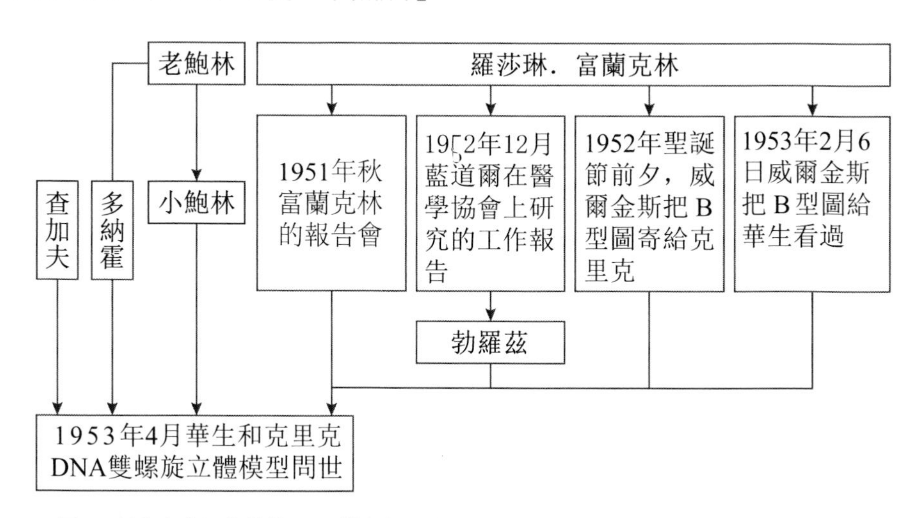

圖 6.7 華生和克里克獲得 DNA 雙螺旋立體結構模型所必需的研究數據和圖片的幾個來源

所有有作為的科學家總結起來都會有下列三個特點：

第一，他們見到任何事物都會在頭腦中產生問題，達爾文曾反覆說過，沒有「推測」他就無法進行觀察。

第二，思維敏捷而且靈活，他們的念頭層出不窮，有的點子卻極具創見性，也有些點子確是平庸無奇、荒謬絕倫。對前者，他們能鍥而不捨貫徹始終，對後者，他們則毫不猶疑地欣然棄之。

第三，他們興趣廣泛，能運用相鄰學科的一些概念、事件和點子來建立自己所在領域的有關學說，充分運用類推方法並且重視比較研究。

華生恰恰具備科學家所應有的上述三大特質，他年輕機敏、思維活躍。

6.3.4 生物學家與物理學家合作的楷模——DNA 雙螺旋立體結構模型誕生

要完成意義如此重大、影響又如此深遠的課題，就憑這兩位年輕人在短短 18 個月（1951 年 10 月至 1953 年 3 月）時間內，無論在知識、技術、資源等方面都絕對做不到。況且，他們中一個是動物學專業的，另一個是物理學專業的，在此之前，他們從未直接接觸或研究過 DNA 分子結構。研究 DNA 分子結構還涉及他們所從事的專業以外的知識，例如 X 射線晶體繞射技術、化學、數學、晶體學等，這些便成為他們前進中的軟肋。

華生到劍橋大學從一開始就想尋求核酸在病毒和基因之類的大分子結構複製時的功能線索，這正是德爾布呂克希望他多關心的，讓他考慮分子結構物理學問題。現在的問題是，這位年僅 23 歲的生物學家竟想獲得再延長一年的經濟資助，在一個他一竅不通的新領域進行摸索，而且等著進入這個領域且接觸過結構晶體學的大有人在，競爭激烈，所以華生的延期申請被否決了。這裡有一段小插曲，華生的母親深知兒子的倔強，在得知兒子的事情後，專門打電話給這位行政人員，想借行政人員之力，教訓她的兒子不要想到什麼就做什麼。行政人員考慮再三後折衷將延長期改為 8 個月、資助金從 3,000 美元減到 2,000 美元。華生在這 8 個月中省吃儉用，還沒忘記給他的姐姐買兩套時裝作為禮物。可是，就是這 2,000 美元，支持他做出了這項轟動世界的成就。

圖 6.8 華生

華生受經典遺傳學觀點的束縛至深，堅持認為鹼基是同配的，即嘌呤對嘌呤、嘧啶對嘧啶，將 DNA 分子與染色體類相配起來，這顯然是錯誤的；另一方面他又是正確的，認為鹼基之間是透過氫鍵結合的。克里克正好相反，他用屬於晶體學範疇的空間群 C2 的概念，糾正了華生的鹼基同配原理，認為那是不符合晶體圖像的；但在另一方面克里克卻是錯誤的，他認為運用互變異構原理會使得特異性氫鍵結合變得不可能。他們意見不一，由於他們兩位又都不是核酸生物化學方面的內行，故而誰也說服不了誰，在這種情況下，只能用實驗數據說話，或請教別人，聽聽人家是怎麼想的。

於是他們四處尋賢，八方求聖，先後求教於核酸生化學家查加夫、晶體學家多納霍、結構化學家老鮑林的兒子小鮑林 (E. Pauling)、加拿大生化學家懷特 (G. Wyatt)、年輕數學家小格里菲斯（格里菲斯的大侄子）、物理學家富蘭克林，並獲取到了關鍵性資料、數據及圖片；而且能從生物學整體性概念出發，將有關 DNA 分子結構研究的一些零星的不成系統的、已發表或未發表的、相關不相關的屬於遺傳學、物理學、化學、生物化學、數學、晶體學和 X 射線晶體繞射技術方面歷年積累下來的資料、數據、圖片等糅合在一起。他們不停地擺弄用硬紙片製作成的鹼基模型，將這些鹼基模型搬過來倒過去尋找各種配對的可能性。突然間，華生發現由兩個氫鍵維繫的腺嘌呤和胸腺嘧啶鹼基對竟然和至少由兩個氫鍵維繫的鳥嘌呤和胞嘧啶鹼基對有著相同的形狀。按酮式結構，A-T 鹼基對與 G-C 鹼基對長度相等，又恰恰與 DNA 分子的直徑相當，說明所有的氫鍵都是自然形成的，兩種類型的鹼基對形狀相同，並不需要人為加工，明確了鹼基配對，即 G：C 和 A：T，一舉推翻了以前曾有過的「同類配對」設想。最終，DNA 分子雙螺旋立體結構模型是在華生手中拼裝成功的。

圖 6.9 華生和克里克正在裝配 DNA 雙螺旋立體結構模型

那時華生曾思考過鳥嘌呤和胞嘧啶之間有可能形成第三個氫鍵，但經過晶體晶體繞射分析的結果表明，這個氫鍵很是脆弱，於是他放棄了有第三個氫鍵的想法。在模型成功建成的歡樂心態的驅使下，仍認為鳥嘌呤和胞嘧啶之間由兩個或兩個以上的氫鍵維繫。華生和克里克獲諾貝爾獎的文章發表於 1953 年 4 月 25 日，直至 1968 年 2 月，華生在寫作《雙螺旋：發現 DNA 結構的故事》一書時，才改正了 1953 年 3 月成功搭建雙螺旋體模型時犯下的錯誤，了解到了鳥嘌呤和胞嘧啶之間可以形成第三個很強的氫鍵。

華生和克里克費了九牛二虎之力，到處「求神拜佛」，總算在華生的手裡將 DNA 分子雙螺旋立體結構模型裝配出來了。模型有什麼作用？

怎麼解讀它？這難倒了華生。按他的悟性、聯想能力、邏輯思考力、知識背景等，讓他解讀模型有不小困難。其實，華生在擺弄各種用以代替四種鹼基的硬紙板時刻，克里克就在華生身邊。

且看克里克是怎樣解讀此模型的。

6.4 克里克其人其事

圖 6.10 克里克

克里克是英國人，他是成功建立 DNA 分子雙螺旋立體結構模型的另一個關鍵人物。他生於第一次世界大戰動亂中，成長於第二次世界大戰間歇時的風雲變幻期。青年時代的克里克就懷有遠大的抱負，立志在學術上成為一個「反活力論者」。1938 年，克里克畢業於倫敦大學，獲理學學士學位。在他做博士論文研究的第二年，第二次世界大戰爆發，他到海軍所屬的一個研究實驗室工作。與發現核素的瑞士化學家米歇爾一樣，克里克的研究內容完全隨指導老師的研究內容而改變。在這個實驗室中他的工作是研究測定 100℃條件下水的黏度。因為他親手設計組裝的實驗儀器被德軍的魚雷所毀，所以他轉而研究引爆魚雷的環式操作系統。

戰後，克里克可能受到當時著名結構化學家鮑林於 1946 年所作的一次重要演講的影響，以及受到薛丁格《生命是什麼？》啟發，越來越注意將物理學中的一些原理、定律應用於生物學方面。1947 年，他申請到劍橋大學的醫學研究協會獎學金，到劍橋大學研究細胞內磁性粒子的運動。在這段時間，他最大的收穫不在於磁性粒子運動的研究方面，實際上他從來沒有著手研究這一課題，而在於對整個劍橋大學正在從事的研究內容有了全面的了解。這對於他博士論文的選題方向，發揮了某種決定性作用。

初生牛犢不怕虎。他在佩魯茨課題組做的第一件事，就是對佩魯茨和肯德魯（J.C. Kendrew）這兩位物理學和化學大師的有關血紅蛋白分子研究中運用的技術和獲得的圖像作了一些不合時宜的評論。當時的主流看法認為，血紅蛋白由 4 層肽鏈組成，平行排列，像一個圓木墩，堆積成像「帽盒」的模型。克里克認為，他們計算矢量的技術太表面化了，而且三維結構分析不容許長度，提出要將此簡化為桿向的二維分析；這樣，模型和晶體繞射數據有 10 倍的誤差，他得出結論，分子內的蛋白質只有一半可以按「帽盒」模式的方式安排，並且認為存在更多的繞扭、更短的直線走向，甚至在加寬鏈的平行距離時也發生纏繞。在大多數情況下，這些結論使一些按常規思考的同事大為驚異，認為這位新手果然身手不凡，其結論從此宣告球形蛋白質有規則幾何結構論的夭折。不僅如此，他還發現了一種新的蛋白質，大小為血紅蛋白的 1/10，並且弄清楚了它的結構，命名為胰泌素（secretin），這是一種刺激胰液分泌的腸道激素。於是，他又轉而研究起了胰凝乳蛋白酶。

當克里克在一個個課題中走馬燈似地轉來轉去時，「多肽和蛋白質：X 射線晶體繞射研究」這一課題吸引了他。他覺得那是一條「又破又舊的大麻袋」，什麼都能容得下，其中也能容下 DNA 分子結構。螺旋體學說又使他意識到「交鏈的交鏈」是大多數生物大分子，尤其是螺旋體中常見的特徵。

克里克第一次接觸有關 DNA 的文獻，應當追溯到 1940 年代。當時他在「奇妙之路實驗室」工作。他在談起這些文獻時認為，輻射會降低 DNA 樣品的黏度，他將 DNA 研究的重要意義看得連蛋白質都不如。由於 DNA 分子當時尚不能形成結晶，因此，除一些萬不得已的原因外，機靈一點的晶體學家見了它都躲得遠遠的，或者繞道而過。當他的摯友威爾金斯在研究 DNA 分子中遇到困難時，他甚至對威爾金斯調侃揶揄道：「你還是去研究研究蛋白質那個小玩意吧！」雖然如此，他對生物學的興趣，說實話，依然不能與雲集在劍橋大學卡文迪許物理學實驗室方面的分子生物學結構論學派相比。所以，當 1951 年秋，華生來到劍橋大學時，克里克已經在開始思考基因結構和蛋白質結構之間的關聯性問題了，思考蛋白質的特異性必須根據其胺基酸序列的單一特徵，思考這一切都可能與遺傳物質的序列安排有關聯性。華生的到來，使他終於找到了知音，讓他在實驗中如虎添翼，兩個年輕人一拍即合，很快便想到一塊了。

克里克事後回憶道：「華生是我碰到的對生物學看法和我相同的第一個人。我斷定遺傳學才是本質的部分，即基因是什麼和基因的作用是什麼。華生的背景是研究噬菌體，我只讀過一些資料，缺乏經驗，我的背景是晶體學，他則沒有動手研究過，只是讀過一些資料。所以我們一見面就討論起了基因的組成等細節。」他們一起假設，否定，再肯定，反證，再肯定。儘管查加夫發現嘌呤與嘧啶的 1：1 比值已有兩年，但沒有得到人們的重視。華生和克里克卻意識到此數值關係的重要意義，只用了三週時間，就共同譜寫了一曲轟動於世的凱歌，成功地組建了 DNA 分子雙螺旋立體結構模型。

克里克最初看到模型被成功地裝配出來時，還不在意。他早先在醫學研究委員會看到一份研究報告時，就已經得知：「晶體 DNA 具有單斜晶的空間基群 C2 對稱性。」但是用硬紙板拼剪的 DNA 的各種組成分子的模型大大有助於克里克弄清楚 DNA 分子的立體結構，模型會引導產生不一樣的預測，預測又會進一步促進實驗性研究。不僅如此，模型的三維構像帶給他直觀的認知，觸發靈感，引導聯想。當看到華生完成了鹼基配對操作，他情不自禁地脫口說出：「看！它正好有那種對稱性。」克里克走近模型，再仔細端詳，隨之對模型進行了升級版解讀，確定雙股鏈是反走向的，鹼基對是互補的。有 G 必有 C，反之亦然；另一方面，有 A 必有 T，反之亦然。這說明兩條相互纏繞的鏈上的鹼基順序是互補的，只要確定其中一條鏈上的鹼基順序，另一條鏈上面的鹼基順序也就確定了，因此，如果以一條鏈作為模板合成另一條互補鹼基順序的鏈，也就不難理解了。這也就是富蘭克林未走完的，距離諾貝爾獎「聖壇」只有兩步之遙的關鍵。

克里克事後深有感悟地默認：「富蘭克林身為一個訓練有素的晶體學家，自會認知到晶體的對稱性取決於雙螺旋對稱性，那麼，單斜晶的空間基群 C2 對稱性顯然意味著這些鏈呈反走向平行，可以說是順理成章的事。我也只是根據富蘭克林的數據和啟發，才先她一步想到了這一點。」

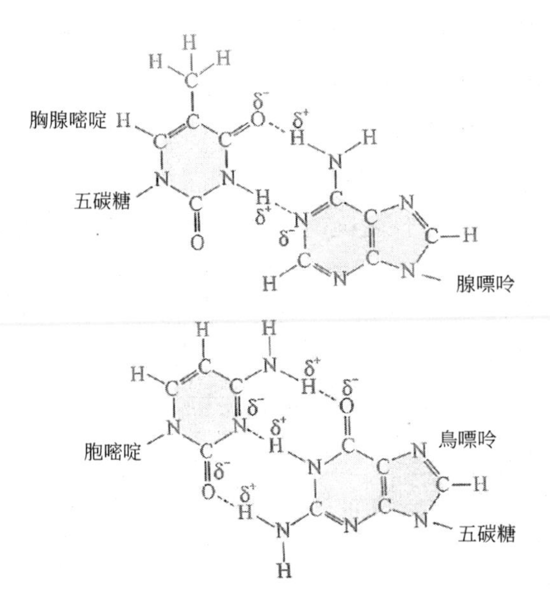

圖 6.11 腺嘌呤與胸腺嘧啶、鳥嘌呤與胞嘧啶兩個鹼基對示意圖

至此，近半個世紀以來，許多人前仆後繼，為之努力、付出，這次終於功到渠成，圓了幾代人的夢想。早在 1880 年就曾有一位生物學家認為基因是化學分子，但在 1944 年前，這還只是個假設，是分子生物學的研究成就提供了傳遞遺傳學有關現象的化學解釋。DNA 雙螺旋立體結構，解釋了基因的線性順序的實質，表明了基因精確複製的機制，按化

學觀點，這說明了突變的實質，指明了為什麼突變、重組、功能在分子水準上是可以區分的現象。

消息傳來，整個學術界為之轟動，用德爾布呂克的話來形容當時學術界的激動心態一點也不過分：「模型建成後，大家覺得，現在理論生物學將進入一個非常動亂的時期，理論生物學中一部分將涉及分析化學和結構化學，其中更重要的部分是，遺傳學和細胞學中的許多問題將要重新被看待和審視，而這些問題在過去的 40 年裡簡直是走進了死路。」照此說法，遺傳學家、細胞學家和生物化學家的研究套路全都亂了陣腳，再不改弦更張、轉變研究思路，他們就是在白白浪費時間和儀器了。德爾布呂克還認為：「了解雙螺旋及其功能不僅對遺傳學而且對胚胎學、生理學、進化論甚至哲學都有深刻影響。它對現代人的最深遠的影響莫過於幾乎人類的一切性狀，都可能有部分的遺傳學基礎。這不僅限於每個人的體質，而且還包括智力或行為特徵。」遺傳素質對人類非體質性性狀，特別是對智力的影響正是目前爭議最多的生物學與社會學問題。

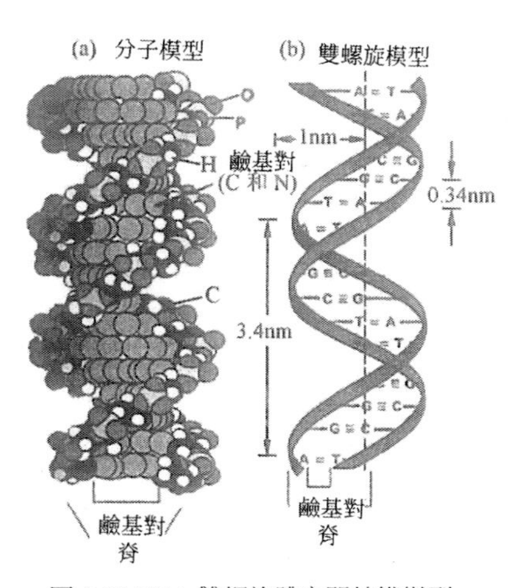

圖 6.12 DNA 雙螺旋體空間結構模型

克里克接著提出了「中心法則」，遺傳訊息從 DNA → RNA →蛋白質。克里克對分子生物學的創新性貢獻，從 DNA 雙螺旋立體結構模型到

「中心法則」，無不留有他的足跡。分子生物學中心法則現時還包括另外一步：DNA →前體 RNA →拼接 RNA →蛋白質。

遺傳資訊理論被克里克這樣一位物理學家提出，是科學史中頗有諷刺意味的事。其實早在 1950 年代中期，生物化學家就已經知道了自然界中有各式各樣的 L- 胺基酸，可是居然沒有一個人能夠捕捉到其中只有 20 種胺基酸參與蛋白質合成的核心概念。在這種情況下，只能由一位具備超常思維能力、造詣頗深，且過去從未直接研究過這些成分的物理學家來完成。1956 年，克里克提出「接合體」學說，每種胺基酸透過一個特異的「接合體」識別核苷酸序列，使相應胺基酸依次連接，組成蛋白質，執行由核酸中核苷酸序列攜帶的遺傳指令。

外行人的這種別具特點的創造性突破，以及由此帶來的跨越行業界限的不拘一格的新奇思路，常常使得許多科學家的認知過程發生質的飛躍。一些重大的科學發現不就是在這種嚴格的科學與絕非嚴密的思路兩者緊密結合的情況下脫穎而出的嗎？克里克就是突破行業局限，用物理學家的眼光，不經意中推導出這麼一套普遍存在的、由基因編碼的 20 種奇妙胺基酸。克里克不愧為一位持續在科學前沿拓荒的不多見的科學家，是知識海洋中的「蛟龍」。他與噬菌體研究發起人德爾布呂克一樣，也早早就轉到神經分子生物學研究領域，一個人跑到美國索爾克生物學研究所從事腦力衰退研究去了。克里克 1990 年代在一篇題為〈驚人的學說：科學探索靈魂〉文章中提出「用大腦中一些神經的交互作用來解釋人的思想、意識」。

必須著重指出，克里克之所以在向斯德哥爾摩進行最後的衝刺努力中有了驚人的突破，詮釋了兩條鏈是反向平行的，並發現鹼基配對，在於克里克從他的老師佩魯茨處閱讀過英國醫學研究委員會的一份報告，捕捉到了許多「活的」資料和數據。因為這份報告收入了富蘭克林提交給藍道爾教授的實驗記錄。富蘭克林提交給英國醫學研究委員會的這份報告中說明 A 型 DNA 圖的對稱性：DNA 結構即使翻轉 180°之後，乍看起來還是一樣的。克里克旋即認為，這就是顯示 DNA 擁有相反方向的雙股螺旋，而華生卻沒有這麼多的機會看到這些極有價值的報告，他獲取到的也只是一些零碎的「死的」資料和數據，有時在匆忙中還誤讀了好不容易弄來的數據，所以後者未能在 DNA 分子雙螺旋立體結構模型建成後，立刻想到兩條鏈是反向平行的並發現鹼基配對，而克里克卻能立刻想到。所以說，克里克的那種機靈不亞於華生。

他的巨大貢獻還在於他有效配合華生完成了富蘭克林未走完的那一小段路程，在這一過程中，他出了不少好點子。他同時坦誠，「組建 DNA 分子雙螺旋立體結構模型這樣大的科學研究項目，沒有生物學家的參加，是絕對完成不了的」，「由於我們既沒有長遠規劃，又沒有扎實的研究基礎，我們二人中誰也不能單獨完成 DNA 分子結構剖析」。接著他戲言，「假如在網球場上，華生不小心被一球打死，單靠我一個人是完成不了這項實驗的。」他感慨萬分地說：「我們二人中誰也不會單獨發現 DNA 結構，但富蘭克林卻相當接近成功。實際上她只差兩步，她只需意識到兩條鏈是反向平行的並發現鹼基配對就成功了。富蘭克林離開後，威爾金斯最有可能取得成功。至於鮑林，我還不能肯定……」現在一些人議論華生、克里克為組建 DNA 分子雙螺旋立體結構模型，收集來的大量資料、數據及圖片，其中不少是從「非正常」渠道獲取的。人們將議論的矛頭指向華生，顯然有失公允，當然，他是第一發現人，理應承擔主要責任，但克里克是華生的唯一合作者，他難道在這個問題上沒有一點責任嗎？這要留給科學史學家評議了。

值得一提的是，克里克對於物理學家向生物學轉移的看法，認為現代生物學研究的最終目的都是以物理學和化學來解釋生物學的。儘管物理學目前掌握的知識還很有限，但我們確實具備了適當的化學和有關物理學理論知識、量子力學結合化學實驗知識，為生物學提供了堅實的基礎。解釋整體性生物學的策略要逐級進行，從大到小，直到原子水準；物理學家有足夠的原子水準的知識。克里克最後還指出，物理學家背棄了活力論也是轉移的原因之一，而其他物理學家認為，活力論思想對他們轉向生物學沒有任何影響。

2004 年，克里克逝世前還在病榻上修改論文。2013 年，恰逢 DNA 分子雙螺旋立體結構模型發現 60 週年暨獲諾貝爾獎 50 週年之際，克里克孫女將家中保存的諾貝爾獎獎章及其他物品在佳士得拍賣行拍賣，共獲得 520 萬美元。她將其中的 50%獻給她祖父克里克生前工作的索爾克研究所，並按傳統將其餘的 20%獻給以克里克命名的研究所。2015 年，這個研究所建成當年就走出來一位諾貝爾化學獎得主 —— 瑞典人林達爾（T. Lindahl）。

由於 DNA 衰變速度與人類生命的衰亡過程不一致，DNA 除去受外部紫外線、自由基等「攻擊源」的影響外，分子本身也具有不穩定性，據計算，組成基因分子的每個原子每隔 3 萬年會發生一次突變。人類遺傳物質之所以沒有解體，得益於人體細胞有一套能監控並修復 DNA 分子的系統。這個研究所的林達爾發現了一種分子修復機制，能不斷抵消造成 DNA 崩潰的鹼基切除；同年獲得諾貝爾獎的美國人桑賈爾（A. Sancar）則繪製出核苷酸切除修復機制，展現細胞如何修復因紫外線等造成的 DNA 分子損傷；具有美國和土耳其雙重國籍的莫德里奇（P. Modrich）更是發現了細胞分裂過程中，DNA 複製時的細胞「糾錯」原理。他們三位的研究發現為治療癌症等疑難病症開拓了道路，並為人類造了福，可謂善莫大焉。

人們同時注意到，螺旋形豈止是 DNA 分子特有的，在整個生命世界中幾乎隨處可見。人體的主要器官耳蝸就是一蜷曲的管狀骨，活似一個螺旋式樓梯，越向上越窄；蛋白質分子是呈螺旋狀的；植物的枝蔓有的也是呈螺旋狀纏繞向上生長。更令人驚嘆的是，葡萄是靠螺旋狀捲鬚纏住樹枝攀援而上的，其方向忽左忽右，既沒有規律，也沒有定式。

除植物中有螺旋形的現象外，動物中也有螺旋形的現象，例如牛、羊等反芻動物頭上長的角，往往都呈現出一對美麗的螺旋形，田螺、蝸牛之類的外殼也都呈現出美麗的對數螺旋形，左右旋的都有。

這個 DNA 雙螺旋立體結構模型是鬼斧神工的傑作，是一種絕妙的「生命曲線」，也是牛頓引力平方反比定律的一種近代翻版，一個不是用公式，而是用文字，用不成比例的圖像表示出來的偉大發現。它之所以贏得國際學界的讚許，是因為它一如牛頓原理那樣，回答了人們一直在尋求答案的一個問題。

華生和克里克聯名發表在《自然》1953 年 4 月 25 日這一期那篇轟動於世的短文是由華生執筆的，原文底稿的「該模型使用了許多尚未公開發布的實驗材料……」被威爾金斯改成「國王學院研究小組的工作始終激勵著我們……」說得何等輕鬆，表達得也異常漂亮。數天後，華生又根據富蘭克林同期發表在英國《自然》刊物上的支持性文章，詳細闡述了這個模型深遠的遺傳學含義和巨大的生物學意義，從而提出了遺傳複製原理。倫敦大英歷史博物館至今仍完好地保存了這個原初模型的復製品，不過已經不是用硬紙板製作的了，而是用金屬片製作的。

6.5 歡笑聲的背後

在一片祝賀聲的歡樂氣氛中，潛藏著竊竊私語，而後逐漸流言四竄，甚至公開議論的地步，人們多為富蘭克林鳴不平。這些非議主要說華生四次接觸過富蘭克林未發表的資料、數據和圖片，這些對於構建 DNA 分子雙螺旋立體結構模型都是不可缺少的，並且他們未經富蘭克林本人同意就擅自用到了自己的成果中。華生就是在這樣的背景條件下，撰寫出了那本「此地無銀三百兩」的自傳式小書，書名為《誠實的吉姆》(*Honest Jim*，即華生於科學界的暱稱)，哈佛大學出版社原本答應出版並簽訂了合約。1966-1967 年，初稿送給書中涉及的人員傳閱時，遭到了猛烈批評。不寫則已，這一寫反招來更多的非議，包括克里克的博士論文指導老師諾貝爾獎得主佩魯茨、法國科學家利沃夫以及其他學者紛紛著文評論。他們的批評不是由於作者對某些歷史事實記述得不夠確切，或者由於作者自我吹噓，而是認為作者對很多描述沒有必要那麼尖刻，或者說有些言論顯得不禮貌。鑑於此，華生刪去或至少修改了一部分觸犯人的章節。他還在書後加上了一節「尾聲」，公開懇請讀者糾正他的某些記憶與他們所知有出入的地方。作者傷害最深的要數富蘭克林，他承認此書「對她的學術和個人品德方面的最初印象常常是錯誤的」。在「尾聲」一節的最後部分，他一反前面章節所持的態度，對富蘭克林個人大加讚美，可見他在努力糾正書中對她形象所作的描述。華生顯然沒有按批評者的意見將那些過分觸犯人的章節進行較為滿意的修改，哈佛大學出版社奉命取消了出版該書的合約。華生在萬般無奈的情況下，將書名改為《雙螺旋：發現 DNA 結構的故事》(*The Double Helix*)，交給了一家商業性出版社阿森紐 (Atheneum) 出版社，並於 1968 年 2 月出版。

一些人認為，這本書違背了歷史真實性，這只不過是為涉及富蘭克林問題作出的一種辯解；另一些人則認為，這本書自有可愛的地方。華生如實地描述了他當初為了獲取更多有關 DNA 分子結構的知識，想方設法去接近威爾金斯，比如想利用他姐去吸引這位既年輕又學問淵博的物理學家，以方便與威爾金斯套近乎。更能說明問題的是，他在書中坦白地描述過當年趁富蘭克林不在，看到那張尚未發表的 DNA 分子雙螺旋立體結構 X 射線晶體繞射圖片時的激動興奮之情，「我的嘴張開得大大的，我的脈搏也開始劇烈地跳動起來了」。因為在所有研究 DNA 分子結構的人中，只有華生一人對這項探索性工作所具有的深遠生物學意義，認知最清楚、最深刻，他的這種如獲至寶的迫切心態也是可以理解的。隨之而來的責難、非議以及可能遇到的各種困難和前進中的種種挑戰、暗礁，都隱含著他要做一番沒有退路的面對和拚搏。他既有這個決心，也有這個能力來面對一切。

在模型建成後，華生自知處於被議論的尷尬地位，故而在寫給德爾布呂克的信中多了個心眼，要求他先不要告訴鮑林，因為後者也正處在 DNA 分子結構研究的關鍵時刻；又寫信要求克里克別過分張揚，也不要再到電臺等媒體上重複已廣播過的內容。用華生自己的話：「現在依然有人認為我們剽竊了別人的數據，相信多幾個敵人總比多幾個崇拜者要壞……我主要關心的是，不要捲入進去，因為我害怕在劍橋大學那樣。」華生的另一部著作《基因的分子生物學》(*The Molecular Biology of Gene*) 就擅自使用了富蘭克林拍攝到的、未發表的 DNA 分子 X 射線晶體繞射圖片。華生本人也不得不承認，這張圖片對闡明 DNA 分子結構是至為關鍵的。《基因的分子生物學》這部著作是研究分子遺傳學很有用的參考書。

無論是在國內或國外，科技界中總有某些人不是想方設法透過自身的努力、辛勤汗水去耕耘科學天地，而是百般取巧、走捷徑、拉關係、找小路贏得時間，企圖一鳴驚人，因為時間是贏得發明權的重要籌碼。這樣的事在我們周圍並不鮮見，無論過去、現在還是將來都一再出現。華生後來任美國冷泉港美國國家癌症研究所主任，從事癌症研究。這是一所規模不算大的生物科學研究站，位於紐約長島北岸。當初噬菌體研究籌備期間，德爾布呂克曾選擇在這裡建立噬菌體研究中心。華生日常喜歡一邊散步，一邊把玩鳥兒。

不知華生出於生計還是別的原因，於 2014 年 12 月 7 日將其獲得的諾貝爾獎獎章拍賣了，將所得近 500 萬美元捐贈給了他的母校和工作過的地方，即芝加哥大學、印第安納大學、冷泉港實驗室與英國劍橋大學。一位俄羅斯首富、英超阿森納俱樂部擁有者阿利舍爾 · 烏斯曼諾夫出於大義買下獎章。他說：「我的父親受癌症折磨而死，華生的偉大發現為治療癌症做出了寶貴的貢獻。很重要的一點是，我購買獎章的錢將用於支持科學研究，而這塊獎章也該由其應得之主所有。」華生本人自然是喜出望外，既保住了諾貝爾獎獎章，又緩解了財務上的燃眉之急。

6.6 漫談 DNA 分子的遺傳密碼

模型建成了，如何解說模型，是華生和克里克之後相當一段時期內眾多科學家考慮的問題。

由於蛋白質合成是在細胞質裡的核醣體上進行的，這說明 DNA 還不能直接作為合成蛋白質的模板，這中間必然有一個轉錄過程，亦即先將遺傳密碼 DNA 轉錄成為 RNA，然後再在蛋白質製造工廠核醣體上從 RNA 翻譯成為蛋白質。DNA 轉錄成為 RNA 時，按 A-T、G-C 互變，只有一個鹼基不一樣，即尿嘧啶（U）代替胸腺嘧啶（T）。只是到了這時，信使 RNA 上的核苷酸排列順序所包含的遺傳密碼，就直接代表了胺基酸的信號，所以各種胺基酸只要根據這個信號，按照前後順序連接起來，就會成為肽鏈、多肽鏈和蛋白質分子。

伽莫夫（Gamow G.）在量子力學和宇宙生成的宇宙學這兩大領域中有很大的貢獻，提出過隧道效應和宇宙生成的大爆炸理論。他於 1954 年提出了遺傳密碼概念，認為 DNA 雙螺旋結構中由氫鍵生成而形成空穴的 4 個角為 4 個鹼基，4 個鹼基的不同排列組合，構成三聯體遺傳密碼；DNA 分子的 4 種不同成分是腺嘌呤（A）、胸腺嘧啶（T）、鳥嘌呤（G）

和胞嘧啶（C）。不可小視 A、T、G、C 這 4 個英文字母構成的三聯體遺傳密碼，它們蘊藏了生命世界無盡的遺傳奧祕。接著尼倫伯格（M.W. Nirenberg）解開了遺傳密碼之謎，證明遺傳密碼在蛋白質合成中的作用，並於 1968 年與科拉納（H.G. Khorana）等榮獲諾貝爾獎。

存在於生命世界這個廣大空間內的千姿百態的每個個體互有差異，狗生狗、貓生貓這個生物繁衍的「生生不息」規律得以源遠流長，主要靠著這 4 個英文字母的排列順序來回變換。前文所述的美國舞蹈家鄧肯和英國大文豪蕭伯納如果有緣成婚，他們的後代是集「男才女貌」於一身還是集「女才男貌」於一身，也全靠這 4 個英文字母來回變換排列順序來決定。

這些密碼呈線性排列，每 300 到 2,000 個（平均為 1,000 個）核苷酸鹼基對組成一個遺傳訊息的功能單位，即一個基因。那麼這 4 個英文字母在 300 到 2,000 個數字範圍內變換花樣，能編出多少個詞彙呢？單是一股有 100 個核苷酸的鏈，就會有 4^{100} 種不同的排列方式，若是一股有 2,500 個核苷酸的鏈，那麼就會有 4^{2500} 種不同的排列方式。

有這麼多種鹼基排列方式用以表示生命世界廣大空間內千姿百態有機體的遺傳奧祕是綽綽有餘的。例如《韋氏英文大字典》有 45 萬個詞彙，但其實只用了 26 個英文字母。那麼根據這個生物學中的「中心法則」，DNA 決定蛋白質，4 種不同的字母組成的「DNA 語言」，即遺傳密碼，翻譯為 20 種不同的字母組成的「蛋白質語言」，只能從 2 個、3 個、4 個字母組合中選擇一種組合法。

英文有 26 個字母，2 個字母一組就有 $26 \times 26 = 676$ 種排列方式；3 個字母一組就是 $26 \times 26 \times 26 = 17,576$ 種排列方式，以此類推。這好比阿拉伯數字，1 位數只能有 9 種排列方式，2 位數可能有 9×10 種排列方式，3 位數可能有 $9 \times 10 \times 10$ 種排列方式，以此類推。同理，遺傳密碼只有 4 個字母，密碼可以由 1 種核苷酸組成（1 個核苷酸決定胺基酸），或者 2 種核苷酸組成（2 種核苷酸決定胺基酸），抑或 3 種核苷酸組成、4 種核苷酸組成（3 個或 4 個核苷酸決定胺基酸）。核苷酸決定胺基酸比率，決定了遺傳密碼的單位或密碼子的大小，按照上述密碼子的大小，可得出可能出現的密碼子數，參見下表。

表 6.1 鹼基的密碼子數

核苷酸數	可能出現的密碼子組合方式數	密碼子最大數
1	4	4
2	4	16
3	4	64
4	4	256

胺基酸有 20 種，用 1 個字母對應一種胺基酸，其組合方式只有 4 種，這對 20 種不同的胺基酸來說顯然太少了；2 個字母對應一種胺基酸，其組合方式也只有 16 種，這與 20 種不同的胺基酸比較，還是少了；若是用 4 個字母對應於一種胺基酸的話，則組合方式會到 256，這對於 20 種不同的胺基酸來說，則又太多了。唯有用 3 個字母對應於一種胺基酸，其可能的組合方式就有 64 種。64 這個數值正好不多不少代表了可能出現的遺傳密碼功能 HYPERLINK "bookmark://_98_1"。

64 確實是一個奇妙的數字。《周易 · 繫辭傳》中說：「易有太極，是生兩儀，兩儀生四象，四象生八卦。八卦兩兩相重，得六十四卦。」中國象棋、國際象棋的棋盤都等分為 64 格。本書這裡出現的，用 4 個英文字母中的 3 個為一組來表達可能出現的遺傳密碼功能，也是有 64 種不同的排列表達方法。至於構成的密碼比 20 種不同的胺基酸來說多了幾種，怎麼辦呢？在量子力學中有所謂「簡併能階」的現象，援引過來就是說，在上述 64 種可能的組合中，不止一種組合對應著同一種胺基酸的情況是允許的。當初這還只是一種學說，科學家用了好幾年，直到 1966 年才將所有的遺傳密碼確定了下來。

不同的三聯體遺傳密碼決定不同的胺基酸，不同的胺基酸排列順序決定不同的蛋白質。破譯這樣的遺傳密碼，是 1953 年華生 —— 克里克 DNA 雙螺旋立體結構模型問世後這麼多年以來生物學的巨大進展，生化學家先後採用各種方式破譯這 64 種不同排列的三聯體遺傳密碼。這套密碼小至細菌、病毒，大至人類、大象，一概適用。

	U		C		A		G		
U	UUU 苯丙	UUC 苯丙	UCU 絲	UCC 絲	UAU 酪	UAC 酪	UGU 半胱	UGC 半胱	U C
	UUA 白	UUG 白	UCA 絲	UCG 絲	UAA	UAG 終止	UGA	UGG 色	A G
C	CUU 白	CUC 白	CCU 脯	CCC 脯	CAU 組	CAC 組	CGU 精	CGC 精	U C
	CUA 白	CUG 白	CCA 脯	CCG 脯	CAA 麩醯胺酸	CAG 麩醯胺酸	CGA 精	CGG 精	A G
A	AUU 異白	AUC 異白	ACU 蘇	ACC 蘇	AAU 天冬醯胺	AAC 天冬醯胺	AGU 絲	AGC 絲	U C
	AUA 異白	AUG 甲硫 (起始)	ACA 蘇	ACG 蘇	AAA 離	AAG 離	AGA 精	AGG 精	A G
G	GUU 纈	GUC 纈	GCU 丙	GCC 丙	GAU 天門冬	GAC 天門冬	GGU 甘	GGC 甘	U C
	GUA 纈	GUG 纈(起始)	GCA 丙	GCG 丙	GAA 麩胺酸	GAG 麩胺酸	GGA 甘	GGG 甘	A G

圖 6.14 遺傳密碼翻譯和分類示意圖

其中，圖的四周，左邊一列指第一個字母相同的密碼子，上邊一列指第二個字母相同的密碼子，右邊一列指第三個字母相同的密碼子。

基因一般由 1,000 個核苷酸（一個核苷與一個磷酸分子構成的）組成。人體內有 5 萬種以上的蛋白質，這麼多種類的蛋白質是什麼概念呢？舉一個例子，每一種蛋白質都由 20 種不同的胺基酸組成，用這 20 種不同的胺基酸隨機端對端地連接起來，可以組成不計其數的蛋白質種類：倘若用 2 個胺基酸為一股鏈，那麼就會有 20×20=400 種排列方式；若是用 3 種胺基酸為一股鏈，就會有 20×20×20=8,000 種可能的排列方式；如果是用 4 種胺基酸為一股的鏈，那麼就會有 20×20×20×20=16 萬種可能的排列方式。

一條由 100 個胺基酸組成的蛋白質分子鏈，分子量為 1 萬，這還只是一個比較小的蛋白質分子，要是把 100 個 20 種不同的胺基酸以各種順序排列出來，就可以提供出 10^{130} 這麼多種類的蛋白質。哪怕每種蛋白質只有 1 個分子，則 10^{130} 種蛋白質的質量總和大約是 10^{100} 噸，相當於地球質量總和的 10^{78} 倍，太陽系質量總和的 10^{72} 倍。這麼大的天文數字不但遠遠超出了地球有史以來，也就是大約 50 億年以來在地球上曾經生存過的生物體的總質量，並且在生命世界繼續進化發展若干億年後所生成蛋白質的質量總和也不會達到這一數字。

6.7 人類基因組計畫

6.7.1 癌症和「人類基因組計畫」

20 世紀下半葉，癌症逐漸成為人類健康的頭號殺手。1981 年，美國國家癌症研究所啟動了「向癌症開戰」的計畫，期望用 5 年時間能夠找出根治癌症的辦法。這一花費了數百億美元的科學計畫卻沒有達到預期的目標。1986 年，該計畫的項目負責人，諾貝爾獎得主杜爾貝科（Renato Del-

becco）在美國《科學》雜誌上發表題為〈癌症研究的轉折點——測定人類基因組序列〉的文章，指出「癌症與其他疾病的發生都與基因有關」。

1990 年，由美國率先倡導，美、英、法、德、日、中六國共同出資 50 億美元，啟動「人類基因組計畫」。「人類基因組計畫」就像一部大百科全書，對於回答人類發育、生理健康、進化等問題是不可或缺的。「人類基因組計畫」與 1939 年斥資 20 億美元製造原子彈（相當於 2013 年的 260 億美元），與 1973 年斥資 254 億美元的阿波羅登月計畫相當。僅 2011 年「人類基因組計畫」已為美國創造了 1 萬億美元價值，而且這個數字還在繼續增加。

人類基因組草圖於 2000 年完成繪製，測定整部「生物天書」的所有字母約 30 萬個鹼基序列。那麼「天書」的全貌、梗概也就大白於天下，展示於世人面前了，其意義在於它深化人類對生命現象的了解，修正甚至顛覆生命科學已有的經典理論。由此，生命科學的發展在經歷了 20 世紀「分子生物學時代」和「結構基因組時代」後，正式進入「功能基因組時代」，即「後基因組時代（Post-genome era）」；所有疾病的發生機制能夠在人類基因組圖譜中找到明確的答案。根據「個人基因組圖譜」，借助「基因藥物」，透過個性化醫療，所有圍繞人類的頑疾，都能夠得到有效預防、診斷和治療。一改過去 10 年間生命科學得到蓬勃發展，「基因藥物」卻遲遲不能問世，基因產業淪為泡沫經濟的不景氣局面。

6.7.2 DNA 元素百科全書計畫

「DNA 元素百科全書（ENCODE）計畫」繼 2003 年基本完成「人類基因組計畫」後，國際科學界又策劃了「DNA 元素百科全書（ENCODE）計畫」。有來自美、英、日、西班牙和新加坡五國 32 個研究機構的 400 多位科學家參加，耗資 1.5 億美元，獲得並分析了超過 15 萬億個字節的原始數據，並對 147 個組織類型進行了分析，確定了哪些基因能打開和關閉，以及不同類型細胞之間的基因開關存在什麼樣的差異。

過去人們最關注的是與編碼蛋白質相關的基因，但它們只占整個基因組的 2%左右。現在透過 ENCODE 計畫，成功破譯出基因組剩餘部分（非編碼區域），確定了 80%的基因具有某種特定的功能。如果說過去的「人類基因組計畫」提供的是一部大詞典中的字，那麼現在的 ENCODE 計畫等於是為這些字加了註釋，好比研究先天性心臟病的，就直接檢索心臟方面的基因。這項計畫還指出，其餘 20%也不是「垃圾基因」，因為 ENCODE 計畫僅分析了 3147 種類型的細胞。如果繼續檢測其他類型的細胞，那麼剩下的 20% DNA，其功能都將一一被檢測出來。2012 年研究報告稱，發現了人類基因組功能的重要「開關」的位置，以前這些也被認為是「垃圾 DNA」，證明其中 80%的序列發揮作用。

英國一位科學家研究發現，人類 DNA 中只有 8.2%「有用」，但目前尚不知這些有用基因的位置，而且不是所有有用基因都同樣重要，有 1%的人類 DNA 參與蛋白質合成與人體幾乎所有重要的生命過程，另外 7%的人類 DNA 在不同的時間、不同的人體部位參與活化及抑制蛋白質編碼的基因的活動。人類從出生到死亡，體內每一個細胞中合成的蛋白質都是一樣的，在何時何地活化哪些蛋白質都必須經過調控，這些就是這 7%的人類 DNA 的任務了。

再舉一個身邊常見的例子，即肥胖與基因的關係。已公布的細菌有 2,000 多種，人體腸道菌有 170 種左右。選兩隻白鼠，一肥一瘦做對照實驗，飼餵方法、食量都一樣，僅僅將白鼠腸道內的細菌類型對調一下，仍以同法飼餵，不久，肥的變瘦了，瘦的變肥了。

6.7.3 單核苷酸多態性和一把「生物鑰匙」

許多生命科學家還發現，決定遺傳現象的基本單位不是基因，而是單核苷酸多態性（SNPs，Single Nucleotide Polymorphisms），也就是 DNA 序列的特異性變異，它推翻了以往透過基因尋找病源的思路。實驗證實，在不同人體的同一條染色體上，同一個位置的核苷酸序列中，絕大多數的核苷酸序列是一致的，只有一個地方的核苷酸序列不同，這就是現時所稱的單核苷酸多態性。由於這一重大發現，僅從 2007 年以來，除去 I 型和 II 型糖尿病外，與精神分裂症、憂鬱症、腸炎（克羅恩氏症）、青光眼、肥胖、風溼性關節炎、高血壓、冠心病、乳腺癌、腸癌和前列腺癌等常見症狀相關聯的 DNA 序列的特異性變異，均一一被鎖定。

運用此技術，研究人與人之間的差異有兩種形式：一是 STR 短串聯重複，它是在 DNA 中固定位置以一種片段為基礎不斷重複的區段，有的重複一次，有的重複 12 次或 8 次；二是單核苷酸多態性，指 DNA 固定位置上的一個鹼基發生了質的改變，這種突變是隨機的，不受外界影響，發生突變的機率非常低，只有三千萬分之一，就是說，有血緣關係的人就是隔了幾十代，其家族遺傳下來的特殊 DNA 也基本不會改變。科學家們正是抓住了這個三千萬分之一的極低突變頻率，將其當成一把「生物鑰匙」，或稱其為「分子日曆」，用以探尋某些歷史謎團，並且破譯了 2,000 多年前古人的基因。

《三國演義》中的曹操官至丞相，挾天子以令諸侯，叱吒中原，稱雄一方。他為洗刷是宦官之後這一卑微身世，自稱是東漢名將曹參的後代；還有一說，曹操父親曹嵩本姓夏侯 —— 史載曹氏、夏侯皆為沛國譙縣（今安徽亳州）一大望族，於是曹操便是夏侯的後人。現在透過 111 個曹氏家族人群 DNA 和族譜調查，尋找曹操的後人。確認曹操既非他自稱的曹參的後代，也非夏侯的後代。有意思的是，科學工作者透過認真的遺傳學分析，找出了曹操的家族史並證實曹雪芹是曹操的後代。

更有意思的是，北京一位漢族賈姓廚師，其 Y 染色體類型很是特別，它的單倍群總體上誕生在中亞細亞和印度之間，亦即中東地區，最高頻度出現在高加索地區，鄰近的格魯吉亞比率也異常高，還有法國波旁王朝的國王路易十六也頗高。據此可以推測，這位賈姓廚師的先人是從中東因貿易、出使等來到北京，繼而定居下來的。因為北京曾是好幾個朝代的京師，歷朝歷代都是各族人民交往融合的頻繁之地，他們在中華京都地區留下遺傳因子也就不足為奇。

因為人類的 DNA 是在遷移、奴役、戰勝、征服的過程中形成的，所以未必形成於人們當前的居住地。我們也一直在問：「我們的祖先是從哪裡來的？」例如一個北歐海盜入侵不列顛，並且與當地的一位少女結婚生育了後代，那麼「地理人口結構（GPS）」檢測技術可以找到最遠在 1,000 年前以這種方式「結合」在一起的 DNA，再與世界各地數百年內都沒有遷移過的人口群落的 DNA 樣本進行比對。

6.8 芻議天才與基因

400 年前徐光啓和利瑪竇（Matteo Ricci）共同翻譯了《幾何原本》，上海徐家匯顧名思義就是 400 多年來徐光啓後裔們聚居的地盤。說起徐光啓媒體曾議論澄清某某是徐光啓第 13 代或第 14 代孫，錢學森是江浙吳越王錢鏐的第 33 代孫，某某是孔子 N 代孫或河東柳宗元後裔時，人們亦不斷拋出「龍生龍，鳳生鳳，老鼠的兒子會打洞」等血統論的翻版。事實上，每個人的基因組一半來自父（或母），身為徐光啓的第 13 代孫，其所繼承徐光啓的基因組僅為 $1/2^{13} \approx 1/8192$，這也就是第 13 代孫繼承到徐光啓某個特定基因的機率。如果聰明才能由多基因決定（完全忽略環境因素）則此機率更小。例如第 13 代孫繼承到徐光啓某兩個特定

基因的機率為 $1/2^{13} \times 1/2^{13} \approx 1.5 \times 10^{-8}$。而孔子的第 76 代孫繼承到孔子約 3 萬個基因中至少一個的機率更低，遠遠小於被雷擊中的或中了任何體育或福利樂透大獎的機率。他們的基因相似性並無多大差異。

因為一個基因的表達水準往往取決於來自複製父系和母系的共同組合，僅複製一方的單份基因不能決定基因的表達水準，即便天才僅有一個基因完全決定，其子代同樣為天才的可能性也非百分之百，更不必說天才這一特質是有多個基因控制及受環境因素的影響等。此外，這些計算基於「基因組不發生突變或者改變」這樣一個假設。而基因的自發與誘導突變卻是進化論的一個重要基石，雖然每個 DNA 序列發生突變的機率都非常小（10^{-8}-10^{-7}），但由於人類基因巨大（約 3×10^{9} 個 DNA 序列），子代基因組或多或少會和其親代（即父母）的基因組有些差異。而如果這些細微差異恰好發生在決定智商的基因之內，那麼就可以解釋父親天才、兒子智力平平。反之，一個普通農民的兒子很可能會智力超群。連愛迪生都知道，1%靠靈感，99%靠汗水。例如喧囂一時的「諾貝爾獎得主精子庫」最終無疾而終。乏善可陳的例子還有數學天才高斯 (K.F. Gauss) 的父母均是貧困的勞動階層；印度數學天才拉馬努金 (Srinivasa Ramanujan) 的母親則是一個家庭婦女，父親是一家商店的小職員；工業革命的核心人物瓦特是工匠的兒子；法拉第是鐵匠的兒子；焦耳則是農夫的兒子。

所以，人類社會文明進步的一大象徵就是唾棄世襲／血統，所有西方發達國家無一例外都是從中世紀的世襲獨裁政體進化來的，最終演變成根據能力及成就擇優錄用的菁英體制。若再加上自由、獨立精神的倡導和寬容，這便成就了西方科技、社會科學以及經濟的發展。所以，一個人出身寒微，也根本不必因此而怨天尤人，自卑氣短。從基因組成來看，你與天才的距離並不比天才或名人的後裔更遠。歸根到底，還必須靠自己的能力、實力，這才是硬道理。

6.9 發現 DNA 分子結構的多種途徑

現在很清楚，發現 DNA 分子結構可以有多種途徑。透過單晶研究也能推導出 DNA 分子結構，但必須提供足夠量的寡核苷酸的數據，否則就會使研究步入死路，引出同類配對。科恩伯格（A. Korberg）的工作方式是研究核苷、核苷酸，然後再研究 DNA。他合成的 DNA 雙鏈中，鏈的方向就是反走向平行，鹼基對也符合查加夫法則。他如果將此研究成果移交給結構化學家，並希望他們將這些發現綜合成一個合理的模型，那也是順理成章的事。還有，里奇（A. Rich）及其合作者如果將合成 RNA 的研究擴展到提出 RNA 和 DNA 的模型中，那麼他們也會發現 DNA 分子結構。不過，即便他們一切條件具備，實驗也順利，那他們發現 DNA 的模型也將是 1953 年以後的事了。

核磁共振技術應用於解析 DNA 結構，會使操作程式簡化、便利且成效顯著。它跟 X 射線或中子晶體繞射方法不同，生物分子結晶化不再是必需的過程。

現在我們回到 1951 年 10 月至 1953 年 3 月這段時間。如果華生不來到歐洲，或者說華生是在 1953 年抑或是 1954 年來到劍橋大學，那麼還有誰會發現 DNA 分子結構？更重要的是還要多久才會發現呢？

首先，華生和克里克兩人中誰也不會單獨發現 DNA 分子結構。人們推測富蘭克林研究會按計畫發表他們的數據，這樣鮑林會重新開始研究。富蘭克林、鮑林或威爾金斯在年底前就能解析 DNA 結構問題，富蘭克林可能更接近於取得成功。其實，她只差兩步，只需意識到兩條鏈反走向平行，以及發現鹼基配對就全齊了。至於大洋彼岸的鮑林，他有扎實的研究基礎和長遠的規劃，發現蛋白質 α- 螺旋自不在話下，但 DNA 結構問題情況就不一樣了。

總而言之，華生和克里克既沒有長遠的規劃，更不具備扎實的研究基礎，如果華生將到劍橋大學的時間推遲到 1953 年或 1954 年，而不是 1951 年，那麼可以非常有把握地說，發現 DNA 分子結構這件事就不會是發生在劍橋大學，只會發生在倫敦富蘭克林研究或者美國加州的鮑林研究。科學發現和藝術創造可以類比，兩者皆是絕無僅有的，研究工作則僅存在偶然性和必然性的差別。

第 07 章

生物學文獻史的一大失誤和半普及刊物的作用

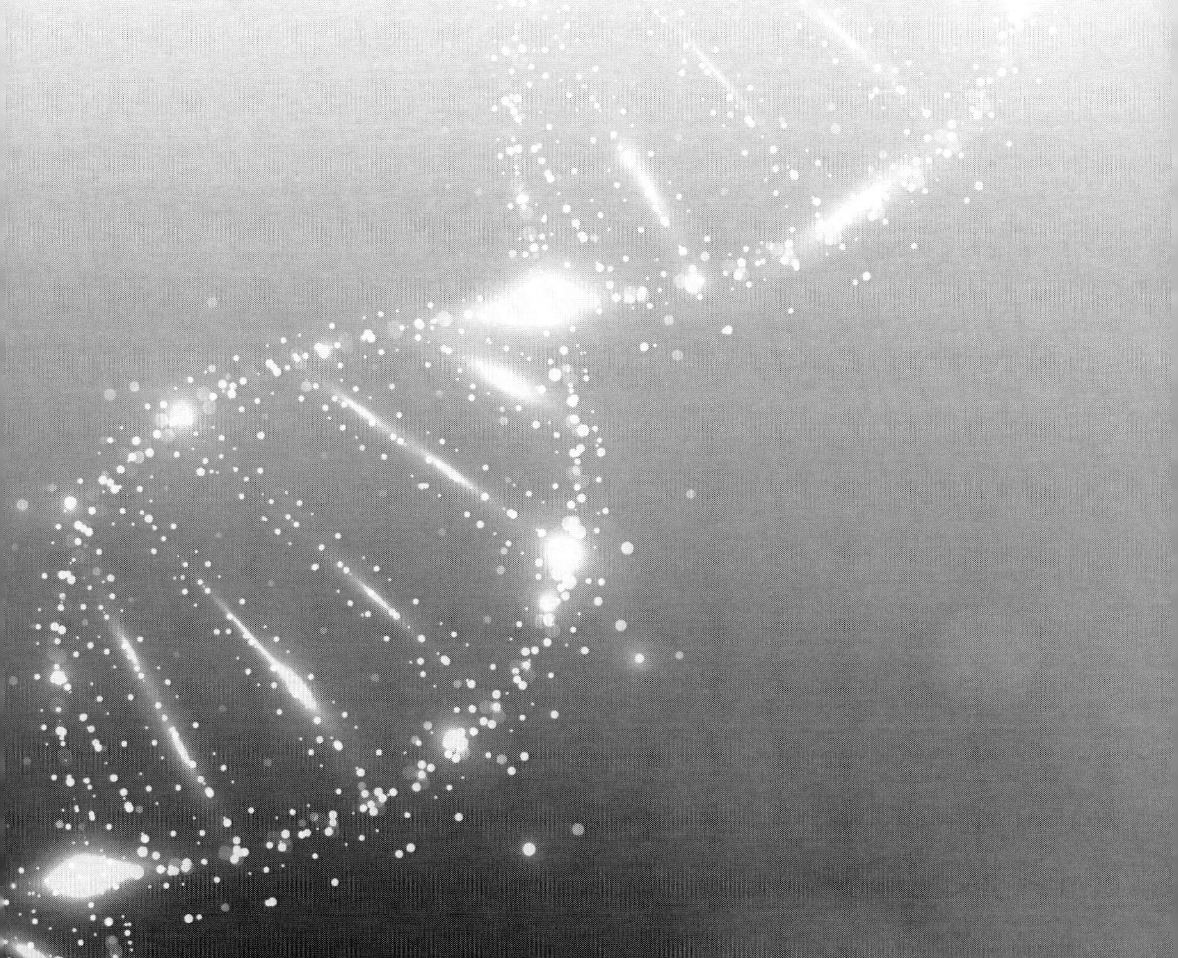

消息靈通，則耳聰目明，其高見亦層出不窮；消息不靈通，耳目閉塞，只會成為平庸之輩。資訊就是資源，既是一種物質資源，也是一種精神資源。只有在捕獲有效資訊上下功夫，才能使我們立於不敗之地，成為一個高招頻出的能人。在自然界和在知識領域中存在著用之不盡、取之不竭的資訊，問題在於我們是否能認知、捕獲，以及會不會利用資訊。很可能出現這樣一種現象，人們對唾手可得的大量有價值的寶貴資訊視而不見、置若罔聞；另外，興許對已屬無用、失去時效、廢紙一張的資訊，反而視如珍寶、刮目相看。例如，現在的生命科學文獻的時效性已大大縮短了，以往為 7.2 年，現在只有 3.5 年，說明學科發展的速度加快了。還有，如何從客體中提取資訊？如何將捕捉到的資訊傳遞到某個地方？又怎麼樣將原始資訊進行加工處理，使之成為人們所認知的客體，提供給有關部門實施調控、決策以及執行各種功能之用？這些問題對資訊的開發和利用都十分重要。

當今世界是以知識型經濟為特徵，獲得科技資訊已成為取得經濟成就的一大泉源。隨著科學技術的迅猛發展，其發展速度將成指數增長，其原因有二。

其一，學科分支越來越多，社會科學知識領域目前有 3,000 個左右，技術專業領域有 4 萬多個；全世界每年新增學科種類 60 至 70 門、新增技術專業 150 至 200 種。

其二，二戰後不久，在科技發達的美國，其實只有 50 多個專業學科。隨著學科間交叉融合的深入，20 年後，這 50 多個學科急遽擴增為 900 多個專業學科。這種學科的增加和知識的增值，使得文獻量也隨之急遽增加。新技術的發展已達到這樣一種程度，即企業的擴大已不取決於少數大資本家手中所擁有的資本的大小，而取決於多數人頭腦中所具備的智力和創新才能。例如，在製藥或電子器件的製造業中，成本部分的最大份額不是花在原材料和動力費用上，而是花在技術情報的獲取方面，其中包括消化及利用。誰在最短時間內獲取到最新科技資訊，誰就能在新產品研製和開發上取得先機，獲得主動權，誰也就能在第一時間將新產品打入市場，占領市場；其股票價位更能在一夜之間飆升，這就是當今所稱的知識型市場經濟。

新技術學科、新興產業如此，對於生物學這類基礎學科，其技術情報的獲取和利用的重要意義則是另一種表現形式，由於消息的閉塞帶來的損失可能要比前者增大幾十倍，甚至幾百倍。

7.1 背景

埃弗里於 1944 年在《實驗醫學雜誌》上發表那篇題為〈關於引起肺炎鏈球菌類型轉化物質的化學性質研究〉的劃時代文獻時，二戰已接近尾聲，同盟國和協約國交戰雙方都已打得筋疲力盡。交戰各國的科學、教育事業都受到了很大的破壞、摧殘。只有美國獨大，有豐足的人力、物力繼續投向科學、教育事業，尤其是基礎理論研究方面。戰爭也使得一大批受法西斯德國威脅、侵略的國家中一流的科學家、工程師、醫生等各行各業的英才紛紛外流，外流首選是美國；他們中主要是生物學家、化學家、物理學家。戰爭也帶動了一些學科的發展和繁榮，在這期間，美國在原子物理學、工程學、電子學、遺傳學等諸領域更是有了空前的發展。也正是在這種背景條件下，美國才能成為分子生物學的發源地。無論如何，都還不能忽視各學科的發展水準不平衡這一特點，在資本主義國家發生這種情況尤為突出。有的學科發展可能快些，另一些學科的發展可能慢一些。哪個學科獲得成果快、資金投入多，這個學科必然會發展得更為快速。

情報學系統分情報蒐集、分類、表現、利用，它的發展與其他學科的發展不能並駕齊驅，也不能做到相互適應。這也就是說，情報學當時是趕不上其他學科的飛速發展的，它的表達、傳遞、利用系統都還處在萌芽時期，中間還存在著諸多不完善的環節，也就或多或少地會影響其他學科的發展。生物學界發生了埃弗里的巨大貢獻被埋設、冷落達 8、9 年之久的事件，最能說明這個問題。

7.2 生物學文獻史中的一大失誤

埃弗里那篇劃時代的文獻奠定了現代分子生物學的理論基礎，當今興起來的遺傳工程及其擁有數百億美元資金的生物產業，無一不與埃弗里當年的發現有著因緣關係。可是，這篇歷史性科學文獻在 1944 年發表後，在很長一段時期內，整個生物學界好像什麼事情都沒有發生過一樣。作為科技文獻載體的文摘類、教科書類等皆保持沉默，很少有人對這篇歷史性文獻有反應；它對生命科學的影響和即將發生的變革會產生什麼作用，也很少有人會站出來做些大膽的推測；能夠站出來檢驗這項實驗的正確性及評論其生物學意義深遠的人，也數不出幾個來。

為什麼會出現這種情況呢？要回答這個問題，還要從當時的科學發展水準來探討這一事實。當時大家都在期待有朝一日能對幾個核心問題有個正確解答。例如 DNA 是什麼樣的？它的功能、結構到底是什麼？DNA 作為遺傳轉化因子的具體證據是什麼？人們回答不出來，用埃弗里的文章也解釋不清。更何況當時占據主流的看法是：遺傳訊息的傳遞是由蛋白質來實現的。就當時情況而言，該論點在初期並非沒有道理，例如在各種實驗中，一定百分率的蛋白質含量才足以攜帶 DNA 分子，這一論點得到人們的普遍認可。

人們同時承認，「埃弗里在著名的歷史性文獻內，確實考慮過轉化特性是由 DNA 引起來的這種可能性，但他在文中的確沒有明確無誤地肯定這種可能性」。人們都在期待有進一步的補充性實驗報告，似乎隱隱約約預期在某個早晨，一覺醒來，媒體傳來某項決定性實驗取得突破性進展的消息。預期要出現和實際真正發生的這個間隔期內，科技文獻載體、表達和利用系統出現了一些不可避免的問題，也就可以理解了。

7.2.1 埃弗里劃時代文獻寫作自身存在的問題

一位熟悉埃弗里的人說過，埃弗里為人極其低調，謹慎過了頭，沒有十成把握的事從不輕易下結論。1943 年，即在他的那篇劃時代文獻發表的前一年，他在寫給老弟的一封家書中明明說過：「DNA 很可能就是基因。」但一年後，他在發表的那篇文章中卻壓根沒有提及這一點，甚至連遺傳學解釋都沒有。就他的文章現有內容，也足以讓人揣測，與遺傳轉化事件有關的，除去 DNA 外，可能還有其他的物質。

埃弗里在引文部分也沒有採用任何可以和遺傳學掛上鉤的內容，例如涉及比德爾（G.W. Beadle）和塔特姆（E.L. Tatum）的文獻。他原先的想法是，文章是供研究肺炎鏈球菌的專家閱讀的，而不是供遺傳學家參考的，所以他的文章標題是〈關於引起肺炎鏈球菌類型轉化物質的化學性質研究〉。此標題沒有一個關鍵詞可以拿來跟遺傳學研究發生瓜葛，而「轉化」這個詞在當時與我們今天的遺傳學術語完全不是一個意思，它是一切醫學雜誌上發表的各類論文中常用的一個詞，比如人們在描述免疫纖維瘤病毒時，也會用這個詞。即便有什麼遺傳學家看到此標題時，可能也只是覺得有點新鮮，僅此而已，並不會將它看作遺傳學的主流部分。

7.2.2 表達系統出現了問題

第一，埃弗里的那篇著名文獻是發表在美國 1944 年出版的《實驗醫學雜誌》上的，該刊是由美國洛克菲勒基金會所屬的醫學研究所編輯發行的，一般說這是一種頗具權威性，而且受到人們重視的學術性刊物。但當時仍處於戰爭的非常時期，交通不便，且常常發生阻斷，所以期刊的訂閱、學術研究機構之間的交換、分發等諸多環節、因素均受到限制。這樣一類的雜誌實際訂閱的人並不多，只是在美、英兩國有人訂閱，其他國家根本沒有人訂閱。當時的發行量，英國是 36 份，而在美國則高達 600 至 700 份。由於美國的訂閱者多，相對而言，美國遺傳學家閱讀到這篇劃時代科學文獻的機會，自然會比其他國家遺傳學家多些。但是，這類嚴謹有餘的權威性學術刊物長期以來在許多學術領域沒有產生預期的影響，即便有些影響，也不是很大。通常訂閱這類刊物的，很多屬於醫學系統的圖書館，自然科學領域裡的圖書館訂閱這類刊物的並不多。恰好這正符合這篇文章作者的初衷：「文章是供研究肺炎鏈球菌的專家閱讀的，而不是供遺傳學家們參考的。」

問題恰恰出在這裡，因為當時的美國遺傳學家大多聚集到了自然科學研究部門中工作，他們在那裡通常閱讀不到這類刊物，從而造成學術交流被阻斷的事實 —— 再優秀、意義再深遠的文獻最終都可能被忽略或被埋沒，導致無法及時發揮作用。這在生物學文獻史中不能不說是一大失誤，導致整個生物產業往後延緩了好多年，也使得生命本質的探索向後推遲了若干年。它所造成的損失、影響，則可能遠遠高於本章所敘述的某個新技術、某個新行業由於哪個技術情報知識的得失所造成的經濟效益方面的影響。

第二，美國出版發行的《化學文摘》(*Chemical Abstracts*) 和《生物學文摘》(*Biological Abstracts*) 是全世界最具權威的科學文獻檢索系統。埃弗里的那篇文章從標題到內容都沒有突出他所從事的實驗具有的巨大意義，在寄給《化學文摘》和《生物學文摘》的這篇文章的文摘中，隨之出現了一些偏頗。身為這篇文獻的作者，埃弗里及其合作者麥克勞德 (M. McCarty) 在為《化學文摘》和《生物學文摘》撰寫這篇文章的文摘中，沒有強調其遺傳學含義，更何況由別人來撰寫的文摘呢。這篇文摘被歸納到《生物學文摘》內的「免疫學」、「細菌學」和「一般問題」的條目中，而在比《生物學文摘》檢索率高得多的《化學文摘》，在其「微生物學」的項目中，也查不出這篇文章的文摘內容。

華生自己也為這篇文章寫過一篇摘要，他寫道：「主要事實是，肺炎鏈球菌的遺傳特性被特異地改變，或許是由於加入了經過精心製備而提高了分子量的 DNA 所造成的。」這篇摘要顯然錯了，因為埃弗里的那篇文章結論部分明明寫的是，「脫氧核醣類型的核酸是III型肺炎鏈球菌轉化因子的基本單位」，華生的文摘顯然忽視了這句重要的結論。不過後來華生改正為「肺炎鏈球菌的遺傳特性被特異地改變是由於病毒 DNA 引起來的」，這才是可能和恰當的。看來撰寫文摘一定要對論文的真實含義有透澈的了解，因為經過自己消化、掌握之後，才能抓住論文的精髓和要點，用儘量少的文字，將論文的精髓準確地表達出來。這一點對今天的科學研究工作者、訊息技術工作者依然有巨大的現實意義。

第三，檢索系統也隨之出現了問題，由於論文的摘要撰寫得不準確，導致關鍵詞的選擇和編排混亂，以至於索引系統也不盡完善。查《化學文摘》索引的人，只能在「脫氧核酸」和「肺炎鏈球菌」的標題內找到埃弗里的那篇文章；查《生物學文摘》索引的人，只能在「核酸」和「雙球菌」這兩個標題內找到埃弗里的那篇文章。任何人用涉及遺傳學範疇的關鍵詞檢索，均不可能找到這篇著名文獻，例如「獲得性遺傳」、「獲得性性狀」、「雜交」、「分離」、「基因」、「遺傳學」、「基因型」、「遺傳性」、「雜種」、「突變」、「表現型」和「變異」。

第四，教科書派對埃弗里的這篇文章遲遲未做出反應，是最具典型性的例證。這是由於教科書也最具權威性，人們總是以「教科書上是這麼寫的」為依據，將它視為金科玉律。

1952 年出版的由斯萊勃和歐文（Adrian Morris Srb & Ray David Owen）合著的《普通遺傳學》（*The General Genetics*）教科書，是在埃弗里 1944 年發表的那篇劃時代文獻 8 年之後，都還沒有提到埃弗里的名字。書的內容有關肺炎鏈球菌的敘述，篇幅不足一頁，就是這僅有的一頁，還多半用來討論 DNA 為什麼不會成為遺傳物質。從 1947 年起，每年出版一本《遺傳學進展》（*Advances in Genetics*）序列叢書，直到 1955 年這一卷才出現了埃弗里的名字。就是這套《遺傳學進展》序列叢書，在前 8 卷的索引中，包括 1956 年的那一卷內，竟然也找不出 RNA 和 DNA 這兩個常見的字，雖然這些新字在已發表的科學文獻裡早就出現過了。

7.2.3　情報知識的利用

人們在利用任何新的情報知識時，首先必須要求這種新的情報知識符合自己現有的科學概念，而且要求在利用這些新的情報知識時，不會給自己已形成的概念發生過大的牴觸。這樣，這些新情報知識，才容易成為有用的知識財富。從這一觀點出發，各行各業的科學家在分子生物學發展的搖籃時期，都在不同程度上彼此受固有知識的影響。他們中間有些人的確能將別人的工作研究情報轉化成自己的思想，但其中確實存在著一種模糊不清，只可意會難以言傳的共識或默契。下面我們用一張聯絡圖將他們一個個串聯起來，說明他們前後左右的關係網，這種表示方法更形象，看起來會一目了然。

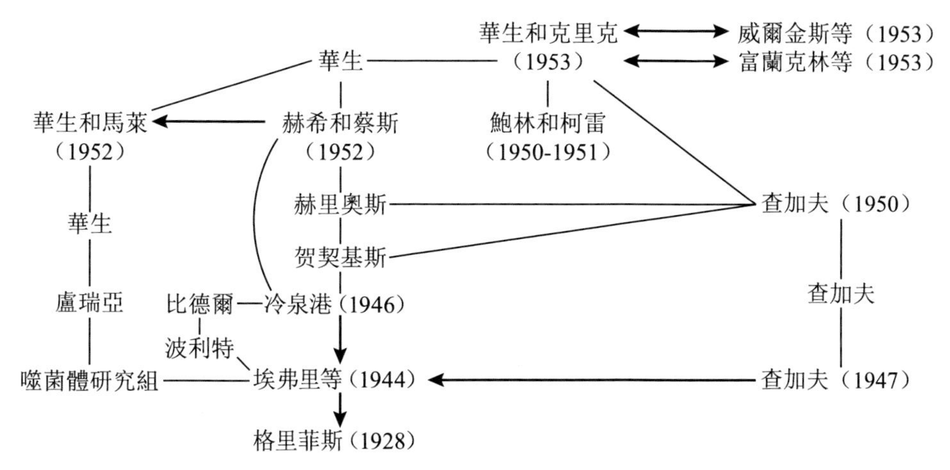

圖 7.1 從埃弗里到華生和克里克的 DNA 分子研究情報聯絡圖
註：帶箭頭粗線表示文章被引用；細線表示受到影響，得到消息。

由圖 7.1 得出一個離奇的結論，即一些關鍵性的科學文獻沒有直接為同行引用過。華生及克里克儘管在研究中確實從赫希（Alfred Day Hershey）及蔡斯（Martha Cowles Chase）、查加夫或埃弗里的論文裡或交談中獲得過至為關鍵的啟示，但他們在發表的文章內並沒有引用過上列幾位先行者的那幾篇文章。類似的現象還有，赫希及蔡斯沒有引用埃弗里的工作；吉萊（A. Gierer）曾證實，RNA 是菸草鑲嵌病毒侵入性（遺傳性）部分，他在論文裡只引用了赫希及蔡斯的工作，卻沒有引用埃弗里的著名實驗。

這說明，當時人們還不習慣利用科技訊息，他們中間相當一部分科學家總是習慣於憑藉自己已經掌握的知識來從事各自的科學實驗，至於外部世界發生了什麼事，要留到他當前所要思考的問題之後再去考慮。當時的科技訊息工作本身還存在著系統性和嚴密性等不完善的地方，科技情報學也沒有上升到足以形成一門科學的高度。它的表達和利用系統等諸多方面，理所當然地被人們忽略、疏漏和埋沒了，這是科技訊息工作作為一門科學在發展初期出現的必然過程。

事後以批判的眼光剖析那些「概念史」是優還是劣，是再容易不過的事。真正的科學生活是比較辯證的，科學家為使科學不斷發展，需要有幻想和敢闖練的精神，為避免在前進的道路上出現猶豫和徘徊，以及抵制激進的思潮，也需要有批判和謹慎的思維。他們期待有朝一日會弄清楚基因結構和功能，但因為埃弗里當年發表的文章還不能滿足他們想要弄清楚基因結構和功能的期望，不符合他們的要求，所以，在這種情況下，他們將它先擱置一邊，期盼著更具有新意的補充報告，也就是更具有決定性的文章，也是可以理解的。埃弗里的主要實驗就是在這樣的背景條件下，沒有獲得大部分學術刊物或科學研究實體部門的重視。

功夫不負有心人，大自然造物主為此專門造就了一批頂尖人才。科學界有一批既細心又認真的研究高手，他們在日常瀏覽科技期刊、查閱文摘索引的過程中，從不漏閱所有能看到的學術刊物和出版物。刊物的年、卷、期齊全，一期不落自不必說，他們細細地閱讀，甚至精細到不放過刊物的每個角落、每個犄角旮旯，而且非要通篇瀏覽。埃弗里的文章沒有逃過獵手們那對老鷹般的眼睛，沒有在他們眼皮底下了無聲息地溜過去。這些獵手中有一位是在當時就已經頗有名氣的生物化學家查加夫，他從埃弗里的主要實驗中獲得了啟發，旋即丟下了手頭的一切工作，轉向研究核酸生物化學，不久，便在核苷酸比例關係的研究中取得了不俗的成就。

7.3 怎樣發表科學論文

以論文形式在學術期刊上發表科學研究成果，是人類文明和科學發展進步的重要里程碑之一。「以文論文」本是一切學術刊物處理來稿的行事準則，發展到後來，進一步倡導匿名審稿模式，盡可能杜絕因發表科學論文而屢屢發生負面事件。一個值得倡導的範例是德國《物理學雜誌》

（*Annalen der Physik*），由於該刊編輯部高手如雲，通俗地說個個有真知灼見，算得上是國際頂尖的專業期刊。1901 年，愛因斯坦尚是一個年僅 26 歲、名不見經傳的小職員，就職於瑞士聯邦專利局。愛因斯坦的狹義相對論在當時全世界只有 13 個人看得懂。他以一介小職員身分，能夠在這家國際頂尖的專業期刊上順利地連續發表包括狹義相對論在內的多篇科學論文而轟動於世，一躍成為這個領域的佼佼者和學術泰斗，可見這家刊物的審稿人本著「以文論文」的辦刊宗旨，不介意作者的身分和地位，這既成就了這位「科學天才」的專業夢想，也為刊物增添了聲譽。

接著發生的事情就很值得思考了。1936 年，愛因斯坦已經是一位頗有名氣的大科學家、物理學界的一代宗師。他被邀請到美國普林斯頓高等研究院繼續從事研究，在這期間不經意觸及了宇宙神經系統，於是他撰寫了一篇題為〈存在重力波嗎？〉的論文，投到美國《物理評論》期刊上。該刊的審稿人將他的來稿視若陌生人送來的稿件，按常規審稿模式處理，認為進行一些必要的修改後方可發表。這對常人來說，是最普通不過的事，但對愛因斯坦情況就不一樣了。俗話說，此一時彼一時，怎麼說他現在已經是一位舉世聞名的大物理學家了，身分、地位變了，隨之而來的是也會有點小脾氣。愛因斯坦這時感覺有點受怠慢，一怒之下，將稿件要回，轉投他刊發表。《物理評論》期刊雖然痛失了一位有影響力的作者，但「以文論文」的審稿傳統在世人面前仍不失為世界一流專業期刊。

這一事件還說明，這兩家專業期刊「以文論文」的審稿模式和辦刊宗旨沒有變，變的是投稿人愛因斯坦的身分和地位，故而他容不得別人有半點質疑，才會發生不一樣的結果。不過，這不要緊，最多是將文稿做些修改，修改後總還是能在這家頂級專業刊物上發表的。與此形成對照的是，要是審稿人身分和地位變了或進入這個領域了，結果就不一樣了，稿件可能面臨擱置起來，冷處理乃至遭封殺的命運。他們不會像德國《物理學雜誌》審稿人那樣「以文論文」，從眾多來稿中遴選，從而發現一代又一代的科學新星，向讀者提供精品論著，引領科學發展勢頭，而是以「以人論文」為幌子的變相手法，行學術壟斷之實。在未擁有審稿大權前後，對同一篇稿件前後會有不同的評論和處理意見。具體到寫作科學論文，進行某項科學實驗，他們自己寫不了或實驗做不出來，也不願意讓他人介入，抑或對他人的著作雞蛋裡挑骨頭，想方設法加以阻攔。本書第 1、2 章述及的耐格里、霍普 —— 塞勒即屬此類。

怎麼發表科學論文頗有講究，要是本書第 1 章述及的孟德爾和第 2 章述及的米歇爾當年選擇像德國《物理學雜誌》那樣，對作者身分和文稿採取寬容的、有雅量的態度，則遺傳學史和核酸化學史也許就當改寫了。或者說，孟德爾和達爾文是同時代的人，要是孟德爾將他的題為〈植物雜種的研究〉論文寄送給達爾文，後者也許會認真審讀並給予重視，則遺傳學史也許會另當別論；本書第 3 章述及的埃弗里當年若選擇像《自然》或《科學》這樣有廣泛讀者群的國際頂尖學術刊物投稿，那麼發現 DNA 的路線圖可能也是別種樣貌。

說到底，古今中外文獻史歷來存在著兩種趨向，即「以人論文」和「以文論文」。愛因斯坦選擇了「以文論文」的世界頂尖專業刊物《物理學雜誌》，他儘管當時身分低微，但仍能順利及時地發表他的多篇研究價值極高的學術論文，一躍成為國際物理學界頂尖的學者。那些由於主客觀原因而沒有及時公開發表的科學思想和發現，過後往往得不到學術界正式承認，甚至錯失獲得諾貝爾獎的機會，歷史上確曾多次發生。

不可否認，還有一些審稿人不能正確判斷一些來稿的重大或潛在科學價值。例如 1933 年底，費米基於包立的中微子學說，提出了 β- 衰變的有效理論，這是他對核物理學與粒子物理學的早期發展做出的諸多重要貢獻之一。他將論文投到《自然》雜誌，卻收到審稿人「有關揣測與現實差距太遠」的負面評價。這篇其實離現實很近、含金量極高的科學論文被《自然》雜誌拒稿，費米只好將它轉投到一家不怎麼有名氣的學術刊物《科學研究》(*La Ricerca Scientifica*) 雜誌上發表，這篇論文的發表象徵著弱相互作用有效理論的誕生，其中讓人耳熟能詳的物理量中的「費米常數」，刻畫了強度遠小於電磁力的短程弱核力的大小，費米因此而成名並獲得諾貝爾獎。在 DNA 結構的發現史上，早在 1951 年阿斯特伯里實驗室的貝頓就已獲得了非常清晰的 B 型 DNA 的 X 光晶體繞射照片，只不過當時沒有想到要發表，否則 DNA 發現歷程會是另一種情景。

本書第 1、2、3 章述及的孟德爾、米歇爾和埃弗里的事件中或多或少滲透著「以人論文」的元素。生物學家不像物理學家那樣靈活，他們知道了形態描述、分類鑑定、切片染色，一旁再背些拉丁文學名等，再死抱著某個課題就夠他們做一輩子的了。進行分類鑑定的絕不會中途改行去研究遺傳，研究生態的也絕不會中途改行去研究生理，更談不上從植物學轉行到動物學領域，抑或進入物理學領域尋找課題。所以，從事生物學研究的人一旦認準的事就會堅持下去，例如認準了「蛋白質是遺傳訊息的載體」，那麼可能就會一直持續下去，到 1950 年生物學界持有此觀點的人還大有人在。因此，儘管埃弗里早在 1944 年證明 DNA 才是遺傳訊息的載體，生物學界卻很少有人在包括教科書、叢書、期刊、文摘等在內的學術媒介上作出反應或評論。因為多數人認為文章作者只不過是一個醫生，不是正統的遺傳學家，更何況他用細菌作實驗材料是不被公認的。一句話，「以人論文」的「門第」觀念在作怪，導致生物學文獻史上的一大失誤，在接下來的 8 年內，生物學界好像什麼事都沒有發生過。

7.4 半普及學術刊物的作用

有一些半普及，亦即綜合性高級科普刊物，不像專業性刊物或教科書那樣有那麼多的「清規戒律」。一些重要文章在專業性刊物學報、通報等還未來得及做出反應或刊載的，抑或沒完沒了在左審右核遲遲得不到發表；還有更甚者，從他們的那種狹隘或有逆反心態的觀點出發來評價論文（例如本書第 1 章所述的耐格里之於孟德爾，第 2 章所述的霍普 —— 塞勒之於米歇爾），導致論文拖了好久之後方才發表。在他們原就不想考慮發表或遲遲未發表的情況下，那些半普及，亦即綜合性高級科普刊物卻常常提前或搶先將這樣的重要科學文獻刊載了。例如，《美國科學家》(*American Scientist*) 雜誌就曾在 1945 年和 1948 年分別載文，強調了埃弗里這一重大發現的基本性質。一篇是哈欽森 (C.A. Hutchinson) 撰寫的，另一篇是畢德爾撰寫的。遺憾的是，在孟德爾和米歇爾所處的時代，全美國還沒有這類科普刊物，否則那些重大發現也不至於拖延那麼久才發表。

現在一些年輕科學研究人員、大學生和普通讀者對專業性刊物、各類學報、通報和專業出版物均不太感興趣，訂閱的更不多，而對綜合性高級科普讀物卻越來越感興趣。其中的一個重要因素，是因為專業刊物過於艱深難懂，而且刊載原創性科學研究論文的專業性刊物、各類學報、通報和專業出版物審稿程式過於繁瑣且都非常嚴格。任何一種新概念的提出、新科學的發現和新的科學研究成果的取得，都是在經過嚴格審查獲得「通行證」後，學術刊物才能為它的發表「亮綠燈」，做出反應。不可否認，這種審稿的框架和模式從科學成果的嚴謹性這一角度出發是十分必要的，可是，當某些新概念，尤其是當這些概念都還處在孵化階段時，這些嚴格的審查程式往往會產生壓抑的後果 —— 那些未經充分證實的概念或結果似乎全都被排除到正規的學術性刊物以外了。學術性刊物學報、通報和各類專業出版物只會刊載那些大家都已知道的，而且已確認的事實。這樣，許多新的大膽的學術觀點、可能引發爭議的論點，就只能在私下裡作為「小道消息」傳播了。

7.5 科技情報爆炸期

正如人們所料，一些奇特的現象出現了。埃弗里在 1944 年他的那篇著名實驗文章還未發表前一年，亦即 1943 年，他和他的老弟私下裡就議論開了，說他本人正從事的研究工作具有不尋常的意義。1960 年獲得諾貝爾獎的澳大利亞科學家伯內特（F.M. Burnet），1943 年曾參觀過埃弗里的實驗室，了解到這項實驗工作的不凡性質，這年的 12 月他在給妻子的信中曾寫過：「埃弗里剛剛做出了一項特別令人興奮的發現，說得簡略一些，這項實驗不是別的，而是分離出了 DNA 形式的純基因。」不僅如此，他還將這個消息告訴了赫希和蔡斯，甚至將這個消息告訴了當時任美國冷泉港實驗室主任的德米雷克（Milislav Demerec），後者是噬菌體研究組的重要成員。參加這個傳播「小道消息」的，還有噬菌體研究組的第二號人物盧瑞亞。盧瑞亞曾經訪問過埃弗里的實驗室，在埃弗里的大作未發表時，也曾私下裡說他老早就知道埃弗里工作的重要意義了，值得玩味的是，他所在的噬菌體研究組卻從來沒有討論過這件事。

這說明，某些很有價值的科技訊息從正式刊物和其他正式渠道往往得不到，人們只能透過非正式渠道，靠私人通信和在平常交談中才能獲取。難怪一位西方科學家頗有感慨地說：「我在飯廳用一個工作午餐的時間獲得的科技訊息知識，勝讀一年書。」另外這還說明，一條訊息透過口頭無休止地傳播，意味著有可能找到解釋這一條訊息涉及的課題的方法或途徑，研究工作者就是要在這個既定方向上進行不懈的探索，才有可能發現到它們。一旦有人獲得某種決定性的實驗結果，那些蓄積在內心深處多年的、要說而沒有說出的，欲發表而沒有發表的或不便於發表的一些大膽猜測、設想、預測、學說、預見和概念等，就會像堵塞已久的江河一樣，噴湧而出。這時會形成一個科技情報爆炸期，對有心人來說，這就是科技情報的豐收期。

伴隨 DNA 雙螺旋立體結構模型成功構建這一決定性實驗而來的，是從 1953 年至 1963 年延續達 11 年之久的分子生物學研究成就的黃金時段，序列假設、中心法則、遺傳密碼、乳醣操縱組、變構相互作用等概念都在這一黃金時段湧現。

如果人們期待的某個決定性的實驗久久不能到來，那些口頭相傳的「小道消息」就自然而然地銷聲匿跡了。重要的科學發現大都在這種情況下被同時代的人忽略了。1866 年，孟德爾定律發表了，但 1900 年以前一直被人們忽略；埃弗里論證肺炎鏈球菌的轉化因子是 DNA 是在 1944 年，然而 1953 年以前一直被忽略。待到這些科學發現好不容易得到社會公認，頂尖人才、崎嶇的科學征途中的拓荒先驅也變得衰老，甚至病了乃至死去。

舉幾個例子，早在 1880 年就曾有一位生物學家預見過，基因由化學分子組成。這個科學發現幽靈在之後的 64 年中輾轉於歐美大陸，卻無人問津，因為許多人認為這是一種臆想。直到 1944 年埃弗里史詩般的重大發現，這個科學發現幽靈才得以在美國落地、生根、轉世、現身人間，而這位生物學家卻沒能見到他的偉大預見得以實現，就早早地離開了人世。米歇爾也早在 1893 年就預言過：「遺傳連續性不僅存在於形態，還存在於甚至比化學分子更深的層次裡，即存在於構成原子的官能團內。從這個意義上說，我是一個化學遺傳論的支持者。我還明白，化學成分的特異性是基於原子運動的性質和強度。」他的這番高論，確實比德爾布呂克及其合作者進入生物學研究領域的眾多物理學家所持的概念整整提前了 50 年。這位偉大的預言家、核酸生物化學的開拓者逝世時，德爾布呂克及其合作者還沒有來到這個星球上呢。1944 年，薛丁格就在《生命是什麼？》中，從訊息學角度提出遺傳密碼的假設，其時夏農的資訊理論還未問世，至於伽莫夫基因密碼的假設也是 10 年以後的事 —— 那時的薛丁格可能已經老了病了。這就賦予分子生物學多少有些不是按照遊戲規則行事的明顯特徵，同時說明為什麼能夠健康地活到現在的理論生物學家一個也沒有，要有，也寥若晨星呢！當然，華生是個例外。

7.6 資訊科學是「現代化」標誌之一

在分子生物學研究的這塊園地內，最早建立專門情報研究機構的，是 1945-1962 年建立的噬菌體研究所屬的噬菌體情報室。它的職能是蒐集情報、分門別類，將情報分類為普通資訊和重要資訊，同時編輯發行「信號」和「內部議論」兩種情報性刊物。這些刊物對參加噬菌體研究的上百位科學家的研究工作不無耳目的作用，他們三人為伍、五人為組各自獨立的實驗活動更需要這類相互「通氣」、「交流」的媒介。

資訊研究發展到現在，經過持續不斷的完善、充實和提高，已經逐步嚴密和科學化了。當前，人們已經可以從科技論文獲得第一手資訊資源，抑或透過第二手資源獲得資訊，例如可以借助「科學引文索引」、「當前研究內容」、「生物學文摘關鍵詞」、「生物學文摘標題」「醫學索引」等檢索工具檢索；還可以利用更專門的索引系統，例如「遺傳學文摘」、「核酸研究文摘」、「胺基酸研究文摘」、「病毒學文摘」等檢索系統。當前更有電腦終端顯示系統，這些與 1944 年相比，變化之大、發展之快是不可想像的。

分子生物學已發展成為一門嶄新的學科，涉及的範圍十分廣泛。所涉及的各方面反過來促進了分子生物學自身的發展。其中一個重要指標就是，有關這個學科領域的文獻資料迅速增多，單是有關分子生物學的主要學術性刊物，據 1974 年統計，每年發表文獻量已達到 10^5 頁之多，僅就生物工程學這一學科而言，1981 年僅發表過 511 篇文獻，到 1990 年則達到 2,373 篇，後來，每年發表的文章以 10^6 頁的速度遞增，每天有 8,000 篇文獻發表。有人說，每 20 個月，科技文獻資料就要翻一倍（一說是每 5 年翻一倍）。

對一位嚴謹的科學工作者而言，凡是發表的文獻資料都應該閱讀，可是當今世界沒有一個人能做到這一點。如今世界上到底有多少種科技期刊確實是個令人感興趣的問題。然而，即便有人能夠提供一些數據，也都是一個大概。倫敦大不列顛圖書館借書處的數據顯示，以物理學等 9 個基礎學科領域的期刊統計數為例，初步計算，到 1973 年共有 24,801 種。全世界用 60 種語言文字出版發行 10 萬種以上的科技期刊，科學工作者人數達到 6,000 萬以上，每年至少有 200 萬篇論文。

難怪有一位資深科學家不無感慨地說：「現在科學技術發展得這麼快，分支學科越來越多，文獻量也越來越多，就是長 100 個腦袋也是看不完的。」由於大多數分子生物學家只熟悉自己這一學科領域裡的一小部分，要了解其餘大部分的知識，或想了解邊緣學科領域、其他學科領域的研究動態，就要依靠別的渠道。隨著分子生物學研究的內容不斷深化，學科相應地分得愈來愈細，必然會出現一些新的邊緣學科、新的前沿、新的生長點和新的領域，必讀的文獻相應地會愈來愈多。按這種趨勢發展下去，一個必然的結果是，分子生物學家要從各種各樣的資訊系統，包括正規和非正規的渠道中，獲得必要的資料，而且對資訊的依賴程度也愈來愈大、愈來愈迫切，這就是真正資訊化時代到來的時刻。

目前，人們已將「科技現代化」定義為下列五大項：科學家組織（這是最根本的）、二次儀表（電腦化）、圖書資訊、科學結構（計劃與管理）與教育系統。代表資訊科學已成為一個國家的現代化指標之一，情報學已發展到「二次情報」的利用水準。今日先進的工業國家中60%的人從事於資訊事業，25%的人從事工業生產，而從事農業生產的只有3%。由此可見，資訊產業在先進工業國家的國民經濟中占據的重要地位。

第 08 章
生物學與物理學的關係

從 20 世紀前後兩個 50 年自然科學的發展情況來看，在物質由低級向高級的運動形態規律中，最簡單的是力學運動規律，隨後是光學、電學、聲學這些物理學運動，再後是化學，這些都屬於無生命的運動範疇；有生命的物質運動是高級形態運動。近代自然科學的發展總是循著由低級向高級、由簡單到複雜的方向走的。前 50 年出現的是物理學、化學的突飛猛進，而生物學的發展相對遲緩，這不足為奇。因為高級運動形態規律除了必須遵守低級運動形態規律外，還有其自身獨特的規律。在低級運動形態規律基本沒有弄清楚前，不可能深入探討高級運動形態規律。生物學研究從定性到定量，首先從遺傳學上取得了突破。探討生命物質自我繁殖和自我複製的孟德爾定律的提出和證實，是人類用定量方法來解析生命現象的開始，而要精確地用定量方法說明生命的本質，則要仰仗數學、物理學和化學。

19 世紀末至 20 世紀初，物理學取得重大突破並且深入應用到物質內部的細微結構中，進入到微觀世界裡，闡明它是由分子、原子、電子、中子和質子等微觀粒子組成的。

在之後的 30 年間，由於科學研究的難度愈來愈大，研究條件要求也愈來愈高，科學研究的前鋒受阻。1933 年，德國柏林舉行過一場題為「基礎物理學的未來」的學術討論會。會議得出的結論是：第一，物理學一段時期以來提不出有意義的研究課題；第二，生物學中沒有解決的問題最多；第三，一些人將進入生物學領域。於是，人類的智力便出現了兩種取向：一部分繼續向高、新、尖科學高峰攀登；另一部分則橫向轉移或回顧老的傳統科學領域，他們左衝右突，四面出擊，紛紛向農學、醫學、生物學和化學等領域尋求發展空間。物理學家向生物學發展就是這類智力橫向轉移的風向儀並且他們在生物學這個新的平臺上演繹出一系列有聲有色、絢麗多彩、轟動於世的感人事件。他們既為生物學帶來了新思想、新方法和新概念，也為生物學自身重塑了造血機能，從而在生物學這門老學科中，繼相對論、量子力學後，催生出現代科學第三大技術支柱 —— DNA 分子雙螺旋立體結構模型。我們回顧和展望生物學與物理學已發生的和將要發生的協同效應是十分有益的。

8.1 物理學家眼中的生物學

哥白尼（N. Copernicus N.）和維薩留斯（A. Vesalius）的主要著作都是在 1543 年出版的，且一直受到重視，更重要的是從伽利略（G. Galilleo）到牛頓那個時期，被稱為「科學革命」時段。在這一時期，在物理科學和哲學領域也都有重大的發現。然而在生物學中卻沒有轟動於世的變化發生，大多數物理學家似乎都認為物理學理所當然是科學的模範，而且只要了解物理學就可以了解其他科學，包括生物學。甚至素來沒有一般物理學家傲氣的魏斯科普夫（V. Weisskopf）也得意地站出來說：「科學的世界觀是奠基於電和熱的性質，以及原子和分子的存在這些偉大發現之上的。」

歷史上發生過幾次工業和技術革命，但都是由物理學、化學實驗室內的研究發現一步步發展起來的，跟生物學沒有關係。從物理學、化學研究實驗室拿出來的研究成果，在過去幾個世紀裡都先後形成了分別具有物理學、化學特點的工業體系，例如交通運輸業、電子工業、核能、有機合成、塑膠工業、染化工業等。長期以來，生物學不像物理學、化學那麼吸引人，在生物學實驗室裡看到的只是燒杯、試管、滿架子的標本，放大倍數不要求過高的老掉牙的顯微鏡，生物學家在那裡無非做些蛙類和胡蘿蔔切片實驗，一旁再背誦些拉丁文學名。難怪原子物理學家拉塞福（E. Rotherford）將生物學家的這些工作說成是「集郵」；一位專門研究牛頓的物理科學史專家竟然說道：「博物學家確實是訓練有素的觀察者，他的觀察和一個獵場看門人的觀察只是程度上的不同，而不是性質上的差別。但他的唯一訣竅就是熟悉系統命名。」此說頗具調侃的意味，值得商榷。即便在 20 世紀下半期，從生物學實驗室拿出來的研究成果，也還僅限於用以擴大製造一些抗生素、葡萄酒及食品一類的產品，其產值在整個國民經濟各部門中所占的份額微不足道，更沒有形成具有生物學特點的獨立的工業體系，為什麼會出現這種現象呢？下面僅列舉幾位物理學家對過去幾個世紀以來生物學研究和發展的看法與評論，這幾位物理學家有的後來轉移到生物學領域，從事分子生物學研究。

波耳的互補原理概念可能應用於生物學，這在本書第 4 章中已有闡述，到 1959 年，他把這個問題說得更明晰了：「我們預期，物理學、化學的基本概念適用於分析生物學現象不會有什麼限制了。」他的一位親密合作者 —— 比利時物理學家羅森菲爾德（L. Rosenfeld），也曾主張要到生物學領域考察一番。他發現，表徵生物學行為跟表徵非生命物質不一樣，問題在於生物學行為存在著某種結構上的有序性，既涉及一定的空間結構，例如蛋白質分子，還更多涉及形式上的拓撲學結構，例如大腦神經細胞的相互連接。它們能保持，源遠流長，而且用簡單的物理學術語就可以推測其中可能存在的原理，了解到發生在生命現象極低層次中的這樣的一種有序性，不能不說是一項重大發現。當然，研究這樣的一種最基本，同時也是最玄妙的形形色色的生物學行為，從某種意義上說，人們有理由預期有朝一日會將它們歸結到量子力學裡面。羅森菲爾德在這裡也引用了狄拉克在一次著名演講中的話：「量子力學可以解釋大部分物理學和全部的化學，現在我們或許還可以加上整個生物學。」

費曼（R.P. Feynman）是美國物理學家，曾參與美國第一顆原子彈的研製，他的更大貢獻在於發展了量子電動力學，為此榮膺 1965 年諾貝爾獎；另外，他還是「夸克」概念的倡導人之一。他也認為：「所有的物體都是由原子構成的，在活體內發生的一切，都可以用服從物理學定律的原子運動來解釋。」這一原理現在依然頻繁被運用，為生物學研究帶來了莫大的好處，並產生了許多新思想。費曼的這一見解受物理主義思潮的影響頗深，其結果必將陷入不可解的還原論死結中。

克里克在他的《分子和人類的本質》一書中明白無誤地寫道：「現代生物學研究的最終目的，是以物理學和化學來解釋生物學。」如果把這句話換一個說法，可能就是「生物學研究如果脫離物理學和化學解釋這塊基石，則將達不到最終目的。」他接著寫道，「儘管物理學家目前的知識還很有限，但我們確實具備了適當的化學和有關物理學的理論知識，量子力學結合化學實驗知識，為生物學提供了堅實的基礎。」並且解釋了「整體性生物學」的策略要逐級進行，從大到小，從整體到局部，直至原子水準；而我們有足夠的原子水準的知識。如果撇開這些知識，去要求一位分子生物學家利用 1935 年以前的技術來解決當今的分子生物學問題，他很可能會絕望地認輸。

德爾布呂克認為，有一類物理學現象是，若要將電子的位置測得精確些，那麼電子的速度或者動量的測定將更不精確；相反，若要將電子的速度或者動量測得精確些，那麼電子的位置測量就更不精確。電子的動量和位置不能同時精確測定，這就是物理學中存在的著名的測不準原理，正是「魚與熊掌，不可兼得」。生物學中也有這種等值的測不準原理存在，但是誰也沒有對此進行過認真的研究。

西拉德（L. Szilard）是西方國家中第一個提出實施物理學中原子裂變理論的物理學家，他還自始至終參與了美國的「曼哈頓計畫」，人稱「原子彈之父」。他坦率地說道：「生物學家在解決疑難問題時缺乏必要的信心，從而使得生物學沒能取得巨大的進展；當然，這類種種說法絕非指現今的生物學家。」

伯格 (H. Berg) 是從事氫微波邁射研究的，他說話比較含蓄，認為「生物學問題可愛而又十分淺顯，比較容易理解並可以接受，方法學上簡單化，但需要一種不同的思維方式。生物學家在研究中會給人一種直覺，他們沒有任何形式上／數學上的思維。我本人從事的一些工作又都是涉及結構力學／物理學模型的，因為模型會催生出不尋常的預見，這些預見反過來又會引發新的實驗。」伯格早年在做物理學博士論文時已顯現出在精密儀器方面的過人天賦，所以他有實力為自己構築或思索出某種「技術小天地」，能夠將高達 10^{12} 數量級的大系統實驗的精確度達到 1 的水準。

在談到物理學家研究生物學問題和生物學家研究生物學問題所採用的方法、途徑有什麼不同時，伯格認為：「問題愈複雜，那麼方法愈應精細。」他還舉出兩個例子，一是伽莫夫的遺傳密碼研究，DNA 雙螺旋結構中由氫鍵生成而形成空穴的 4 個角為 4 個鹼基，4 個鹼基的不同排列組合，構成三聯體遺傳密碼；二是他的合作者珀塞爾 (E. Purcell) 將擴散理論應用到生物學方面，珀塞爾後來因發現核磁共振技術而榮膺 1952 年諾貝爾物理學獎。

霍普菲爾德 (J.J. Hopfield) 是一位最傑出的固體物理學家，由於他在生物學的許多領域做過基礎性研究和貢獻，並曾因此獲得美國物理學會 1985 年度生物學的物理學大獎。他發現：「生物學中有許多現實成果，而且是一流的成果，長期以來沒有得到解釋。例如物體的所有這些五彩繽紛的排列，花樣萬千的組構、編織，以及它們聚集在一起的方式，都使得我激動不已……這些物體為什麼現在還具有當初那樣的特性，這些都缺乏定量描述。」這一看法在某種程度上與克里克的觀點十分相似。生物學的複雜性具有不同的程度，但並不總是要在原子水準上解釋問題。因而探索這種複雜性的方式是要一步步解決問題，逐步深入，直至可建立一種物理學模型的水準，並進一步理解其在上一個水準中的作用。

霍普菲爾德還指出：「從歷史上看，生物學家熱衷於描述系統之間顯示出來的差異，物理學家則習慣於從整體上看待事物，觀察問題。」他還認為，他們本質上是相似的，並都遵循特定的原理，從傳統上看，生物學家並不像物理學家那樣，出於共同的目的，強烈地關注科學前沿的研究領域。他還引用自己從事研究時的實驗來說清楚此事，「以精確性而論，細胞必須具備一種用以發現生物合成錯誤的校對原理。」他又說道：「生物化學家的思維過於狹隘，他們甚至想不到『精確性』是一個具有普遍意義的問題，而不僅僅是他們所研究的特定的亞系統中的某個問題。」

霍普菲爾德像許多物理學家一樣，也反覆強調定量測定在諸如神經生物學之類的研究課題中最為重要。他認為「生物學雖然有過許多的理論貢獻，但實驗之於生物學是非常必需的。」用他的話說：「理論若離開實驗太遠，那麼你所設想的理論便如空中樓閣般虛幻。」

吉爾伯特（W. Gilbert）從一位理論物理學家變成堅定的實驗生物學家，後來居然如他所願，一躍成了美國 Biogen 生物工程公司的董事長，並成為媒體熱門人物。吉爾伯特將這一轉變視為他人生道路上的一次機遇，因為他將生物學比作一個儲存滿疑難課題的大泥塘，進去了就出不來。同時生物學還是一個學術思想十分活躍的領域，例如分子生物學中存在兩種不同的學派，即結構論和資訊理論兩個主要派別，儘管他們的研究方法不一樣，但目標一致，這有助於活躍學術氣氛，促進科學發展。吉爾伯特還將生物學家分成幾種不同的類型，他認為一些人專注於某些特定的問題和所有這些問題的應用；另一些人熱衷於有機體的研究，視它們為生命的中心，他們是一些樣樣事情都要了解，樣樣事情上都是「專家」的一類人。他將華生劃入滿腹經綸、一肚子概念的一類生物學家，這樣的生物學家將利用一切可利用的技術來研究課題，這些人就如雜誌《幸福》(*Fortune*) 上所稱的「分不清他們是一批『狂熱的創業者』還是一批對分子生物學懷有新思想的人」。

斯皮格爾曼 (S. Spiegelman) 本是一位數學家，後來才轉而成為一位分子生物學家。他回憶當初沒有選擇生物學，其原因在於當時生物學教學被矮化，被視為一門「軟」科學。此說在當時固然是一種非理性的調侃、偏激，但生物學恰如 1933 年在德國柏林召開的那次「基礎物理學的未來」學術討論會上指出的那樣，生物學中問題繁多，像「泥潭」，進去了就出不來，但這又是一個學術思想十分活躍的領域。

本澤 (S. Benzer) 原是一位物理學家，他認為：「有了物理學知識背景的人再從事生物學研究固然很理想，但畢竟是第二順位。生物學問題應當由生物學家解決，他們可以利用一切必要的技術來研究，不必考慮是否是物理學技術。」

盧瑞亞深有感觸地說過：「我身為一個生物學家，在和物理學家相處時，體會到物理學家比生物學家更注重分析問題的思考方式。」值得注意的是，現代生物學課程安排中，物理學和化學所占的比重比以前高了許多，當今的生物學已經變成了一門高度混合其他學科內容的學科。人類知識結構的轉變，必然帶來新的挑戰。

還應當強調一下前面多次強調過的，這就是新技術應用的重要性。以細胞學為例，它的全部歷史其實就是技術進步推動的歷史，真正了解細胞質則是電鏡發明之後的事，所以說，新技術、新裝置設備的重要意義在分子生物學中尤為明顯，在分子生物學中的每一項新發現都是採用新技術的結果。

8.2 X 射線晶體繞射技術的起源和發展

色層分析法能夠分析複雜有機物的成分，卻不能檢定有機物的分子結構，但是許多分子可以有相同的化學成分，其結構和性質卻不盡相同。19 世紀人們只能依據化合物性質來推導它們的分子結構，到了 20 世紀，X 射線晶體繞射技術使得眾多的物質化學結構被一一揭示出來。

8.2.1 從 X 射線到 X 射線晶體繞射技術

說起 X 射線，就離不開德國科學家倫琴（W.K. Rontgen），他在做陰極射線實驗時，觀察到了陰極射線管對置於附近用不透明黑紙包起來的照相底板產生感光效應。由於這一觀察事件和當時陰極射線的一般知識都與倫琴個人的直接經驗相矛盾，他立志要將這一異常現象弄個水落石出，由此催生發現了一種新的射線，即 X 射線。但在倫琴之前，美國的古德史密斯和英國的克魯克斯（William Crookes）分別在做陰極射線實驗時，也都曾觀察到類似的異常現象，前者甚至早於倫琴 5 年，他是在無意中拍攝到世界上第一張 X 光照片的，但他們二人都未能從中提出問題，從而均與發現 X 射線的絕佳時機擦肩而過。更可笑的是，古德史密斯還將那些模糊不清的照片隨手扔進了廢照片堆中；克魯克斯則做得更狠，他反而埋怨製造底片的廠商心術不正，產品質量低劣，索性把它退給了廠商。

這說明，科學研究的確與觀察事實有關，認知來源於實踐，這沒有錯，但是，如果觀察到某一件事實而不能提出問題，那麼即使觀察到前人從未觀察過的新的事實，也不會因此而進入新的思考過程。愛因斯坦曾經說過：「提出一個問題比解決一個問題更為重要。因為解決問題也許僅僅是一個數學上或實驗上的技能問題，而提出一個新問題、新的可能性，要從新的角度去看待舊的問題，這需要有創造性的想像力，而且還象徵著科學的真正進步。」下面用費曼的不凡見解驗證愛因斯坦這句帶有深邃哲理內涵的話。

1986 年，美國「挑戰者號」航天飛機失事，包括費曼在內的許多科學家紛紛加入到這起空難事故調查委員會的工作中來。初期，眾多科學權威紛紛發表各自的見解，有的還列舉出數據、資料，可謂眾說紛紜，誰也說服不了誰。總之，據他們說，造成這起空難事故的原因是多方面的，但誰也沒有說到重點上。輪到費曼發言，只見他先讓主持會議的人給他取來一杯冰水，繼而從左手口袋裡掏出一把剛從五金店鋪買來的尖嘴鉗子，然後又從右手口袋裡掏出一個飛機推進器上用的橡皮墊圈，煞有介事地像魔術師一樣在臺上表演節目，他胸有成竹，先是用尖嘴鉗將橡皮墊圈夾住並置於冰水中，約 5 分鐘後，他從冰水中取出尖嘴鉗和橡皮墊圈，接著鬆開尖嘴鉗，此時的橡皮墊圈變得堅硬，失去了塑性。費曼最後的結論是，「挑戰者號」以前發射實驗時，周圍溫度都保持在 11℃以上，而發生事故的那一天，周圍氣溫下降到 -1℃至 -2℃，使得橡皮墊圈失去彈性，留下了空隙，從而導致推進器燃料洩漏，釀成這次空難事故。

費曼以這種隨處可見的道具來剖析這場災難事故的原因，是何等的精闢！這不僅因為他在量子電動力學方面有深厚的造詣和扎實的物理學功底，還因為他有著極強的好奇心，廣泛涉獵數學、生物學、化學等，尤其在物理學和生物學兩者的關係方面多有獨到的見解，才會將複雜的事件，用簡化的方式釐清真相，令人一目了然、耳目一新，真不愧為 1965 年諾貝爾獎得主。時隔不久，德國物理學家勞厄（Max von Laue）和他指導下的兩位年輕人弗里德里希（W. Friedrich）和尼平（P. Knipping）於 1912 年用 X 射線照射硫銅晶體證明，X 射線透過晶體時會產生晶體繞射現象。愛因斯坦稱讚說，勞厄的發現是物理學中最棒的實驗之一，勞厄於1914年榮膺諾貝爾物理學獎。勞厄身為一個理論物理學家，率先提出X射線晶體繞射現象的幾何學理論，這一理論只考慮晶體原理和入射電磁波之間的相互作用；之後他又建立了動力學理論，把原子之間的相互作用也考慮進去了。這樣，他既證明了X射線是一種波長很短的電磁波，又證明了晶體中的原子點陣結構。他的這一偉大發現開闢了兩個重要的研究領域——X射線晶體學和X射線波譜學，不僅為人類了解物質結構開啟了新的視角，而且對於化學、礦物學、生物學、醫學和工程技術等都具有極大的開發價值。

第一，它不僅證實了X射線與可見光一樣也是一種電磁波，可以利用晶體來研究X射線的性質，從而建立起X射線光譜學，而且對於原子結構以及光的二重性等學說的建立，也造成了一種有力的推動作用。

第二，人們還可以反過來利用X射線來研究晶體的空間結構，成為在原子——分子水平上研究化學物質微觀結構的重要實驗方法，從而導致X射線晶體學的誕生，並使得結構化學的面貌為之一新。

晶體X射線晶體繞射效應90多年來，還成就了10多人次榮獲諾貝爾物理學獎、化學獎、生理學或醫學獎，這足以說明這一技術具有巨大的實際意義。這還不算完，今後還會不斷有人應用此技術，或許繼續有人能因此而獲得世界大獎。

8.2.2 布拉格父子譜寫的「子唱父隨」新樂章

任何一項新技術都不會一問世就是十全十美的，總是要經過後繼者、「二把手」來接續。科學事業無一不是在專業分工中不斷有接續、積累和最終完善、改進後，才顯現出它的廣泛應用價值。英國物理學家布拉格（William Henry Bragg）便是這樣的「二傳手」。1886年至1904

年，他受聘到澳大利阿得雷德大學任教，並發表了靜電和電磁場能方面的論文，1908 年回國，任劍橋大學卡文迪許物理學實驗室主任。

老布拉格不愧是一名出色的「獵手」，他早在 1912 年最先捕獲到勞厄關於 X 射線晶體繞射效應這項奧妙無窮的技術時，便十分肯定地向同在卡文迪許物理學實驗室工作的小布拉格 (W.L. Blagg) 指出，勞厄圖是 X 射線在晶體中散射發生干涉引起的。小布拉格很聽老爸的話，旋即調整自己的研究方向，也用晶體實驗得到證實。由於晶體包含大量間距相等的平行排列的原子，可以將勞厄圖看作是 X 射線從晶體平面反射而成。由此他進而推導出著名的「布拉格定律」，其公式為 $n\lambda=2d\sin\theta$，式中將 X 射線的波長 λ 與能出現這種反射的掠射角 θ 連繫在一起，d 是相鄰原子平面之間的距離，n 是光譜級。

英國物理學家布拉格的理論不僅被用於一些晶體高度有序結構和無序結構的無窮層次中，而且還被應用到纖維人工合成高分子、天然高分子、液晶以及生物學中。當然，科學家絕不會放過蛋白質和核酸這兩個生物學大分子，他們會將它們視為生命機體不可或缺的要素，且作為重中之重來對待的。對蛋白質和核酸的結構及功能的研究與了解，是生命現象中的中心內容，在分子生物學發生和發展過程中始終處於中心地位。與非生命物質比較，蛋白質和核酸在結構上的一個特點，在於它們的空間結構對其功能極為關鍵，沒有特徵性的空間結構，就沒有複雜的蛋白質和核酸的功能。大多數原子間的距離在 1Å 左右，為了解組成分子的所有原子特徵性空間排列，迄今所有光學顯微鏡直接放大係數都達不到如此精細的分辨能力，只有採用 X 射線晶體繞射技術才能準確揭示構成晶體分子的所有非氫原子和部分氫原子的空間位置。但從 1930 年代一直到 1953 年這段時間，人們即便能記錄到它們的晶體繞射效應，即晶體繞射斑或布拉格斑，但還是無法解讀它們，視它們為天書。

父親服從兒子，自動放棄了 X 射線光譜研究，採用兒子感興趣的研究方法。勞厄原先認為硫化鋅晶體具有簡單的立方晶格，布拉格父子二人一唱一和，用實驗證實這就是面心立方晶格。按布拉格方程，用已知的波長來測定原子平面間的距離 d，是研究各種晶體內的物理結構的至為關鍵的一步。他們又在勞厄圖的基礎上分析了鹼鹵化物的晶體結構，認為勞厄的數學處理太複雜，他們父子隨後將此分析法大大簡化、系統化，並作為一種標準程式。

小布拉格還有一項雄心勃勃的計畫，他想應用此技術闡明蛋白質結構，但這些只能留給他們父子倆的第一代學生佩魯茨和肯都去實現了。

之後再經潛心研究改進，從簡單的分子結構逐步發展到愈來愈複雜的生物學分子結構，後來總數達到數百個生物學分子空間結構皆一一被揭開，例如各類蛋白質、tRNA、DNA 片段和病毒，蛋白質 - 核酸複合物，抑或抗原 - 抗體複合物這樣的大分子連接物。

X 射線晶體繞射技術逐步擴大應用，在歐洲一時間形成了一股熱潮，因此吸引了許多物理學家、化學家、生物化學家。這其中有英國國王學院的藍道爾教授和他的學生威爾金斯，以及後來的富蘭克林及其助手克盧格（A. Klug）、生物化學家科恩、英國尼茲大學的阿斯特貝利，以及遠在大洋彼岸的美國加州理工學院的著名化學家鮑林。另外還有佩魯茨本人所帶的學生克里克，克里克的博士論文是〈多肽和蛋白質的 X 射線晶體繞射研究〉。

奇妙的是，將 X 射線晶體繞射技術應用於生物學分子空間結構，獲得了第一項成就的卻不是發明這項技術的英國人，而是遠隔重洋的美國人鮑林。這是繼青黴素之後，又一次奏響了「英國開花，美國結果」的新樂章。鮑林提出了 α- 螺旋作為多肽鏈的二級結構，並且使用一些兒童玩具製作了一個模型，使人看後一目了然。他還知道產生作用的蛋白質分子空間結構中，哪些地方要轉彎，哪些地方要折疊；第一個鏈是 α- 鏈，由 144 個胺基酸組成；第二個鏈是 β- 鏈，由 143 個胺基酸組成。新的研究表明，一個很小的蛋白體由一股懸擺著的胺基酸鏈構成，像皮鞋鞋帶那樣，能夠扭結、折疊成幾億種樣式。

8.3　物理學家向生物學轉移

在討論物理學家向現代生物學轉移這一有趣的話題時，我們不能忘記那些科學先驅早先的貢獻，重溫他們的事跡不無益處。

早在 1665 年，英國物理學家胡克就為生物學研究提供了一架自制的複式顯微鏡，他觀察到了軟木的微小蜂窩狀孔隙，並第一次使用細胞（cell）這個詞來命名這種現象，從此，生物學觀察和描述才進入了微觀領域。

本書第 1 章介紹的經典遺傳學奠基人孟德爾，早先就接受過整整兩年的大學物理學課程教育，且受到著名物理學家都卜勒這位名師的指導。他的那些關於族群、演化學科學論點雖說來源於生物學，但他採用的研究方法卻大部分來源於當年受到的物理學課程的教育。他設計的數字歸納法和基礎統計分析法，無疑對當時從事的豌豆族群分析研究十分有用。巴斯德先後擔任過法國第戎公學物理學教授和聖特拉斯堡大學化學教授，後來研究的醣的光學特性就屬於物理學範疇，他再後來轉向研究發酵，如今的發酵工程已成為現代生物工程學重要的內容之一。

玻斯（S.J. Bose）的研究領域更加廣泛，從視覺理論到無線電傳播他都有所觸及，他的貢獻之一是利用物理學技術對生物物理學和比較生理學進行研究。狄拉克早年曾預測存在一種電子的反粒子 —— 正電子，1932 年安德森（C.D. Anderson）在宇宙射線實驗中證實了狄拉克的預見；他還和費米一起提出費米 - 狄拉克統計法，並建立輻射的量子力學。狄拉克與薛丁格一唱一和，認為量子力學可以解釋大部分物理學和全部的化學，或許還可以加上整個生物學，他身為 1933 年諾貝爾物理學獎獲得者，雖沒有身體力行投入到生物學研究，但他的這番話的的確確頗具號召力。這說明，他們的科學思想向著生物學研究演進遠遠早於身體力行，全職投入，乃至「轉移」本身，成為歷史學和科學社會學研究的嚴肅課題。

德爾布呂克、薛丁格、威爾金斯、富蘭克林和克里克這 5 位物理學家向生物學轉移，並對生物學做出的重大貢獻，本書上文已有敘述。

8.3.1 洛克菲勒基金會與分子生物學

洛克菲勒基金會董事長梅森 (M. Masson) 是一位數學物理學家，他的妻子患精神分裂症（即思覺失調），故而他渴望科學能賦予人類控制這種疾病的能力，他認為將物理化學的新成就應用於解決生理學問題，生物學將會取得成果。這個基金會的具體執行人韋弗 (W. Weaver) 緊跟其後，他也認為，舊的生物學科思路枯竭，缺少物理科學中常見的智慧激情。科學在分析和控制非生命力方面在過去已取得巨大進展，但在這些方面更精密、更困難和更重要的問題上尚未取得同樣的進展。從 1933 年起，他不再將基金投向支持天文學和氣象學，轉而集中支持「實驗生物學」；1934 年他還別出心裁地使用「生理化學生物學」和「實驗生物學」等新名詞、新術語來解釋他稱謂的新生物學，又經過 4 年才正式啟用「分子生物學」這個新名詞。

新技術、新儀器裝備這些都十分花錢，但對促進生物學的發展是不可估量的，先進的技術和這些技術的不斷創新恰恰又是洛克菲勒基金會的主要資助項目。布拉格、德爾布呂克、薛丁格、波耳等著名科學家都曾接受過洛克菲勒基金會的資助，有了錢，後面的事辦起來就順利多了。所以說，這個基金會支持和鼓勵物理學家進入分子生物學研究序列是具有遠見卓識的，其作用不可低估。

有人說，是洛克菲勒基金會將物理學家、化學家和生物學家的智慧凝聚到 DNA 分子研究的框架中的，成為一段時期內科學發展動力學的主要引擎。

8.3.2　季默和生物學

物理學家季默是本書述及的「綠皮書」的三位作者之一，他對電離輻射的物理化學變化有著濃厚興趣，提出了「為什麼能量極小的 X 射線有誘變作用，同樣能量的熱輻射卻沒有這種作用」。季默回憶道：「由於發現了劑量 - 效應曲線又沒有言之成理的解釋，從而產生了一個全新的思路，即運用量子物理概念解決生物學問題。現代物理學概念就這樣接觸到了生物學，隨之產生了豐碩的成果。他身為一個物理學家首先開啟了向生物學智力遷徙的先河，因此，隨後才會有德爾布呂克等的靶理論模型、薛丁格的《生命是什麼？》，以及物理學家向生物學轉移的浪潮……季默才是這股智力遷徙浪潮的源頭。

8.3.3　一對年輕物理學家夫婦轉向生物學的故事

轉向生物學的還有幾位代表人物，第一個提出原子裂變的西拉德，後來轉向生物學，伯格從氫微波邁射轉向細菌趨化性研究，霍普菲爾德從固態物理學轉向生物學，本澤從研究固態物理轉向研究生物學，吉爾伯特從理論物理學家轉向生物學，吉威爾從超導研究轉到蛋白質、細胞及其識別位點的研究。

那時，還有為數眾多的年輕學人、研究生、博士後已經或正在轉向生物學研究，他們中的大多數都是為找到一個較好的職業和為自己的生計考慮，很少有如上述幾位著名物理學家是為迎接特殊挑戰而轉向生物學研究的。

其中有一對來自臺灣的華裔年輕物理學家詹裕農和葉公杼夫婦，他們從中學時代起，就立志將來要成為物理學家。待到他們從美國加州理工學院物理系畢業時，卻對生物學研究產生了興趣。他們二人轉向生物學研究還有另外的緣由，詹裕農自己坦言：「研究理論物理的通常在 20 多歲時創造力最強，我已經 23 歲了，至今尚未在物理學上顯示將有所建樹的跡象。」葉公杼也默認：「我的年齡對物理學而言太老了（其實她僅比她的丈夫大了一個月）。趁早轉行吧！」於是，夫妻雙雙轉「系」，毅然決然投奔到噬菌體研究發起人德爾布呂克門下。後者對這一對年輕物理學家特別支持，並教誨他們：「投身科學不要追風，不要趕時髦。」

他們一門心思投身科學，既不瞻前顧後，也不考慮這項實驗往後有什麼實際用途。每個探索者心目中還有一個選擇研究方向的思考脈絡，假設他們不轉入生物學，投身於一個不同的行業，例如成為律師或一個法律工作者，那麼，生物學會受到什麼樣的影響呢？要是生物學由於你的缺失而沒有產生明顯可辨的影響，這說明你的工作可能就是非必需的或者說是多餘的。要知道，在一個熱門的、參與人員眾多的領域，許多科學家往往在費了九牛二虎之力也很難有出類拔萃的貢獻。即便是做出了些許的發現，到頭來卻發覺世界上有很多家實驗室都在做同樣一件事，探索者本人從中也得不到任何的樂趣。

這對年輕物理學家遵循德爾布呂克的教誨，沒用多長時間，就在另一位物理學出身的本澤實驗室工作期間，率先成功地克隆出細胞內外鉀離子通道基因 Shaker，且在神經生物學研究中多有建樹。1996 年，詹裕農和葉公杼夫婦雙雙成為美國科學院院士，2000 年獲得美國生物物理學 Cole 獎。

早在華生 - 克里克發現 DNA 雙螺旋立體結構模型之後，德爾布呂克就預言過：「雙螺旋及其功能不僅對遺傳學而且對胚胎學、生理學、進化論甚至哲學都有深刻影響。它對現代人的最深遠的影響莫過於幾乎人類的一切性狀，都可能有部分的遺傳學基礎。這不僅限於每個人的體質，而且包括智力或行為特徵。遺傳素質對人類非體質性性狀，特別是對智力的影響，正是目前爭議最多的生物學與社會學問題。」目前，美國有 40 多所大學、100 多個課題組從事這一頗具前瞻性的研究課題，他們對未來充滿好奇和期待。

8.3.4　物理學諾獎得主領銜的生物學研究中心

生物學不僅使傳統意義上的生物工程發展成為由基因工程、蛋白質工程和醣工程等組成的「現代生物工程學」，而且還延伸到腦科學、社會倫理、社會生物學、神經心理學、分子神經生物學、生物醫藥學、精準醫學、考古學、刑事偵緝等領域。

史丹佛大學於 1998 年由生化學家斯普迪赫（J. Spudich）和諾貝爾物理學獎得主朱棣文等人共同發起，最先掛牌建立了「Bio-X（生物學 -X）研究中心」。這是一項基於不同學科開展跨學科學研究究，以解決生命科學中的重大問題為宗旨的大型計畫。其核心是構建一個分享資訊、激發創新的富有想像力的多學科學研究究團隊。自成立以來，Bio-X 計畫資助了一系列生物科技尖端領域研究，並且在生物科學研究領域取得了突破性成就，已成為推動跨學科學研究究和協同創新的典範。

2018 年諾貝爾物理學獎獲得者亞希金（A. Ashkin）、穆胡（G. Mourou）和史垂克蘭（D. Strickland），化學獎獲得者阿諾德（F.H. Arnold）、史密斯（G.P. Smith）和溫特（S.G.P. Winter）他們全都是在生物學的引領下走過來的，最後也全都被生物學「收入囊中」。其中美國物理學家亞希金發明了光鑷子技術，創建超短高強度雷射脈衝，可用於生物學研究和臨床治療，還可以用來捕捉小分子生物目標，如病毒、DNA 分子等，但不會破壞它們的結構。而美國女科學家阿諾德原先是學機械航空工程的，在研究生階段，忽然轉向生物學，研究起了蛋白質工程。她的特質是另闢蹊徑，不是採用遺傳密碼進行蛋白質分子改造，而是利用進化的方法研究酶，大大提高了酶活性，所以，證明了一句話：做科學研究不要倔強不聽勸，要會轉彎、會求助。

還有一些物理學家有這樣那樣的原因，自身沒有轉入生物學研究，但他們對學科發展未來趨向而作出來的預測非常有號召力，尤其是那些在學術界頗具聲望的資深物理學家作出的預測。費曼提出來的生物學新思想就頗具號召力。他認為，「所有的物體都是原子構成的，在活體中發生的一切都可用服從物理學法則的原子運動來理解」。事實上，這一原理現在到處都在運用，為生物學帶來了莫大的好處，並產生了許多新思想。現代生物學家雖沒有明確承認物理學家正在對生物學產生影響，但他們私下都承認物理學將對生物學產生極其重要的作用。

8.4 物理學單行道跨入生物學和生物學巨大的包容性

參加「分子生物學大合唱」的上百位科學巨匠全都具有下列三大特點。一是，他們見到任何事物都會在頭腦中提出問題，達爾文亦曾反覆講過，沒有「推測」，他就無法進行觀察。二是，他們思維敏捷且靈活，主意、念頭層出不窮，有的極具創見性，有的平庸無奇、荒唐可笑；對前者他們能鍥而不捨貫徹始終，對後者他們則毫不猶豫地斷然放棄。三是，他們興趣廣泛，能運用相鄰領域的一些概念、事件和念頭來建立自己所在領域的有關學說，能夠充分運用推理方法並且重視比較研究。這些科學巨匠遊走在物理學和生物學這兩大學科邊緣地帶，為迎接挑戰而湧入生物科學。

用單行道跨學科介入這種離奇方式，以其概念、方法和技術為生命科學研究服務，對生命科學的發展有著巨大的推動作用，所以人稱「20 世紀前 50 年是物理學的」。但這中間不時也發出了一些雜音：有的物理學家以祖師爺、成功者自居，對生物學研究說三道四；還有的，一次生物學實驗也沒有做，卻能寫出像模像樣、深諳生命科學真諦的文章。而生物學家卻不能反過來對物理學研究如此評頭論足。

生物學家沒有踐行這種雙行道跨學科介入的學科演化規律，實際上是他們沒有這個實力，文獻中尚未見有生物學家寫作涉及物理學研究的文章，更別說對物理學研究說三道四的文章了。生物學家對來自物理學家的服務也好、貢獻也好都照單收訖，對來自他們的雜音也好、閒言碎語也好一概不予理睬，而是利用物理學的概念、方法和技術，完善及更新生物學研究中已過時的陳舊概念、方法和技術。顯然生物學研究像個大麻袋，有巨大包容性，牛頓、愛因斯坦、波耳、薛丁格被包容過，一百多位頂尖物理學家也被包容過；生物學是什麼都容得下，也什麼都能容得下。它不僅使傳統意義上的生物工程發展成為由基因工程、蛋白質工程和醣工程等組成的「現代生物工程學」，而且還延伸到腦科學、社會倫理、社會生物學、神經心理學、分子神經生物學、生物醫藥學、精準醫學、考古學、刑事偵緝等領域。單是「人類基因組計畫」到精準醫學這一項就已為美國創造出 1 萬億美元的經濟效益，試問當今還有什麼比這有更高的經濟效益？這只是 2011 年前的數據，更重要的是，這個數字往後還會有所增長。

隨著分子生物學研究步步深入，隨著「現代生物工程學」研發取得節節進展，可以預測 21 世紀是屬於生物學的。

8.5 物理學、數學以其優勢支配科學數百年，如今受到質疑

生物科學缺乏像物理科學那樣的統一性，生物學中每門學科各有自己的發生與興盛年代。17 至 18 世紀，所謂的生物科學只包括兩個無甚關聯的領域，即博物學和醫學，它沒有像物理科學那樣有迅速發展期，沒有經歷過激烈的、轉變方向的革命期。生物學的每門學科確實都有各自的新開端的年代——胚胎學是 1928 年、細胞學是 1939 年、進化生物學是 1859 年、遺傳學是 1900 年。生物學有所謂「定律」，但不是普遍定律，所以只是「定則」（慣例 rules）。生物學對過去事態具有解釋意義，而不是預測性的（除非是統計性或機率性預測）。

8.5.1 20 世紀前 50 年，生命科學發展緩慢帶給物理學、數學的優越感

如本章前言所述，19 世紀末至 20 世紀初，物理學取得了重大突破，深入應用到物質內部的細微結構中，進入到微觀世界裡。

大多數物理學家似乎都認為物理學理所當然是科學的模範，而且只要了解了物理學，就可以了解其他科學，包括生物學。甚至素來沒有物理學家那種傲氣的魏斯科普夫 (V. Weisskopf) 也聲稱：「科學的世界觀是奠基於 19 世紀關於電和熱的性質，以及原子和分子存在的偉大發現之上的。」牛頓將天體力學和大地力學融為一體，使得數學贏得了幾乎無與倫比的聲譽。具體還表現在康德的名言中，「在自然科學的各個領域中只有在包含有數學的那些領域才能找到真正的科學」。洞察秋毫的思想家邁爾茲 (Merz) 也曾說過：「現代科學只規範它的方法，而不闡釋它的目的。現代科學奠基於數學和計算上，奠基於數學運算上；科學的進

展既取決於將數學觀念引進到顯然不是數學的學科中去，又取決於數學方法和數學概念本身的拓展。」

一位數學家布羅諾斯基（J. Bronowski）更是口無遮攔，認為：「時至今日，我們對任何科學的信賴程度大致和它運用的數學程度成正比……」他將物理學視為第一科學，然後依次是化學，再後是生物學、經濟學，最後是社會科學。文藝復興期間，當邏輯分類（二分法）的影響最盛時，所有的植物學家都自豪地宣稱他們遵循的是亞里斯多德的分類法。雖然後者曾公開指出二分法不適合生物學分類，而且現在已經了解那時的植物學家不是按二分法分類的，而是按照觀察結果分類的。

18 至 19 世紀期間，數學、物理學和化學具有很高的聲譽，在當時對一位科學家來說，恰當使用數學作標籤以便使自己的著作更吸引眼球或提高知名度是一種正當的策略。一位著名分類學家雖然在他作出分類學結論時，實際上根本就沒有使用任何的統計分析，但卻要他的數學家妻子為他的每一篇分類文章都添加一份有複雜的統計分析的補遺 —— 其實這只是一個標籤。

在生物學史中也有一些例子，某個定律、原理或概括，起初用一般的文字陳述，往往不被人重視，但後來用數學表達時就很受歡迎，並被普遍接受。例如卡斯爾於 1903 年曾指出族群中的遺傳型組成一旦選擇停止，就會保持穩定不變，但這一結論並沒有得到重視，直到哈代和溫伯格於 1908 年用數學公式表述時，才得到公認。

8.5.2　物理主義思潮受到挑戰

科學史大多數是物理學家撰寫的，他們沒有完全克服那種不合物理學口味就不算是科學的狹隘觀點。他們常用物理學中的評價尺度來衡量生物學家，看他們運用了多少「定律」，在測量和實驗時多大程度上運用了其他的科學研究形式。數學以其絕對優勢支配其他科學達數百年之久，但幾乎從一開始就有人持不同意見，他們不承認將數學知識視為取得科學方法的唯一途徑，歷史的必然性並不比數學的推論、演算結果遜色，只是有所不同而已。

例如羅馬帝國曾經一度存在過的這一事實和數學中的任一事實都一樣確實可信；同樣，生物學家可以堅持過去曾經存在恐龍和三葉草的論斷。達爾文身為一個博物學家主要根據全球實際考察，形成他的進化論學說。李時珍用了 27 年時間，走遍中國多個省區，歷盡千辛萬苦，深入荒山草林，甚至冒生命危險，吞食萬物以體驗藥性，並繪製藥物形態圖，終於著成一部歷史巨著《本草綱目》。它所列的內容和論斷，堅持進化論學說，此與數學定律同樣真實。

數學只是科學的一小部分，正如文法只是語言（如拉丁語和俄語）的一小部分一樣。數學是一種與一切科學有關的語言（雖然程度極不一致），或同什麼都無關的語言。如像物理科學和大部分功能生物學，其中定量和其他數學處理具有重要的解釋作用或啟發作用，也有像系統學和大部分功能生物學這類的科學，其中數學的貢獻就極其微小了。

絕大多數純屬生物學過程的不確定性與物理學過程的嚴格確定性已呈現不出十分明顯的差異了。在研究銀河與星雲的渦流效應以及海洋與大氣系統的湍流現象時，發現隨機過程在非生物界中是經常發生的，且影響很大，但這一結論並沒有被某些物理學家接受。愛因斯坦曾說過，「上帝並不是在玩骰子」，然而在等級結構的每一個層次都有隨機過程出現，小至原子核，大至宇宙起源的大爆炸產生的各種系統。大自然有一種「隨機性」，在原子層次上，機械決定論似乎並不那麼有效。我們在宏觀層次上表述的自然定律從根本上說是統計定律，認為數學可以用來描述真實宇宙中各部分之間的相互作用，而忽視了這樣一個事實：自然定律的數學表述充其量只是數學家所謂的「曲線擬合」，像理想氣體定律這樣的簡單公式乃是一種近似，隨著氣體分子的距離越來越近，直到其間隔與分子的實際大小達到同一量級，這一公式將變得越來越不精確。

隨機過程雖然使得預測是機率性（或不可能）的，而不是絕對性的，但它本身和確定性過程一樣，是有原因的，只是絕對性預測是不可能的，這是由於等級結構系統的複雜性，每一步都有眾多的可能選擇，以及同時發生的各種過程之間的無數的相互作用建成的。就這方面說，氣象系統與宇宙星雲原則上和生命系統就沒有什麼不可能。在如此高度複雜的系統中可能發生的相互作用的數量如此之多，根本無從預測哪一個將必然發生。研究自然選擇和其他進化過程的學者或多或少都是獨立地在不同時間得出了相同的結論；研究量子力學及天體物理學的學者也一樣，他們或多或少都是獨立地在不同時間得出了相同的結論。

倡導所謂物理主義 (physicalism) 思潮的人，企圖以現代物理學理論為中心，對客觀世界所有現象進行徹底的和完備的解釋，特別是該理論向來以還原論而著稱，受到學術界的廣泛批評與責難。

8.5.3　由生物學主導的生命科學革命

科技進步總體上是呈直線提升的，但它是由眾多探索性研究曲線編織成的。我們從 DNA 發現路線圖這些紛繁曲線中梳理出了以下三個節點：

第一，1938 年德爾布呂克赴美，後輾轉到了紐約長島創建了噬菌體研究組，並選定噬菌體作為研究材料，這對於分子生物學的發展有決定性意義；

第二，1944 年埃弗里的細菌轉化實驗，發現了 DNA 分子；

第三，1951 年華生被派赴丹麥學習生物化學，他轉而跑到拿坡里小城，偶然看到了威爾金斯報告結尾放映的 DNA 分子結晶圖，從此 DNA 分子研究進入一個全新的階段。

以上三個節點全都是在生物學思想主導下催生出來的，物理學家在這類催生過程中有著巨大的推動作用，他們用單行道這個離奇方式，跨學科介入，以其概念、方法和技術為生命科學研究服務，做出了許多實證性、支撐性的貢獻，有力地塑造了新型生命科學金身。而物理學本身不能在生命科學研究中占據主導地位，隨著分子生物學研究取得節節進展，逐漸顯示 21 世紀是屬於生物學的。由於上述原因，物理學已不再被認為是科學的尺度，特別是涉及研究人類時，是生物學提供了方法論和概念。號稱為「精密」科學的數學、物理學以及其他科學……毫無疑問將繼續有驚人的發現，然而未來的真正的科學革命將必然來自生物學。

由於生物學中的問題類型不一樣，物理學家在未來生物學研究中所發揮的作用也有大有小。分子生物學家盡可以不去考慮物理學，盡可以繼續運用那些簡單而過時的技術取得「令人驚喜的成就」，可是在對待像神經生物學這類問題時，卻要具備某種合理程度的物理學和數學基礎知識，因為這些知識對於他們了解所設計及想要發現的越來越高級的系統十分必要。

8.6 具有科際整合的現代生物學

生物學中的問題並不全是新問題，即使是新問題，現有的一些技術也能夠應對。例如將 X 射線電子晶體繞射技術應用於像細菌鞭毛這樣的細胞器超分子結構時，號稱是超高速微型馬達的弧菌螺旋狀鞭毛體，每分鐘 10.2 萬轉，每秒就是 1,700 轉，大腸桿菌為每秒 270 轉，沙門氏菌為每秒 170 轉，這些對於物理學家們無疑是巨大挑戰。生物學現在已經成為一門高度跨學科的領域，為生物學添磚加瓦的學科已不僅僅是物理學一個學科，電腦專家、機電工程師、化學家等在生物學研究中也將找到他們施展才能的平臺。

預測一條懸擺著的胺基酸鏈最終形成三維形狀並非易事，生物分子中第一個測出其分子空間結構的是血紅蛋白，共用了 20 年。哪怕就是一個很小的蛋白體都能扭結成幾億種樣式，就像皮鞋鞋帶扭結那樣。它們最終所呈現的是一種事先確定好的、精確的和經過千百萬年進化所選擇完成的最佳樣式。美國科學家用了一臺雷格 T3D 和 T3E 超級電腦，來追蹤 1 微秒時間內一個很小的蛋白體在水中的折疊過程。這些電腦費時 100 天，動用了 256 臺處理器，這才弄清楚了在這 1 微秒時間內這個蛋白體的所有 12,000 個原子與周圍環境之間的相互作用。蛋白質折疊被認為是遺傳訊息流的「末游」，蛋白質折疊一旦出現了問題，人體生命就會受到威脅，一系列不相關的疾病都會接踵而來，例如，早年痴呆、囊腫性纖維化、瘋牛病及與之相關的人類疾病 CJD（庫賈氏病）、一種遺傳性肺氣腫、遺傳性舞蹈症和許多癌症。

20 世紀新物理學量子力學還告訴我們，所有的粒子都有波動的性質。光是一種波動，可以用透鏡來聚焦、放大，這種透鏡是我們習慣用的玻璃透鏡。其實，電子也是一種波動，顯然應當也可以用透鏡來聚焦、放大，只不過用的不是光學顯微鏡所用的玻璃透鏡，而是針對電子具有電荷而用的由電磁線圈製成的「透鏡」，其放大倍數比光學顯微鏡高千倍以上 —— 這是物理學和生命科學結合的又一例子。

要測定這些生物分子的空間結構，需要比以往強大得多的 X 光光源。科學家在過去數十年又發明了一種叫作同步輻射的裝置，是速度接近光速的電子（或正電子）在改變方向時發出的電磁輻射。同步輻射是一種波長連續的強電磁輻射，加速器裡的電子流越大，輻射就越強，而且電子的能量越高，短波輻射的分量就越大。對於高能物理來說，只要加速器一開動，同步輻射就必然放出來。經過使用，發現它有極大的優勢：光的強度十分大；光譜連續，可以用特殊方法選出可用波長的光等。這些功能使得此前想做而因為光源限製做不成的實驗變成可能。許多高能物理加速器很快就建立起把同步輻射引出的光束線，並且被送入各學科實驗站裡應用，開拓了許多領域，其中就包括生命科學。同步輻射比 1960 年代最好的實驗室裝備的 X 光源還要高出千萬倍；波長要求可以調節，那就需要比這更高千萬倍的第三代光源，同時會帶來操作方便等便利，例如大大縮短了生物學家做實驗的時間。

人類基因組編碼的蛋白質不下 10 萬種，美國計劃用 10 年測定其中的一萬種。目前蛋白質 80%是用同步輻射測定的，15%是用核磁共振測定的，其餘的 5%是由電子顯微鏡測定的。從 1972 年起開始組建蛋白質資料庫，那時共收入 200 種蛋白質結構的數據，後來速度加快，到 1992 年已入庫 667 種蛋白質結構的數據，2002 年入庫達到 3,600 種，庫存超過兩萬種。

晶體晶體繞射技術最大的缺陷在於測到的只是晶體結構，而在生命過程中生物分子都是在某種既定溶液狀態下才顯示有活性的，並且在發揮功能的過程中，其構象也經常發生變化，因而還要借助旋光色散法、核磁共振法、圓二色性及螢光偏振技術等。這些方法各有特點，互為補充，再將他們和 X 射線晶體晶體繞射技術配合運用，就能測試到生物大分子的一些構象變化，以及影響此類變化的各類因素。例如 DNA 纖維的含水量不同時，X 射線纖維晶體繞射可顯現 DNA 的 A、B、C 等幾種不同的右手螺旋形式。再如，用圓二色性、核磁共振等技術測到鳥嘌呤和胞嘧啶兩種鹼基交替形式的左旋 Z-DNA，只有在鹽濃度高的溶液中，才會保持穩定。

核磁共振技術為測定蛋白質和核酸結構注入了一種新的解析方法。此法無須使用晶體，僅將一成分子置於室溫條件下和較為稀釋的溶液(1-10mM)中，經布朗運動處理將方向全然打亂並經振盪處理。最終獲得的共振光譜，它們的總頻率與這種以同位素為特徵的平均頻率比較，不超過 1-10ppm。所以，運用核磁共振技術測定生物大分子結構，必將帶來操作程式簡化等非常明顯的好處，它與 X 射線或中子晶體繞射等經典方法不同，使用此技術時，生物分子結晶化不再是必需的過程。

現代生物學已經成為一種與其他學科高度融合的學科，各行各業的科學家都可以為生物學的發展找到自己施展才能的機會。例如在生物產業中，要設計常規自動化程式，就需要從人工智慧到雷射光譜學的多種學科的專家參與，這一趨勢今後會有增無減，其作用大小還取決於所研究的專題類型。

第 09 章
結構論和資訊理論分子生物學的三次會合

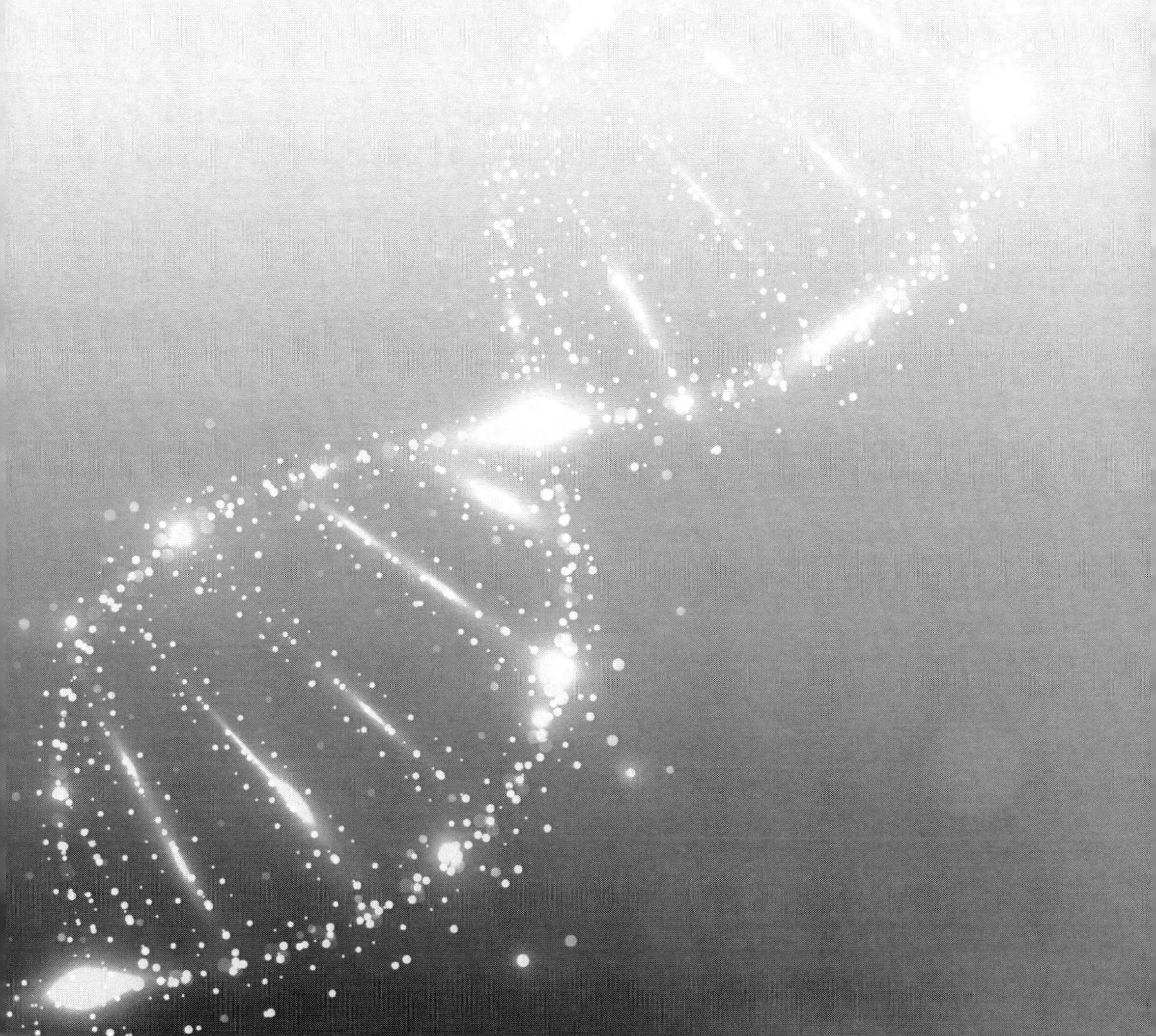

從歷史上看，在以柏拉圖和亞里斯多德為代表的時代，科學還未從哲學中分化出來。到了以伽利略、牛頓為代表的時代，科學才從哲學中獨立出來，基本上還是在數學與邏輯學分開的時期，而單學科的研究和發展是這一時期的主要特徵。在自然科學尚不發達的年代裡，生物學、化學、物理學、天文學等學科是不分家的，統稱為博物學，後來由於有人提出要保持生物學的特殊性，生物學才逐漸從物理學、化學、天文學等學科中分化出來，自成一門學科。

二戰後不久，在科技最發達的美國，其實只有 50 多個專業學科。隨著學科間的交叉融合深入，經過 20 多年的發展，到 1960 年代，單就美國而言，科學就被分解成 600 多個領域。最近二三時年，科學被分解的速度更是加快了，這是由於科學研究的難度越來越大，需用的設備越來越趨向專門化和複雜化，並且越來越昂貴，於是科學研究前鋒受阻，人類智力開發便橫向轉移，四面出擊，左衝右突或轉過頭來回顧以往傳統的科學領域，於是造成科學學科大分化、大綜合的現象。

分子生物學發展過程中出現了「智力橫向轉移」或「科學大分化」，從而導致結構論學派和資訊理論學派產生，這不是孤立的現象，是科學發展的歷史必然。1953 年，DNA 分子雙螺旋立體結構模型建立，象徵著這兩大學派的第一次聯姻。20 年後，即 1973 年，遺傳工程誕生；1978 年成功實現了定點突變技術，這項技術也被稱為反向遺傳學，即現在所稱的蛋白質工程，象徵著這兩個學派的第二次聯姻。第一次聯姻純粹出於科學研究的需要；第二次聯姻不僅出於科學研究的需要，更重要的還是出於高科技產業開發的需要，因為它潛在的產業開發能力巨大。現在正在研發的醣工程亦稱醣生物學（Glycobiology），可望實現這兩大學派的第三次聯姻。

9.1 結構論和資訊理論分子生物學

「分子生物學」一詞最早出現在 1938 年洛克菲勒基金會董事維弗所寫的年報中。維弗本人不是一個非常有成就的理論物理學家，但他卻成了洛克菲勒基金會生物學部非常有眼力的「首領」，且成就了一大批科學家。事實上，他在二戰前後的那些不尋常的年代中，資助了幾乎所有卓有才華的分子生物學家。他在這份年報中寫道：「近期隱隱形成了一個新的學科分支 —— 分子生物學，它正在開始揭示很多有關活細胞這個最小單位的奧祕……在基金會所支持的研究中，有一系列項目屬於一個可稱之為『分子生物學』的新興領域。在該領域內，人們正在利用現代精密技術來研究特定的生命過程中的微小細節。這些物理學技術是分子生物學發展必不可少的。」但是，人們一談到分子生物學的歷史和起源問題，分歧就來了。

9.1.1 結構生物學又稱三級結構生物學

早在 1912 年，英國劍橋大學卡文迪許物理學實驗室布拉格父子就創立了 X 射線晶體學，而後便形成了一個晶體學家學派，從此該實驗室便成為舉世聞名的研究分子結構學家的故鄉和聖地。這些晶體學者滿懷希望要用 X 射線拍攝具有生物學意義的分子構造，最終成功測定了愈來愈複雜的分子結構。他們最初的構想是，細胞的生理學功能只有用組成細胞的這些分子零部件的三維空間構象術語才能通曉。在布拉格父子的首批學生中就有阿斯特貝利和伯納爾 (J.D. Bernal)，他們早在 1928 年就著手蛋白質和核酸的結構分析研究了，亦即對含有數百萬個原子的分子結構進行分析，還對諸如類似病毒這樣的裝配水準非常高的核蛋白聚合物進行了結構分析。在這類研究中，有一些成果被後來的研究證實是十分有用的。

例如，1939 年伯納爾確認了菸草鑲嵌病毒（TMV）是由數百個相同的蛋白質亞基裝配起來的。又例如，1945 年阿斯特貝利發現，DNA 分子中順序排列的核苷酸嘌呤及胸腺嘧啶鹼基形成了一個緻密柱狀體，垂直於長長的 DNA 分子軸，沿柱狀體每隔 3Å-4Å 有一個鹼基，當時稱為 α- 折疊，現在則都稱 α- 螺旋。這個發現的意義在於構成了分子生物學發展進程中的一條主線。這兩類分子結構一直到 1950 年代才被準確無誤地闡明為真正的螺旋性質。所以結構論者認為，分子生物學的起源應當從布拉格父子的學生阿斯特貝利 1928 年的核酸結構的分析研究算起。

令人不解的是，結構論學派取得的第一項成就不是英國劍橋大學結構論學派的成員取得的，而是遠在大洋彼岸的，美國加州理工學院成就斐然的傑出化學家鮑林及其領導下的小組取得的。該小組在很大程度上借助模型，提出了一種 α- 螺旋多肽鏈的二級空間結構。

分子生物學結構論學派以英國劍橋大學卡文迪許物理學實驗室的物理學化學大師們為主體，包括布拉格父子、肯都、阿斯特貝利、伯納爾、佩魯茨等，以及美國加州理工學院的鮑林及其周圍的人。1945 年，阿斯特貝利在英國尼茲大學任生物學分子結構系教授，但他更偏向於用「分子生物學系」這個詞，意指主要研究生物分子構型，尤其是生物大分子構型和結構 —— 分子結構研究的一個主要的、關鍵性的目標在於了解生活有機體的功能。他首先意識到物理學與化學兩大學派交叉隱喻著巨大的生物學含義，他認為，相同鏈能夠以收縮或擴展的形式存在。1950 年，他給分子生物學下了如下定義：「當我們的研究節節爬升到越來越高級的有機體水準時，分子生物學要注重研究生物分子形狀，以及這些形狀的演化、生長發育和分化。分子生物學首先是三維空間的，並且是有結構的。然而，這並不意味著它僅僅是一種形態學上的精細化，分子生物學必須深入探究基因的發生，同時還要研究功能。」他是帶著他所在學科的烙印給分子生物學下的定義，此定義只提到功能概念，甚至連生物訊息概念和遺傳學都一概沒有提及，這只能算是一個狹義的分子生物學定義。

從這個定義可以看出，結構生物學將物理學、化學的方法和概念應用到諸如核酸、蛋白質之類的生物學分子的結構研究方面，被認為是生物化學的一門分支學科。他們只熱衷於測定這些生物學分子的空間構型，而不是力圖探究最複雜的生物學現象對經典物理學規律的依存性，而且極少注意遺傳學，因為他們對此知之不多，興趣也不大，對於這些生物分子的功能，他們想留以後研究。這些物理學、化學大師過去從生物化學家、生理學家那裡得到的啟示主要還是涉及蛋白質結構方面的，至於蛋白質是從哪裡來的卻從來沒有考慮過。

9.1.2 資訊理論生物學又稱一級結構生物學

說到資訊理論生物學的源頭，必須從波耳對生物學的關注說起。波耳的父親是一位傑出的生理學家，波耳接過父親對生物學的見解並加以發展，同時結合他本人在量子力學中獲得的成就，著重提出了「量子力學中的互補性觀點，尤其可能適用於物理學和生物學兩者的關係方面」的新概念。這使得他的早期學生，來自德國的理論物理學家德爾布呂克對老師的這番精闢論述感受頗深。德爾布呂克是位出色的後生，他為了尋找老師說的人們在解釋生命現象缺少的某些基本特徵，毅然決然離開了物理學，轉而研究生物學。他推測，從遺傳學領域來尋找和發現這樣的特徵，運用量子物理學理論則有可能了解遺傳現象。不僅如此，他後來輾轉到了美國，還仿效他的老師當年在哥本哈根創辦量子力學研究組的做法，創辦了一個噬菌體研究組，並運用社會工程原理，將世界各種英才聚攏在一起，他們純粹憑藉興趣進行噬菌體研究活動，並且形成正規的學院式系統研究。他主張用「訊息」這一物理學術語去分析生物學分子結構，還要了解「活體實驗如何得到重複」，即遺傳訊息是如何傳遞的，由此他們便發展成為分子生物學資訊理論學派。

他們的中心研究課題是生物學遺傳訊息，反對機械論和原子論，反對任何還原論的生物學和一切繁瑣的分析，主張遺傳學有其自主性，不應摻雜物理學、化學的觀點，並認為研究生物學可以豐富物理學的內容，提倡要有選擇地研究遺傳學，至關重要的是研究遺傳訊息複製過程中儲存訊息載體的一級結構的性質，而不是三級結構的性質，而且還要研究含氮鹼基特異性配對作用。他們曾一度被 DNA 分子雙螺旋立體結構模型吸引，但他們更多關注的是螺旋體結構的拓撲學，而沒有認真關注它的幾何學；至於其他生物學分子的結構，尤其是蛋白質的結構，連提都沒有提。他們就是運用這類的生物學分子一級結構術語來解釋微生物遺傳學的，所以後來的學者認為，分子生物學的起源應當從德爾布呂克建立噬菌體研究組那個時候算起。噬菌體研究組的主要成員、中心人物是丹麥量子力學創始者波耳的早期學生德爾布呂克、義大利著名細菌學家盧瑞亞、法國著名分子生物學家利沃夫、莫諾以及美國遺傳學家赫希、華生、哈欽森和雷德伯格等。

9.2　第一次會合促成 DNA 雙股螺旋立體模型建立——遺傳工程誕生

在分子生物學這塊園地裡存在兩種「哲學」流派，大家都能從各自專業角度出發，發表不同的見解，雖然表面上雙方都彬彬有禮地傾聽對方的意見，但兩派的交往並不如人們想像的那般完美。可以肯定，這並不意味著這兩大學派之間有一堵不可踰越的萬里長城。科學發展勢頭必然要求這兩個學派，一方面繼續發展各自的觀點、方法、概念和假設；另一方面，在某個問題上、某一個時期走到一起來。一個例子是，同在美國加州理工學院從事生物學分子 α- 螺旋研究的鮑林和從事生物遺傳訊息研究的德爾布呂克各自領導的研究室，連一牆之隔都沒有。他們想到一起，走到一處，實現「聯姻」，再現第二個「華生式」的人，便是遲早的事了。另一個例子是，華生打破常規，跨越了這堵泥牆，他奉資訊理論學派第二號人物盧瑞亞派遣，前往哥本哈根卡爾卡實驗室學習生物化學。他以一個年輕遺傳學家犀利的眼力、敏捷的思維，加上超強的聯想力，審視這個八竿子打不著的物理學實驗室的工作 —— 基因還可以結晶，率先想到「只有弄清楚 DNA 分子的結構，才能知道 DNA 是如何工作的」。

華生可貴之處在於，他要身體力行，不惜一切代價，爬也要爬過去勇摘這個「桃」，拿到頭彩，而不是等待某一個早晨有人會送「桃」上門，或觀望哪一天傳來「一項決定性實驗」有人獲得了成功的消息。華生採取了不尋常的行動，一種「超常」行為 —— 未經老師許可及管理層同意，自己跑到劍橋大學學習 X 射線晶體繞射技術去了，接著又與克里克一道，透過異乎常規的渠道把構建 DNA 分子雙螺旋立體結構模型涉及的物理學、化學、晶體學、遺傳學、數學及 X 射線晶體繞射技術已發表的或未發表的知識集於一身，再彙集結構論和資訊理論兩大學派的研究成果，將波耳提出的經典性科學概念 ——「互補性」演繹到了極致程度，成功構建出一個完美無缺、經得起任何質疑、讓人一目了然的 DNA 分子雙螺旋立體結構模型，隨後又提出了遺傳重組原理。這是 20 世紀生物學中最偉大的成就，它所包含的普遍性遺傳學內涵，從細菌到大象是一概適用的。

1953 年到 1963 年是分子生物學發展的黃金時段，序列假設、中心法則、遺傳密碼、乳醣操縱組、別構相互作用等概念使這個新學科的內涵更加豐富，更加吸引人。這完全是科學研究的需要，才使這兩大學派在不知不覺中走到一起來的，是結構論和資訊理論兩大學派的第一次會合。再過 10 年，即 1973 年，由兩個年輕科學家科恩和博耶完成的「DNA 重組技術」—— 遺傳工程誕生了，創建了生物工程第一代支柱技術。美國這兩位年輕科學家對華生和克里克的雙螺旋立體結構模型痴迷到了非一般的程度，以至於將他們家中養的兩只寵物貓也各起了一個怪怪的名字，一個叫「華生」，一個叫「克里克」。

任何一個新興產業在創業初期，都少不了會發生一些新奇的戲劇性事件，這兩個年輕人成功地實現了基因重組實驗，一時間輿論譁然，整個社會為之驚嘆。風險資本在這場新技術代替過時的傳統作坊式的舊技術變革中尤其活躍，一位年輕的風險企業家斯旺森（R. Swanson）更是不遺餘力地抓住這個機會，想乘機撈一把。他透過電話約請博耶，商談將這一新技術應用於商業開發的可能性。博耶在斯旺森的再三請求下，講明只交談 20 分鐘，並且在實驗室接待這位不速之客。誰知道，這兩個年輕人越談越投機，越談越來勁，不談則已，一談就是 4 個小時，一個願意出錢，一個願意出技術。他們一致商定創辦一家「遺傳工程技術公司（Genentech）」，博耶沒有忘記創業基金在未來紅利分配時的份量，還特地向同事借來 500 美元，用於參加這個孕育中的新公司的原始股金。這就是 1970 年代末至 1980 年代初風靡全球、鼓噪一時的「DNA 重組技術」工業化的起點。從此，美國乃至世界各主要經濟國家紛紛建立起了各式各樣的經營 DNA 重組技術的公司，宣告具有現代生物學特色的生物產業誕生了。

9.3 第二次會合催生出了蛋白質工程

兩個不同學派的第一次會合只不過使我們弄清楚了這些天然生物學分子的結構和作用，而人類社會的最終目標是不僅要了解天然生物學分子，而且要進一步改造這些生物學分子，為人類所利用。

9.3.1 定位突變技術

遺傳工程的興起為大量廉價地製造工、農、醫乃至環境保護用蛋白質創造了有利條件，但這只是做到了如實抄錄、複製和表達自然界現有的各類蛋白質分子。現在可以根據人類社會的需要，對現有的一部分蛋白質分子加以改變，甚至全程重新設計新型蛋白質分子，使其具備人類社會需要的各類特性蛋白，例如，酶對特定受質的催化轉換數和米氏常數的動力學特性、熱穩定性和最適溫度、在非水溶劑中的穩定性與活性、受質的反應特異性、所需之輔因子、最適 pH、蛋白水解酶、異位調節、分子量和蛋白質亞基結構。其中，最根本的是改變酶的特異性，即對其結構做些改變，從活性部位中剔除那些在正常情況下與特定酶爭奪受質的分子。

為此，需要對某個特定的天然蛋白質實施一系列的飾變，用一種當時人們聞所未聞的核酸限制性內切酶這把精準「分子柳葉刀」施行「外科手術」，該留的留，該去的去，做加減法，將它們打造成或全程人工合成出我們需要的新型蛋白質分子。

人們知道，1 小時內從太陽輻射到地球上的能量要比人類一年消耗的能量還多。光合作用是植物、藻類和某些細菌將太陽的光能、CO_2 和水轉換成有機物的過程，是地球上最重要的生化反應之一。參與這一反應的一個關鍵性酶 —— 核酮醣 -1，5- 二磷酸羧化酶在光合作用卡爾文循環裡催化第一個主要的碳固定反應，將大氣中游離的 CO_2 轉換成生物體內儲能分子，比如蔗醣分子。可是，這種酶同時也催化一個反向的呼吸反應，從而消耗一部分固定的太陽能，這使得水稻、小麥、玉米、大豆等作物的光合作用效率降低了 50%。如能透過蛋白質工程操作途徑，消除或降低此酶的後一活性，無疑等於提高了植物的光合作用效率，即使按 1%計算，也會對人類生活產生巨大影響，能多養活全球幾億人，這也是從事蛋白質工程的研究者的願望。

須知，大自然賜給我們人類社會的催化劑不下 5,000 種，而我們人類現在能大規模地使用的只是其中的 20 種，這般大的空間，夠我們人類幾代人持續探索了。

這一技術不僅具有深遠的理論意義，而且有著巨大的市場應用價值，預期它的發展速度將非常快速。可是，一說起蛋白質工程的起源問題，分歧又來了。

9.3.2 從蛋白質工程的興起過程，人們看到兩大學派爭論的分歧點

1981 年，美國 Genex 生物工程公司技術促進部沃爾邁 (K. Ulmer) 第一次提出了「蛋白質工程」這個概念，即「利用 X 射線晶體繞射研究取得的有關蛋白質三維結構方面的資料和數據，借助遺傳水準上發生的改變來實現蛋白質空間結構的變化，合成新酶或新酶的結構」。蛋白質工程的研究與開發這一整套技術，在沒有人給它下定義時大家相安無事，一旦有人下個定義，爭論就來了，結構論學派和資訊理論學派對蛋白質工程起源的問題各自持有不同的觀點。

結構論學派中的代表人物之一，英國劍橋大學分子生物學研究所的佩魯茨，過去曾在血紅蛋白和肌紅蛋白的分子結構研究方面有過出色貢獻，榮膺了 1962 年諾貝爾化學獎。早在 1960 年代初，他還曾指導一些研究生研製了一個新酶種，用以催化某項特異性反應。不僅如此，他還要求這些研究生為這個設想中的新酶種製作一個模型，就像當年華生和克里克裝配的 DNA 分子雙螺旋立體結構模型一樣，將三個一組的特異性單體按 1，2，3，1，2，3……的排列順序也裝配成一個高分子蛋白質模型。佩魯茨認為，這或許就是當時興起的蛋白質工程概念的雛形。

資訊理論學派的代表人物之一，美國史丹佛大學雷德伯格是當年噬

菌體研究組成員，曾在微生物遺傳學領域有過重大建樹，獲得過 1958 年諾貝爾生理學或醫學獎。他認為，要弄清楚蛋白質功能和結構與遺傳學概念兩者的關係，寡聚脫氧核醣核苷酸是最理想的體外誘變劑，它在特異性、多能性以及精確敏感度等方面是其他化合物所無法比擬的。我們可以將它們整合到某個特定基因內，以一種特異性方式識別和改變這個基因，進而摸清某個蛋白質功能和結構與遺傳學概念兩者間的關係。雷德伯格提出這一看法的時間跟佩魯茨提出類似看法的時間，前後相隔很短，但他是從資訊理論觀點出發提出這個問題的。只不過由於這種誘變劑在當時只有人工合成的產品，價格奇貴，比黃金還貴 10 萬倍以上，致使雷德伯格推薦的這種理想的誘變劑未能即時得到廣泛應用。現在興起的蛋白質工程，其實就是運用了雷德伯格倡導的寡脫氧核醣核苷酸進行定位突變操作的。於是有人提出，「蛋白質工程」概念應當以雷德伯格的定位突變成功實驗作為起源。還有人認為，這是從蛋白質序列反讀出編碼它們的核苷酸鏈，故應稱之為「回覆遺傳學」或「反向遺傳學」。

9.4 第三次會合促成醣工程的研發

本書第 4 章敘述過在 1940 年代德爾布呂克發起組織了「噬菌體研究組」，他們集百多位科學家的智慧，完成了這個研究組當初給自己規定的使命，終於弄清楚了「自催化」和「異相催化」這兩個功能術語，並用之解釋噬菌體自我增殖。現在人們將「自催化」，即 DNA → RNA 稱作「轉錄」，將「異相催化」，即 RNA →蛋白質稱作「翻譯」。本書第 6 章敘述的 DNA 雙螺旋立體結構模型發明人之一 —— 克里克，將此歸納為「中心法則」。其實，這只是細胞層次上的生物遺傳訊息流的下游，外源物質如何作用於細胞，亦即外來生物遺傳訊息載體 DNA 分子，透過運載工具如何透過細胞膜，經過細胞質，進入細胞核，這才是生物遺傳訊息流的上游。只有走完了訊息流的上游，然後才引發一系列生物化學反應，進入「中心法則」過程。難怪有人將本節的中心論題，即嵌入在細胞表面的醣鏈比喻為「細胞的身分證」，外源物質若沒有這個「身分證」或者說持的是假「身分證」，就休想進入其他細胞內。

9.4.1　醣生物學的歷史

說到醣工程或稱醣生物學，不免要回溯到法國巴斯德研究過的狂犬病疫苗。早在西元 1885 年巴斯德率先利用弱化了的狂犬病毒進行人工接種，以預防狂犬病發生，此法為預防醫學亦即為免疫學的誕生造成了一種開拓性作用。俄國梅契尼可夫（O. Metchinikoff）發展了巴斯德的種痘方法，進一步提出機體免疫力來自細胞，而非來自體液。德國埃爾利希（P. Ehrlich）則從化學的角度提出涉及免疫學現象的「側鏈」或「受體」理論。他認為形態學結構遠不如它所涉及的化學那麼重要，因為特異性鍵合是來自單個化學基兩者之間的一種連接，而生物活性物質 —— 細胞或可溶性物質的反應區，其實就是一些由於其獨特的化學性質而發生反應的特異區。從此，人們便將化學物質與眾多已知的免疫反應結合起來考慮了，這兩位科學家也因此分享了 1908 年的諾貝爾醫學或生理學獎。

9.4.2　醣生物學淺釋

細胞表面的一撮撮毛毛草，就是外來物質首先作用的地方，這一撮撮毛毛草模樣的結構就是醣鏈。外源物質只有先與這些「天線」接觸後，才有可能實現細胞與細胞之間的訊息交流。這些毛毛草樣的醣鏈不是我們平時常見的由葡萄醣等單醣聚合而成的，諸如澱粉、纖維素等能量物質醣鏈或聚醣，而是指與蛋白質、脂類等結合的，由 10 種單醣分子如葡萄醣、甘露醣、木醣、半乳醣、岩藻醣、唾液酸、N- 乙酰半乳醣胺、葡萄醣醛酸以及艾杜醣醛酸等組合而成的細胞結構物質。它與蛋白質、脂類分子共同形成醣複合物，它們參與生命過程中的胚胎發育、細胞分化、免疫、生殖、發炎、癌變及感染等所有生理和病理過程，成為生命活動中極為重要的生物大分子物質。

在細胞或細胞質的可溶性物質反應區的生物活性物質，有哪些與抗原特異性相關聯呢？透過各種方法，包括酶解、酸水解、鹼解，一如當年發現細菌遺傳轉化因子的埃弗里那樣，他們分別水解脂肪、蛋白質和碳水化合物，採取步步為營的策略，像數學中的「篩法」一樣，最終證實，唯有碳水化合物與抗原特異性相關聯。它們是由兩個或兩個以上不同醣鏈組成的碳水化合物複合物，它們的化學性質和空間構型非常多樣，因而它們的免疫特異性幾乎是無窮盡的。兩種胺基酸只能構建一種由不同胺基酸組成的二肽，三種胺基酸能構建六種由不同胺基酸組成的三肽，而三個不同的單醣理論上卻能構建出 1,000 多種不同的三醣，如三個己醣構成的三聚醣，其可能的序列最多可達 27,648 種，且醣鏈的合成並不是由模板複製的，而是透過醣基轉移酶在內質網和高爾基體內合成的。又例如，4 種不同的單醣能構建出 35,560 種構型各異的四醣，其所攜帶的大量訊息為人們合成最合適的醣型提供了廣泛的選擇空間。

9.4.3　醣生物學是生物遺傳訊息流的上游

外源物質與這些細胞或細胞質中可溶性物質反應區內的醣鏈，好似常見家電電源線上的插頭和插座的關係；也酷似建築學上的榫卯結構，榫頭與卯眼若契合得當，則會引起細胞內的一系列最適反應，若榫大於卯或卯大於榫，哪怕只相差那麼一點點，那麼細胞內發生的反應就會大打折扣，甚至會是全然不同的反應。當一個細胞的細胞質膜受到其他細胞表面醣複合物作用時，就會在細胞內產生一系列生化反應，並將其生物信號逐級傳遞，這個過程稱為細胞內的信號傳遞通道。機體內的免疫細胞單核巨噬細胞受細菌脂多醣活化的過程，可看作醣複合物信號傳遞的代表。單核巨噬細胞是機體吞噬外來微生物殺滅異物的免疫細胞。當細菌與單核巨噬細胞接觸時，在細菌表面的脂多醣與血漿中脂多醣結合的蛋白質的介導下，結合於單核巨噬細胞表面的特異性受體 CD_{14}，就會使細胞膜內側的蛋白質酪氨酸激酶活化，並引起串級反應，從而使細胞內一系列蛋白質磷酸化，最後將胞外信號傳遞到細胞核，活化核內轉錄因子，最終作用於相關的基因，使基因活化轉錄，引起細胞的生理反應。

再舉一個簡單例子，在病原菌與植物互動過程中，有一系列醣苷酶被活化，將病原菌與植物細胞壁上的多醣降解為寡醣片段，如寡聚半乳醣醛酸等。這些極微量的寡醣可以活化植物的免疫力，發生強烈抗病反應。病原菌利用宿主組織和細胞表面的醣鏈作為黏附的位點，以便入侵細胞內部；同時宿主也利用這些醣鏈捕捉病原菌，直至清除。在兩者實力較量中，若有機體失利，就會生病。

9.4.4　醣工程或醣生物學的意義和用途

隨著生物工程學的研究深化，人們發現細胞有 50%以上的蛋白質具有醣鏈，醣質還攜帶密碼訊息，稱為醣碼。至於機體內有多少醣碼、它們是如何分類的、它們參與了哪些生理與病理過程以及這些過程是如何被解碼器破譯的，目前尚無確切的答案。有資料認為，要使蛋白質在機體內充分顯示其生理活性，就必須同存在於細胞表面的醣質協調一致。例如將醣質連接到諸如促紅細胞生長素之類的重要重成分子上，便能大大改進後者的生物學特性。還有，N- 聚醣鏈這種複雜分子，透過氮原子連接到肽鏈上，這樣便形成醣肽或醣蛋白 —— 僅僅這一微小的變動，就足以導致各種類型的人類疾病。而實現細胞與細胞兩者之間的訊息交流，離不開細胞表面及細胞分泌的物質分子的相互作用，這就涉及醣類——蛋白質、醣類——醣類的相互作用。

外源物質作用於細胞，兩者若能實現完美結合，還能啟動細胞內的免疫系統，起著細胞之間的訊息傳遞、識別和調節生物體內機能的作用。還包括癌細胞在內的病變細胞和正常細胞表面的醣質有所區別，故而人們可以據此診斷疾病，調節體內免疫機能。人們透過研究醣質的上述功能，並進而尋求控製醣質合成和分解的途徑，加以有效利用，不僅有助於弄清楚癌症的發病原理、疾病治療和預防，還將為設計新藥、人工臟器，開發功能性食品等另闢蹊徑。深入研究醣質的各類功能對於調節蛋白質結構和定位、在多細胞體系中發送信號以及細胞——細胞兩者間的識別，包括細菌和病毒的感染過程、炎症和癌症發生的許多生命過程都非常重要。所以說，生命有機體內即使蛋白質和核酸再多，即使它們比醣類更「重要」，醣類的存在和作用也是不可代替的。它們三者只是結構、功能上不同，但都是生命必需的分子。

這就是新崛起的醣工程（又稱碳水化合物工程）或醣生物學，它有可能成為繼遺傳工程和蛋白質工程之後的生物工程第三代支柱技術。

9.4.5 醣生物學的發展和展望

近年來的一些研究表明，在受精、發生、發育、分化、神經系統、免疫系統等恆態維持方面，醣鏈發揮著重要作用；在炎症及自身免疫病、癌細胞的異常增殖及轉移、病原體感染過程、植物與病原菌相互作用、豆科植物與根瘤菌共生過程中都涉及醣鏈的介導作用。這種新型醣質雖不直接受基因調控，但基因調控酶，經過飾變的酶即透過某種關鍵酶的分子空間構型來間接地變換醣質的三維構象；改進它的立體化學特異性，便能生產出特定用途的醣質，後者便成為基因的二次產物。

一種名為「唾液酸路易斯醣 X（LewX）」的商品，實際上是由四醣構成的寡醣分子，每公斤價值 30 億美元。現在採用蛋白質工程操作程式，生產出高度特異的醣基轉移酶，從活化單醣一步步組構新的醣鏈，或改變它們的側鏈數目，抑或變換其位置，經過系統操作生產的唾液酰，其成本會大幅度降低。

由於醣鏈組成單位數量多，結構也複雜，不均一，且不受基因調控，故研究它們的難度比較大。蛋白質由 20 種不同胺基酸組成，是受基因調控的，所以醣鏈構像在醣鏈與蛋白質分子、醣蛋白生物分子的相互協調作用中，多數情況下要比蛋白質分子構象重要得多。醣基轉移酶合成醣鏈除受酶基因表達的調控外，還受酶活性的影響。即便在同種分子的同一醣基化位點上，醣鏈結構也有差異，呈微不均一性，因而很難得到結構均一的醣鏈；醣鏈結構測定和化學合成遠比蛋白質、核酸困難，這極大地限制了對其功能的研究。

資料表明，未來的新型超級抗原是由醣質構建的，不是由蛋白質構建的。醣工程（醣生物學）研發速度加快，也派生出了一些邊緣學科，如醣醫學、醣免疫學、醣神經學、醣組學（glycomics）、醣病毒學等。這需要多學科協同攻關，綜合研究醣鏈結構、醣鏈形成的分子機制、醣鏈的功能等，需要化學家、生物化學家、分子生物學家、細胞生物學家、臨床醫生等專家的共同努力。具體實施過程中將為結構論學派和資訊理論學派實現第三次會合提供更廣闊的互動空間。

21 世紀，生物產業將推動世界經濟由碳氫化合物經濟向綠色的碳水化合物經濟轉型，醣藥物、醣功能食品、功能醣綠色生物製劑、功能醣飼料添加劑及功能醣在能源轉化中的應用是未來碳水化合物開發的主要方向。

9.5 分化、綜合、再分化、再綜合，是科學發展進程的歷史必然

在自然科學發展的歷史長河中歷來就存在著兩大傳統：一個是以伽利略、牛頓和拉瓦節為代表的，波耳這一代人承襲了這一傳統的衣鉢，醉心於將互補原理概念應用到生物學中，發展成為結構論學派的指導思想；另一個是以狄德羅、拉馬克和歌德為代表的，資訊理論者的分子生物學在許多方面都傾向於後者，他們反對機械論和原子論，反對任何的還原論生物學及一切繁瑣的分析。

德爾布呂克這一代雖然也曾受到波耳的著名演講「光和生命」的影響，並尋找波耳所說的「解釋生命尚缺少某些基本資料，以及物理學與生物學兩者間的互補性」，但在實際觀察實驗中，自始至終令這些資訊理論者糾結不清的是「活體實驗如何得到重複，即遺傳訊息是如何傳遞的這個根本性問題」和基因在催化（自催化和異相催化，即轉錄和翻譯）發育中是如何作用的，當時尚不具備足夠的知識來解釋。遺傳學是一門定量科學，但不能依賴於物理學測量（質量、電荷、速度）。他們對化學抱有成見，實際上他們也不具備這個實力，直接去揭示基因的化學性質，故而只好去研究基因的穩定性和極限，最終建立了「原子物理學的基因突變模型」。薛丁格再接過德爾布呂克的「靶理論模型」發表了《生命是什麼？》，這構成了資訊理論學派的指導思想（參見本書第 4 章）。

兩個學派採用了截然不同的研究方法，加州理工學院、劍橋大學和利茲大學結構論學派的研究方法就明顯地反映了這一問題。起源於膠體生物物理的實驗細胞學傳統，以及起源於研究固定和染色製片的細胞化學，都有過突出的作用。1920-1940 年代，實驗細胞學傳統風靡一時，洛布 (J. Loeb) 等都把實驗細胞學同蛋白質研究連繫起來，從而提出了蛋白質是多聚電解質的概念。

另一些科學家則又將實驗細胞學同有絲分裂的力學掛起鉤來。在斯德哥爾摩的溫娜 - 格倫研究所，龍斯特魯姆（J. Runnström）學派繼承了鮑里斯等人倡導的發育力學的傳統。但是，這種生物物理實驗方法沒有被真正應用於遺傳學和大分子化學等新學科。這些研究人員醉心於研究整個細胞和生理作用，對研究提取物及訊息傳遞不感興趣。華生也險些捲入這種傳統，因為韋斯（P. Weiss）曾勸說華生前往斯德哥爾摩而不要去劍橋大學。克里克在實驗細胞學上花去兩年時間後，才轉向研究提取物質的結構化學。人們稱此為「舊的生物物理學」，而將分子生物學「訊息」學派和「結構」學派的結合稱為「新的生物物理學」。「新的生物物理學」取代「舊的生物物理學」是科學發展的歷史必然。

這兩個學派的獨立發展，部分原因在於二戰期間的德國國家社會主義和戰爭，妨礙了多學科的生物物理學的發展並引起人才外流，結果造成「訊息」學派在美國、「結構」學派在英國分別得到發展。我們已看出學派的局限性怎樣限制了該學派成員的成就，例如英國和德國的生理遺傳學派不能取得比德爾和塔特姆所取得的突破；劍橋大學和利茲大學結構化學學派的分子生物學家由於自身的軟肋，未能發現 α- 螺旋。

但我們已看到，華生 - 克里克模型改變了這種相互隔絕的情況。因為在某種意義上來說，華生和克里克「同時屬於這兩個學派」。克里克寫道：「我雖屬於結構學派的一員，但對所有遺傳學和生物化學的研究都有濃厚的興趣。與此同時，身為訊息學派成員的華生自然已發現他本人正轉向結構及生物化學方面了。」同時，我們已提到正統的傳統學派出現了新的概念、技術和發現，例如膠體生物物理學的許多研究人員都在研究纖維的 X 射線晶體學，龍斯特魯姆和哈默斯坦（E. Hammarsten）的學生卡斯帕森（T. Caspersson）則發展了細胞核的定量細胞化學。超速離心技術也是研究膠體科學的學者斯維德伯格（T. Svedberg）開發出來的。

因此，我們不能判定它們的好壞或正反影響，但我們已意識到，有必要放棄一種傳統進入另一種傳統，就像華生那樣。這種轉變可以是外部影響促成的，如華生想得到歐洲的經驗，也可以是自身的內在因素，例如國王學院藍道爾研究小組的工作重點從原來的實驗細胞學轉移到研究提取物質的結構化學。

我們從分子生物學、蛋白質工程起源問題方面的爭論中仍然能分辨出這些科學先驅曾有過爭論不休的蛛絲馬跡來。他們有的從結構論觀點出發，有的從資訊理論觀點出發，各執己見，然而，一旦有人做出了某項決定性實驗，尤其是這項實驗預期有可能帶來巨大的衝擊力，既有深遠的理論意義，又有巨大的實際應用價值，其吸引力愈發巨大。凡與此實驗領域有關聯的科學家，就會不分學派、不分學科、國籍、年齡、性別、信仰等，紛紛湧入這個新興領域中，即本章所述及的分子生物學、基因工程、蛋白質工程和正在研發的醣工程（醣生物學）的領域中。

他們有的出於科學研究需要，但更多是為了各自的科學研究實體能夠繼續存留下去，以及出於個人生計而湧入這個高技術產業中的。在這種情況下，他們為了完成共同的研究及開發使命，學科界限、門戶之見、學派分歧等通通被放置在一邊，由分歧而趨向統一，構成新的組合。這是不以人的意志為轉移的科學發展的歷史必然，也不是人為強硬撮合所能創立起來的，是來自科學研究自身的要求和機會。這是只有在解決某些特定問題上，兩個或兩個以上的不同領域、不同學派的知識變得相互有關聯了，學科或學派的統一才能實現。起初它們僅被視為有關學科的交叉研究領域或不同的學派，以後在長期研究交往中由逐步建立起來的概念、關係、步驟、技術、標準等，形成了新的知識領域，從而形成新的學科。總之，昨天的學科發展成為今天的科際整合或不同學派，今天的科際整合或不同學派有可能發展成為明天的新學科。對於像分子生物學、基因工程、蛋白質工程、醣生物學這樣的科學領域，高新技術迅猛發展的時刻，同時也是各分支學科、學派出現接近、綜合的新階段。

這種學科的增加和知識的擴增，突破了學科單一的局限性，並填補了各學科之間的鴻溝。一方面由基礎生物學成長起來的生物物理學、生物化學、生物材料學、奈米生物醫學等，都是由封閉型學科走向開放與創新的體現；另一方面電腦科學等軟科學與生物學、化學和物理學等自然學科相互融合，其共振效應更明顯。軟科學不僅包括科學本身，還包括技術，同時又是社會科學的應用，其高度綜合性、跨學科性及多專業搭配所帶來的複雜性和廣泛性，是任何硬科學無法與之相比的，也是最有助於研究和解決科學技術發展中的大問題的。

科際整合的出現並不是「1 ＋ 1 ＝ 2」的簡單疊加，而是透過一個領域在另一個領域的應用，為解決該領域內其他問題提出有效模式和方法，並產生極大推動力的過程。交叉學科產生後，要求研究者根據需要不斷改變研究層次、修正研究方式以及納攬最有效的方法。

9.6 分子生物學的發展前景

分子生物學中兩個「哲學」流派存在是客觀的既成事實，應當讓他們發展各自的觀點、方法、概念和假設，他們中間並不存在任何不可踰越的鴻溝，科學生活中「百家爭鳴，百花齊放」是科學事業繁榮的象徵。更積極的辦法是，為不同見解、不同學派的科學工作者提供多樣化便利條件，讓科學家們自己教育自己，讓他們不斷開拓思路，廣納群言，從中吸取對彼此都有益的成分，使各自的科學概念、假設、方法不斷得到改進、充實。現在提出來「開放實驗室」，就是為了避免學術思想的近親繁殖、情報不通、消息閉塞而採取的一項有遠見卓識的策略措施。

1950年代，身為資訊理論學派第二號人物的盧瑞亞就具備了這樣的遠見卓識，他派遣他的學生華生不遠萬里遠赴哥本哈根學習生物化學。學生又把老師的這種「遠見卓識」加以發揮，向前推進了一大步。他採取了一種「超常」的作為，不經老師許可，自作主張，逕自跑到劍橋大學學習X射線晶體繞射技術，一舉推倒了結構論學派和資訊理論學派之間的藩籬，充當了兩個不同學派的橋梁。不僅如此，他又透過這個所謂的「超常」渠道，將這兩大學派歷年獲得的研究成果通通置於生物學這個大背景下整合，最終與克里克一道完成DNA分子雙螺旋立體結構模型的建立。20年後，孵化出了基因工程。1978年，哈欽森的一次著名定位突變實驗，綜合了這兩大學派的研究概念、觀點、方法，導致蛋白質工程的誕生。我們有理由預測醣工程也會在這兩大學派相互交融以及協同作用下取得突破性進展。

第 10 章
有待思考的幾個方法論問題

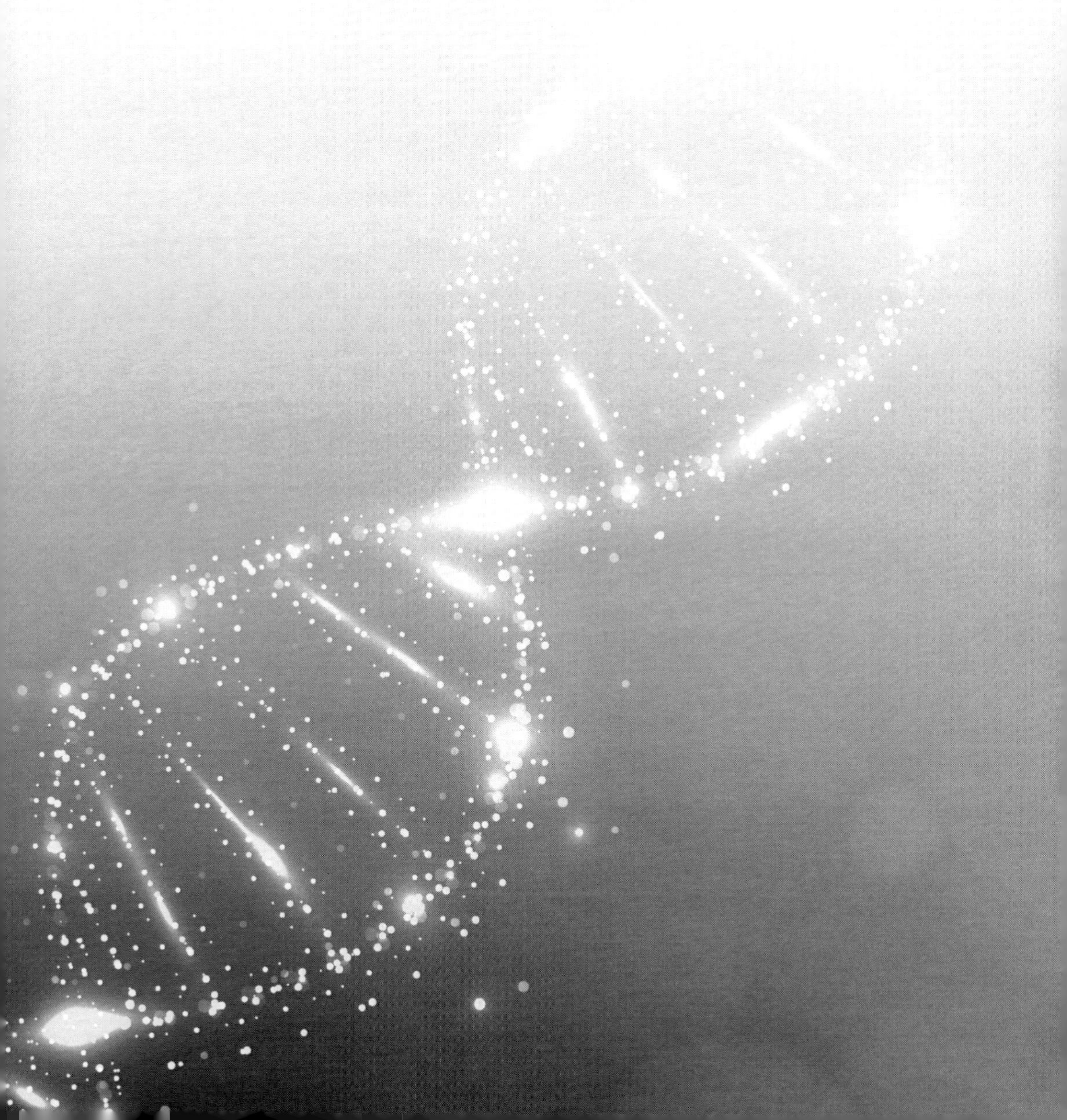

10.1 不同學科背景的合作範例

對於建立模型本身而言，生物學概念在其中的作用很小，大部分是物理學家的事，並且大部分關鍵性的工作已由富蘭克林完成了。華生、克里克的組合，在短短 18 個月內解決了富蘭克林未完全掌握的鹼基配對和雙股鏈反走向問題。他們兩個都非常執著，相處融洽，並且擁有寬容的環境，最重要的是目標一致。

更重要的也是最為關鍵的，華生曾四次接觸到富蘭克林未發表的有關 DNA 分子結構的，甚至可以說距離模型總裝配所必需的全部結果已經相差無幾的資料、數據、圖片。這樣也就彌補了他們在研究 DNA 分子結構所涉及的遺傳學、物理學、化學、數學、晶體學、X 射線晶體繞射技術等方面的知識缺陷，使得他們在與潛在的競爭對手鮑林、富蘭克林等人的較量中贏得了時間，時間恰恰就是他們成功的籌碼。模型最終是在華生手裡拼接起來的，這也是最關鍵的一步。即一個嘌呤總是透過氫鍵和一個嘧啶相連，兩條不規則的鹼基順序就可能被有規則地安置在螺旋的中央，而且要形成氫鍵就意味著腺嘌呤總是與胸腺嘧啶配對，而鳥嘌呤只能和胞嘧啶配對。

10.2 模型的直觀效應

他們兩位中，最機靈的是克里克，他從一開始就緊盯著結構化學家老鮑林的兒子小鮑林。當時，後者正跟他們一起在劍橋大學工作，克里克從小鮑林那裡可以隨時獲悉老鮑林的研究動態。克里克後來頗為得意地說:「鮑林能用兒童玩具裝配成功一種蛋白質的α- 螺旋立體結構模型，我們為什麼不可以用金屬片也裝配一個 DNA 雙螺旋立體結構模型呢？」所以說，他們兩位經過不尋常的努力，最終成功裝配了一個 DNA 雙螺旋立體結構模型。用一個直觀、易懂的具體實物模型，來解析深邃的遺傳學內涵，讓人一目了然，這是創新的貢獻。模型會催生出不尋常的預見，這些預見又反過來引發新一輪實驗衝動，這應當歸功於老鮑林的智慧結晶。DNA 雙螺旋結構模型與蛋白質的 α- 螺旋比較，的確有根本不同的性質：首先，在建立 DNA 雙螺旋結構模型的過程中，華生和克里克率先引入了遺傳學推理的方法，因為這種結構要求 DNA 分子具有高度的規律性，必須在兩股鏈上同時包含任意的鹼基順序；其次，與蛋白質的 α- 螺旋不同，DNA 雙螺旋結構模型的發現豐富了人們的想像力，並為以後理解遺傳物質如何表達其功能開闢了道路。

同樣無可爭議地表明，模型解讀是在克里克手裡升級並完善起來的。由於他早先在醫學研究委員會看到一份研究報告，得知「晶體 DNA 具有單斜晶的空間基群 C2 對稱性」。現在用硬紙板拼剪的 DNA 各種組成分子的模型大大有助於克里克弄清楚 DNA 分子的立體結構，模型會引導產生不一樣的預測，預測又進一步促進實驗性研究。不僅如此，模型的三維構像帶給他直觀的認知，還觸發靈感，引導聯想。克里克看到華生完成了鹼基配對操作時，開始還不以為然，後來仔細觀察，他情不自禁地脫口說出：「看！它正好有那種對稱性。」A-T 及 G-C 形狀相同，深深地打動了他。

接著他還發現每個鹼基對兩個醣苷鍵（連接鹼基和醣）由與螺旋軸垂直的一根二重軸對稱地連接著，而兩個鹼基都仍保持著同樣的方向。就是說即便將模型翻轉 180°之後，DNA 結構看起來還是一樣的。克里克旋即認為：「這最能說明 DNA 擁有相反方向的雙股螺旋。」這就導致了一個非常重要的結果，一條特定的多核苷酸鏈可以同時包含嘌呤和嘧啶，這有力地說明了兩條鏈的骨架一定是反走向的，即一條是 3 → 5 走向，另一條是 5 → 3 走向。

更令人興奮的是，這種雙螺旋結構還提出了一種 DNA 複製機制：兩條相互纏繞的鏈上鹼基順序是彼此互補的，只要確定了其中一條鏈的鹼基順序，另一條鏈的鹼基順序也就順理成章地確定了。一條鏈如何作為模板合成另一條互補鹼基順序的鏈，也就不難理解了。

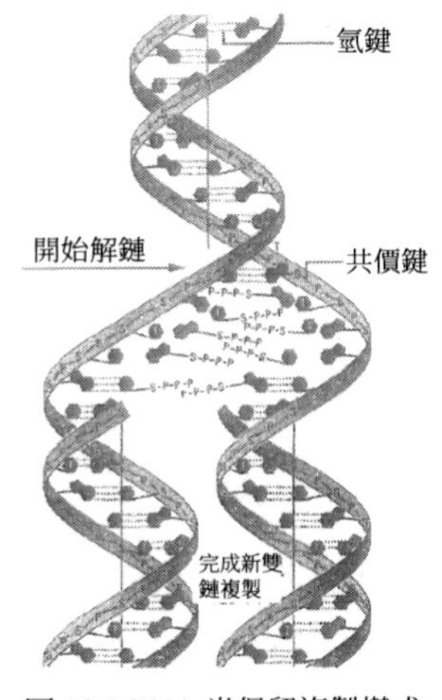

圖 10.1 DNA 半保留複製模式

至此，DNA 的體內形式的主要特徵都已弄明白了，在立體化學上也是合理的。它的結構具有普遍意義，從細菌到大象是一概適用的。這是 20 世紀生物學中最偉大的發現，對促進人類社會的科學繁榮，加速人類對生命本質的認知，有著無可比擬的巨大意義。

華生和克里克清楚地知道，模型雖已建成，並且是正確的，但還有許多後續工作及問題有待進一步探索，然後才能詳細說明遺傳複製。例如，什麼是多核苷酸前體？是什麼使成對的鏈解開和分離的？蛋白質的確切作用是什麼？染色體是一對長的 DNA 鏈，還是一段段由蛋白質連接的 DNA 所組成的？儘管還存在這些疑問，但他們依然覺得他們提出來的 DNA 結構，也許有助於解決基本的生物學問題之一 —— 遺傳複製中所需模板的分子基礎。他們的假設是，模板是由一條 DNA 鏈形成的，基因含有這些模板的互補對。

圖 10.2 1953 年 3 月，華生和克里克在 DNA 分子雙螺旋立體結構模型建成後合影

10.3 學科單一和閉門造車導致失敗的典型

華生到哥本哈根進修，又到劍橋大學學習 X 射線晶體繞射技術，他所接觸到的人和事是形形色色的，接觸到的專業知識是多方面的，這樣也就彌補了他在解析 DNA 分子結構時缺失的知識。更重要的是，他與另一位關鍵人物 —— 年輕的物理學家克里克想到一處、走到一起去了。然而富蘭克林沒有這麼多的機會接觸那麼多的學者與學科，她是個只管自己專業、不善與人交往人。她要完成涉及學科門類那樣廣泛的創新，難度是可想而知的。況且那時遠不是處在亞里斯多德的時代，在自然科學發展初期，一個人可以同時是物理學家、數學家、化學家、生物學家等；更不是處在愛迪生時的小科學技術時代，可以關起門來一個人在實驗室內搞發明創造。許多大型工程以及一些重大科學發現必須有多學科代表人物參加以集思廣益，另外，還必須有廣泛的學術交流以廣納群言。

18 世紀法國啟蒙運動的傑出代表人物盧梭曾經說過：「雖然人的智力不能把所有的科學知識都掌握得很全面，只能選擇一門科學，但如果對其他科學知識一竅不通，那麼他對所研究的那門學問也就往往不會有透澈的了解。」本書所述及的牛頓、愛因斯坦、波耳、德爾布呂克、薛丁格等科學巨擘，無一不是「一專多能」。富蘭克林的不幸，正是因為她忽視了如數學家維納所指出的「在科學發展的旅程中，可以得到最大收穫的領域，是各種已建立起來的學科之間被忽視的無人區」。富蘭克林沒有留意這些常常被人忽視的無人區，而華生和克里克正是「到科學地圖上的這些空白地帶去做一種適當的查勘工作」，他們不受生物學中已成定見的原理的束縛，從不被人注意的物理學的結晶和生物學的 DNA 分子這兩個風馬牛不相及的事物之間的無人區中，找到了一個結合點 —— DNA 分子雙螺旋立體結構模型。狹窄的專業化常常會把自己鎖在狹窄的專業範圍之內，從而丟掉了宏大的想像力和開放的思維。因此，任何個人單獨跋涉於從未有人走過的崎嶇的科學研究道路上，都必須記住富蘭克林這位女科學家的這一教訓。

10.4 群體性文化底蘊深厚

迄今為止的科學史書籍，主要是敘述科學發展史的，很少有人討論科學是如何發生的。其實在科學發生從 0 到 1 的漫長的過程中，包含了許多要素，本書就包含了人文、歷史、經濟、社會等要素，以探索這個學科的科學是如何發生的，群體性文化底蘊只是一方面。

華生被派到丹麥卡爾卡研究所進修生物化學時，他的興趣仍在遺傳學上，當他得知 DNA 還能夠結晶時，他很驚訝，因為這是他從未想到過的，但他認為這是一個方向，很想抓住這個機會，於是設法前往劍橋大學學習 X 射線晶體繞射技術。當他面臨生活拮据、斷糧斷炊的挑戰時，在這個群體性文化底蘊厚重的環境內，自有慧眼識真知之士為其解困，雪中送炭，他才得以完成 DNA 分子雙螺旋立體結構模型的建立。

在模型建立的全過程中，所處的環境是那麼包容、厚德，幾乎他們缺什麼，就會有該方面的學有所長且建樹頗多的學人來熱情指點，所以沒有發生因為學人保守、狹隘而封堵情報等事件。最能感人的莫過於富蘭克林，她學究氣十足，根本不知曉劍橋大學的潛在競爭對手正在虎視眈眈、夜以繼日地兼程趕來，更不知悉她的那些大量未發表的關鍵又珍貴的資料、數據及圖片已經被洩漏，她依舊只顧探討 DNA 分子的立體結構。

群體性文化底蘊深厚，必然使學術氣氛活躍、學術環境寬鬆、學術活動多樣化且不拘形式，讓研究人員對課題的選擇自由度增大。這些都為研究者本人跨學科、跨地域尋求他們所從事的領域所必需具備的知識和工作環境創造了便利條件。優越的科學環境無疑也十分有利於學術交流，置身其中，一頓午餐的時間所能獲知的科學研究情報知識勝讀一年書。這些極富創新能力的精英們聚集到一起，他們的綜合創新能力不是簡單地疊加，而是在他們日常彼此交往、點撥、啟發和相互影響下，使得每個研究者的創新能力發揮到極致，這便成為社會進步的推動力。

處於群體性文化底蘊厚重的環境中，絕大多數成員都容易形成「海納百川，有容乃大」的心態。他們在學術爭論中，包容成為時尚，能提出新概念的都會受到鼓勵。他們各持己見，不設框架，相互尊重，誰也不強求一定要承認某一見解的正確與否，一切都以「實驗能否得到重複」這一金科玉律說了算。這種學術環境對繁榮科學事業十分重要。

在噬菌體研究舉辦的冷泉港暑期講座的那段時日內，幾乎天天會有形形色色的學說面世，也幾乎天天會有各種各樣的否定或肯定的實驗數據出籠，甚至有人提出一些與噬菌體研究離題千里的不相關話題。身為噬菌體研究創始人之一的德爾布呂克甚至公開反對在科學研究中相互保密，他認為相互保密不利於產生新概念。分子生物學中出現的各種流派，無論是還原論、資訊理論還是結構論等都順其自然地發展了各自的特色、風格、長處。可能在某個時刻，兩個學派就不期而遇了，這時他們猛然醒悟，原來他們這兩個學派所採用的研究路線不同、方法不同、思路也各異，但最終卻走到同一條道路上來了。眼下正在研發的醣工程亦稱「醣生物學」更是離不開這兩個學派再次聯姻，這只能由那些第一代分子生物學家的學生或學生的學生去推動了。

10.5 運用了「社會工程」

以德爾布呂克、盧瑞亞、赫希等為發起人創建的噬菌體研究組，對分子生物學的研究和發展起過很大的促進作用。因此，從社會工程角度看，組建某種社團開展學術活動，進而催生一個新學科誕生，在科學發展歷史中也早有先例。例如在數學界，歷史上曾有過著名的希爾伯特運動，這個運動孕育了「現代代數學」。波耳在哥本哈根發起組織的「量子力學研究組」，亦即人們所稱的「哥本哈根精神」則是另一種創舉，還有，1901 年愛因斯坦在瑞士伯爾尼聯邦專利局當技術員期間，與青年時代的朋友索洛文和哈比希特一起，組建了一個「奧林匹亞科學院」，經常在一起探討物理學、數學、哲學等各種科學問題。

噬菌體研究組自然也是一個受到廣泛認同的學術研究團體，這為分子生物學這門新學科的誕生和發展奠定了理論基礎，也為這個新學科的誕生做好了組織上的準備。這個區區只有 52 人的研究組，竟然先後走出了 20 位諾貝爾獎得主，可謂是一個諾貝爾獎多產戶。

不是噬菌體研究組成員，但與研究組成員有千絲萬縷關係的埃弗里、富蘭克林、薛丁格等也為分子生物學新學科的誕生和發展做出了不凡的貢獻。

10.6 科學研究資源使用最佳化

怎樣用好科學研究經費，一直困擾著大大小小的研究組，但人才選用則是研究組的重中之重。

「不拘親疏，唯才是用」，才能實現資源使用的最佳化。富蘭克林進入這個研究領域前，威爾金斯雖為 DNA 分子結構發展了一些基礎性技術和概念，還拍攝到了一幅 DNA 分子的 A 型圖，但這幅圖說明不了什麼問題，因為關鍵在於要獲得結晶並保持穩定。這就要求呈絲狀的 DNA 分子能一束一束地平行排列，尤其要使一條雙股鏈平行排列，難度更大。直徑十分微細的絲狀體在溼度合適的環境才比較穩定，才可能用高分辨率的照相系統完成拍攝過程，可是威爾金斯不熟悉 X 射線晶體繞射技術，在大學階段也沒學多少。學院管理層看到了這一點，他們知道威爾金斯難以勝任此項工作，所以事先未與他商量，就應徵來一位以晶體學、實驗科學見長的女物理學家富蘭克林，還給她配了一位助手，自成一個研究小組，另起爐灶。

新來的富蘭克林進入角色後，果然不負眾望，在很短期間內 DNA 分子結構研究便大有起色。她拍攝到的 DNA 分子結構 B 型圖最能說明 DNA 分子結構呈螺旋形狀。同時表明，國王學院管理層對所屬研究組人員的特長、絕招、強項、弱項、軟肋等特點，都有一本明細帳，十分清楚。這個管理層能夠及時掌握各個研究組的研究動態和進度，更重要的是，他們具有前瞻性，能及時協調人力資源和配置，從而加速研究進展。

不論資排輩、不遷就、不講情面，讓不能勝任的人及早被邊緣化，這樣便能最大限度地利用有限的研究資源。人們不能要求一位農學學者或生物學者的獨當一面，去研究某種蛋白質抑或核酸的分子結構；同樣也不能要求一位專攻化學或物理的科學家獨當一面，去研究某種蛋白質抑或核酸的分子結構。

有了「不拘親疏，唯才是用」後，才會設計出簡化、集約型實驗路線。如本書第 4 章所述的「侵入式遺傳」實驗結果表達驗證法，免去了屬於有性生殖的複雜機體通常情況下只有經過相當長時期，並且經過發育和形態發生所必經的轉化之後，基因才會表達這種繁瑣而複雜的程式。還有在美國，同一項研究可以在多個研究實體發放科學研究經費，他們不由自主地產生了一些競爭意識。

由於研究路線設計合理、科學，最終便容易獲得在自然選擇過程中占據優勢的、目的性高的物種。這種在分子水準上一次到位，成功實現突變的操作，最能節省人力物力，從而研究出最有效的調控機制。

10.7　破除學術界的潛規則

潛規則似乎隨處可見，一些人被潛規則要挾，被潛規則綁架，感覺不這樣行事，自己就要吃虧，甚至就辦不成事，令人無奈、生畏、煩惱、厭惡。學術界也不是一塵不染的聖地，也有一套不成文的潛規則。

10.7.1　威爾金斯與克里克之間有潛規則嗎

威爾金斯跟克里克兩人都是物理學家，年齡也相近，早先同在一個學院工作，經常同桌進餐，一起討論科學問題，相處甚篤。他們全都採用 X 射線晶體繞射作為主要研究方式，只不過威爾金斯是研究 DNA 的，而克里克則是研究蛋白質的。當威爾金斯在研究 DNA 分子中遇到困難時，克里克甚至對威爾金斯調侃揶揄道：「你還是去研究研究蛋白質那個小玩意吧！」

如果他們以前生活在各自不同的國家，事情要好辦得多。現在的問題是，英國所有的顯要人物即便不是沾親帶故，似乎也是彼此認識的，英格蘭式的友善以及英國人的那種公平競爭（fair play）的傳統觀念，都不允許克里克染指威爾金斯正在從事的研究。在法國，顯然不存在什麼公平競爭，也就不會發生類似問題；在美國，那就更不會發生類似問題，你別指望伯克利人僅僅因為某項前沿的工作首先在加州理工學院有人開始做了，伯克利人就不可以也跟著去做；可是在英國，這簡直會被認為不夠朋友，不夠意思，況且克里克接著還在他的老師佩魯茨處閱讀過一份英國醫學研究委員會的書面材料，其中就收入了富蘭克林的研究報告、B 型圖的基本特點及互補概念。華生雖然四次接觸了富蘭克林的未發表的資料、數據和圖片，但他是美國人，他沒有英國人的那種公平競爭的傳統觀念。

10.7.2 華生與富蘭克林之間不存在潛規則

其實，華生早已知曉富蘭克林在解析 DNA 分子結構研究中已工作多年了，並且積累了大量珍貴資料、數據和圖片。富蘭克林也許知道了距離成功已經不遠，因此還沒有想到要公開發表。有充分理由相信，華生看到這些資料後，認為用某種方法，或者說採取某種新觀點，就可能使問題迎刃而解。在這個時候，如果華生提出同對方合作，可能會被認為是想與富蘭克林分享即將到手的成果。然而，客觀地說，他應該單槍匹馬地做嘛？很難判斷一個重要的新觀點究竟真的是他一個人獨自想出來的，還是在同別人交談中不知不覺吸收過來的。鑑於這種情況，科學家之間遂形成了一種潛規則，即彼此都不接觸或觸犯同行多年就已選定的研究 —— 這很有「割據一方」的味道，井水不犯河水。發表文章是這樣，選題、撰寫綜述文章、申請課題項目等也是如此，在這類「潛規則」面前他們往往都與好運無緣。

公正地說，這要有一個限度，當競爭不只來自一個，而是來自多個方面的時候，這種礙於情面的禮讓、躊躇不前，就顯得過於迂腐，也就成了不可原諒的荒唐之舉。例如當他們得知鮑林離最終解決 DNA 分子結構問題已經不遠的時候，與其讓鮑林等捷足先登，華生和克里克為什麼不可以搶先拿下頭彩呢？在解析 DNA 分子結構的過程中，這種進退兩難的思考顯得尤為突出。這種潛規則的同行之間的禮讓值得主張嗎？這種情況今後還會發生，這也是要留給科學史評論家思考的。

這兩個年輕人置閒言碎語於不顧，當仁不讓，該出手時就出手，率先將他們的模型公之於眾，立刻轟動了全世界。華生和克里克在這場有形無形的智力競爭中贏得了頭彩，為人類文明做出了巨大貢獻。

10.8　選擇研究主題的兩大迷思

選對主題，一順萬順，但在通向成功道路上需要防止踏入下列兩個迷思。

10.8.1　撿芝麻還是抱西瓜？

從事探索性主題好比尋找金礦，有些人滿地尋找，東挖一個坑，西掘一個洞，就是不願意花大力氣把埋藏很深的礦藏分布弄清楚，這樣有時倒也能小有成就，並不費多大力氣，就能撿到一些露在表層或埋藏不深的零星金塊。愛因斯坦說：「我不能容忍這樣的科學家，他拿出一塊木板，尋找木板上最薄的地方，然後在容易鑽透的地方鑽許多孔。」這類人會為些許蠅頭小利，研究幾個小問題，發表許多不痛不癢、可有可無的小文章，為自己獲得一份名利，這就是愛因斯坦最不待見的那種人，這類人還不少。

而另一種人則投入全部乃至畢生精力，矢志不移，努力勘測，確定了礦位就深挖不已，將工作中遇到的困難和挫折當作他們每日的麵包或營養，最終，他們經過不懈努力，抱出一個大金礦，這種人比前一種人的收穫要大過千萬倍。埃弗里屬於後一類人，他可能就是愛因斯坦最欣賞的那類科學家，不做小題目，生平發表的文章數不出幾篇，他只想著要和DNA 分子直接對話。他平時生活極其低調，一輩子勤勤懇懇，花了整整10 年才於 1944 年發表了一篇劃時代的文獻——〈關於引起肺炎鏈球菌類型轉化物質的化學性質研究〉，一舉撬開理論生物學的大門，開創了分子生物學的新時代。由這項成果催生出來的 DNA 分子雙螺旋立體結構模型被認為與相對論、量子力學並駕齊驅，是現代科學三大理論支柱之一。埃弗里是名副其實的科學大師，稱得上是一位真正的科學巨擘。

另一位掘金人當推薛丁格，他把畢生精力投入自然界本質現象的思考中，1926 年提出著名的「薛丁格方程」，成為量子力學創始人之一；1944 年又發表《生命是什麼？》，用量子物理學來闡述和解析遺傳結構的穩定性，引導許多物理學家湧入生物學領域，尤其是湧入遺傳分析研究領域，促進了 DNA 分子結構模型的建成，他稱得上是一位雙料或超級的科學巨擘。

10.8.2 不要跟風、追時髦

這是「分子生物學之父」德爾布呂克給予來自臺灣的年輕物理學家詹裕農夫婦的教誨。

大而言之，「要是這個世界由於有了我，而發生了改變」；小而言之，要是生物學某個領域由於沒有了我而發生了改變。總之，要有那麼點氣概，由於有我無我，生物學會受到什麼樣的影響呢？要是生物學某個領域由於你的缺失而沒有產生明顯可辨的影響，這說明你的工作可能就是非必需的或者說是多餘的。要知道，在一個熱門的、參與人員眾多的領域中，很多人往往在費了九牛二虎之力後也很難有出類拔萃的貢獻的。即便是做出了些許的發現，如果情況一切順利，拿到世界性科學論壇上一亮相，到頭來卻發覺世界上有多家實驗室都在做同樣一件事，探索者本人從中還能得到什麼樣的樂趣呢？

德爾布呂克的初衷是讓他的學生到科學園地中從未有人耕耘過的空白區尋找研究主題。

10.9 科學源於求知，求知出自閒暇，閒暇始於富裕

古籍《黃帝內經》中有「靜則神藏，燥則消亡」。「靜」是指人的精神，這八個字的意思應該理解為，將神態保持在淡泊寧靜的狀態，心中無雜念，便可進入真氣內存、心神平安的境界。從某種意義上說，這才是真正的閒暇。

10.9.1 只有富裕的生活才會有閒暇，只有閒暇的人才能走進知識殿堂

先哲亞里斯多德說：「求知出於閒暇和好奇。」一個「為五斗米折腰」、終日為生計疲於奔命的人，是不可能有充分閒暇的，更談不上去關切與求生無直接關聯的那些科學、藝術或哲學問題。達爾文到晚年深有感慨地說：「社會上有一些受過充分教育又無須為養家餬口而奔波勞碌的人非常重要，因為高度智慧的工作都是由他們來完成的。」

另一個例子，以達爾文來說，其父是一位生財有道的成功醫生，年收入超過 7,000 英鎊。老達爾文和達爾文家族信託基金每年能為小達爾文提供 1,500 英鎊的收入，他學過醫學、神學，走入社會做一個體面的醫生或

牧師不會有任何的懸念。可以毫不誇張地說，有如此殷實家底的達爾文，一輩子都無須為生計操心。於是，他便有了充裕的時間做他喜歡的事，所以達爾文有了豐富的知識，在 1859 年發表了巨著《物種起源》。可以說，達爾文的進化論是沿著閒暇 - 好奇 - 求知 - 真知 - 科學的路走出來的。

達爾文在花費了畢生精力後，到頭來給自己增添了無盡的煩惱，「進化論」也困擾著他們一家人。他在記錄了無數個植物近親繁殖的惡果後，開始擔憂自己和子女的健康問題。他追溯自己的家譜後發現，他的外祖父和外祖母都姓威治伍德（Wedgwood），屬三代旁系血緣。達爾文的母親原姓威治伍德，後嫁給了達爾文家族，而達爾文本人又娶了身為威治伍德族人的表姐艾瑪為妻，他們的近親係數為 0.063。也就是說，他們的子女從父母身上繼承的基因中，有 6.3%是相同的，屬於「中等級別近親結婚的後代，其夭折率為 30%，比當時兒童的平均夭折率高出兩倍。後來果然如此，達爾文夫婦從 1839 年到 1858 年，一共生了 10 個子女，有三個幼年夭折，活下來的大多體弱多病，其中三人終生不育。在達爾文家族的 62 名後人中，有 38 人無法生育，以致這個顯赫家族人丁日漸凋零。以上皆是題外話，是一個和遺傳規律相關聯的小故事。

我們再沿著本書主線所述之發現 DNA 路線圖來看看。這條線路圖所經過的西歐北美諸國，即依次經過的奧地利 - 瑞士 - 美國 - 英國 - 美國，其中四個國家是發達國家，然後又轉到德國、愛爾蘭，再到美國，又折回到英國開花，最後在美國結果。

10.9.2 閒暇孕育著新秀和形成新學說的人群

本書第 1 章述及的孟德爾是牧師，第 3 章述及的埃弗里是牧師的兒子，當牧師在當時很時尚，他們在傳教之餘有充裕的時間從事他們想做的事。率先提出量子力學的德國物理學家普朗克，就一直擔任教會執事。

上文述及的號稱「細菌遺傳學之父」的雷德伯格則是猶太牧師的兒子。

由於他們同屬於富人行列，在吃飽穿暖之餘，往往擁有更多的從容和閒暇。這種悠閒、從容常常產生於經過哲學感悟的文化和學養，既代表心靈的平靜與超脫，也顯現一個人的生存狀態和心理傾向的細膩、複雜及深沉。盧瑞亞在和德爾布呂克一起閒聊時，常常帶著懷舊的心情不無感慨地說道：「歐洲佬的那種邁著四方步子走路的老傳統和慢條斯理的生活節奏，往往有可能讓他們產生一流的科學概念。」他深諳慢節奏生活與科學進步之間的關係。正因為如此，他才決定派遣他的學生華生遠赴歐洲取經。

10.10　美妙的科學研究園

10.10.1　生活無處不科學

拉瓦節用精密天平推翻了「燃素」學說；牛頓用三稜鏡發現太陽光是由紅橙黃綠藍靛紫 7 種光組成的；卡文迪許從兒童用鏡子玩具折射太陽光，頻繁移動中得到啟示，第一個計算出了地球的質量；赫塞夫人將製作果凍的廚藝，援引過來製作出了洋菜固體培養基，掀起了微生物學實驗技術的一場革命，極大地促進了醫學細菌學的研究進展，從而縮短了 DNA 的發現歷程。要是當初沒有赫塞夫人發明洋菜固體培養基，DNA 發現的歷程就不會這般順利，還會延後，本書上述幾章演繹出的一臺臺大戲也就唱不起來了。

赫塞夫人發明出洋菜固體培養基這一事實還說明，許多科學發明不一定非要在哈佛大學、劍橋大學這樣一流的科學殿堂、研究聖地才能取得。科學家能否成功，關鍵在科學家本人的研究風格，在於他們是否善於利用現有的實驗室條件和已有的知識，如果善於利用的話，即使在二三流的大學裡最大限度地應用手頭的器材，一樣能做出驚人的成就。

遠一點說，當初瑪里 · 居禮如果非要等到有了離心機和蓋革計數器，再著手研究放射性元素鐳，免得在惡劣的工作條件下受煙燻火燎、繁重體力勞作之苦，那麼 1902 年她就發現不了鐳，或者發現權輪不到她的頭上。因為時間是爭得發現權的頭等籌碼。即便當時市面上有這些儀器裝置，她也無力購置。

近的說，除去已列舉過的例子，在 2010 年諾貝爾物理學獎得主蓋姆（A. Geim）和諾沃肖洛夫（K. Novoselov）二人還共同演繹出了一曲「玩」出來的諾貝爾獎。他們用廉價的透明膠帶一層層剝離出只有一個碳原子的厚度，成功研製了寬度只有 1nm 的二維固體材料石墨烯，性能遠高於單晶矽，導電性可與銅媲美，強度是鋼的 100 倍，導熱性超過任何已知的材料，透明、輕薄，成為微納電子工業的支撐材料。將它用於製造各種新型電子產品，必將引發新一輪的電子工業革命。

10.10.2 騎驢找馬

科學研究中有時也有騎驢找馬、選錯了題、搭錯了車的事件。重要的是，不要把不可能實現的，或實現機率極小的事件，當作有可能或很容易實現的事件。那樣只會造成人力、財力的浪費，更可能誤了大事。聰明的科學家在還未確定研究方向前，都是在「騎驢找馬」、「吃著碗裡的，望著鍋裡的」。

我們沿著 DNA 分子發現的線路圖不難發現，凡進入這塊科學研究園地的人無一不是「騎馬找馬」、「吃著碗裡的，望著鍋裡的」。孟德爾是個僧侶式的傳教士，只緣於常見其老父整天在田間地頭進行植物雜交，且發現獲得的子代品種往往優於母本，遂萌生出投身於豌豆雜交實驗研究。摩根是研究「海蜘蛛」解剖學及系統發育的，他先後用小鼠、大鼠、鴿子、月見草、果蠅做材料，比來比去，唯果蠅符合他的要求。摩根選擇果蠅還有另一層意思，即他對孟德爾運用數理統計學方法研究生物遺傳，剛開始持質疑態度，後又認為用這一孟德爾教義來解釋遺傳確實是一件了不起的事件。

米歇爾本從醫，迫於耳背，轉攻化學。他遵從老師的安排，研究淋巴樣細胞，後來出於方便，就近取材，自作主張研究膿細胞，從而發現了核素。埃弗里也是醫生，也不是從一開始就研究 DNA 分子的，而是長期從事臨床和醫學細菌學的研究，但他只因不滿足於格里菲斯的結論，遂將他的實驗向深一層次推進，從而引導他一步步更加逼近生命本質 DNA 分子。

但基因到底是什麼？ DNA 分子是什麼樣子？人們拿不出證據來。DNA 分子研究的歷史長河又把物理學家捲進來了，德爾布呂克是一個理論物理學家，研究鈾分離技術的，他是一個典型的「騎驢找馬」的人，他的研究方向變來換去，最終落在了噬菌體上。他在為分子生物學選定研究材料，創建「噬菌體研究組」這個吸引人才的平臺發揮了關鍵作用。他的後繼者薛丁格本是量子力學創始人之一，他的興趣廣泛，幾乎沒有他不想了解的知識，他到生命科學天地，只不過是他大智若愚的一次「短暫旅行」。他身為有聲望的資深物理學家寫了一本《生命是什麼？》，無形中吹響了物理學家向生命科學進軍的號角。

威爾金斯研究過電子在磷裡面的熱穩定性以及磷光理論，參加過「曼哈頓計畫」，他就是在薛丁格的這本書籍的影響下步入生命科學天地的。菸草鑲嵌病毒首次成功結晶，因為這項成果有他的好友斯坦利的一份功勞，所以他對病毒顆粒也有了興趣。

富蘭克林原先是研究煤炭分子細微結構和石墨化及非石墨化碳研究的，她是什麼主題最難、最具挑戰性，她就研究什麼。生物學分子量都很大，獲得的 X 射線晶體繞射圖像很複雜，長期以來，一切可能的數學分析都對它無能為力。富蘭克林的機遇來了，她不放過這一用 X 射線晶體繞射法研究生物材料的機遇，從而取得了巨大成就。

華生是研究動物學的，對鳥類感興趣，只不過在義大利休假時碰上一個學術討論會，在會上看到了威爾金斯的 DNA 纖維的 X 射線晶體繞射圖。這還讓他意識到，只有弄清楚基因的結構，才能知道基因是如何工作的，從此他就全心全意地投入到了 DNA 雙螺旋立體結構模型的建立上，果然取得了巨大成果，轟動了學界。

最典型的當推克里克了，他先是研究胰泌素和胰凝乳蛋白酶抑制物的，在這類課題之間轉來轉去，實際上他什麼都沒有做，卻漸漸發現「交鏈的交鏈」是大多數生物大分子，特別是螺旋體中常見的特點。華生來到劍橋大學後，他們兩人很快想到一塊兒，但他「騎驢找馬」，一直到「DNA 鹼基配對和雙股鏈反走向」問題取得突破性進展，他這才從馬身上跳下來，離開他原先從事的胰凝乳蛋白酶抑制物的研究，全身心地投入並與華生一道共同譜寫了一曲轟動於世的成功組建 DNA 雙螺旋立體結構模型的凱歌。

查加夫是研究生物化學的，他是從故紙文獻堆裡尋找到這匹「千里馬」的；鮑林原是研究 Vc 和蛋白質 α- 螺旋的，後來也「騎驢找馬」，開始研究起了 DNA 雙螺旋立體結構模型，而且臨近成功只有幾步路。本書第 8 章所列舉的多位物理學家轉向生命科學研究，也都是按照這個合邏輯的「騎驢找馬」思維模式，先後湧進生命科學研究園地的。

科學家所作的解釋都是一些學說，所有的學說又都是試探性的。這些必須永遠要接受檢驗，看其是否符合實際，一旦發現不合適，就必須馬上加以修正。因此，科學家尤其是著名科學家，「騎驢找馬」，改變主意，不僅不是弱點，反而是由於不斷關注有關問題和有能力一再檢驗其學說的明顯證據。而當改變主意去另起爐灶，研究一個全新的問題時，其原因一般是他們不能提出恰當的新問題，從而以為他們原來的研究路線已走到了盡頭。最典型的例子是，1950 年德爾布呂克意識到，從噬菌體繁殖尋找物理學新規律是不可實現的，現在需要用正統的化學技術來探索生物複製之謎，揭開受噬菌體侵染的細菌細胞的「黑箱」。如同當年他放棄了天體物理學轉攻原子物理學，而後又研究起遺傳學那樣，現在他又靈機一動，放棄了遺傳學，轉向了感覺生理學。待到研究鬚黴時，才不得不學習起了生物化學。

10.10.3　想像力與知識哪個更重要
—— 菌細胞內「大管家」的發現

愛因斯坦說過：「想像力比知識更為重要，因為知識是有限的，而想像力則概括了世界的一切。」法國現代分子生物學家莫諾充分發揮自己的想像力，認為可以將基因中的 DNA 分子轉移到新的活有機體細胞中，並把這比喻為「一項龐大而繁複的系統工程」。如此龐大的工程若沒有幾個組織者領頭，這項工程是無法正常有序進行的。他在研究大腸桿菌乳醣代謝的調節機制中，發現有結構基因和調節基因的差別，一個或數個結構基因與一個操縱基因聯合起來，在結構與功能上構成一個協同活動的整體 —— 操縱組。

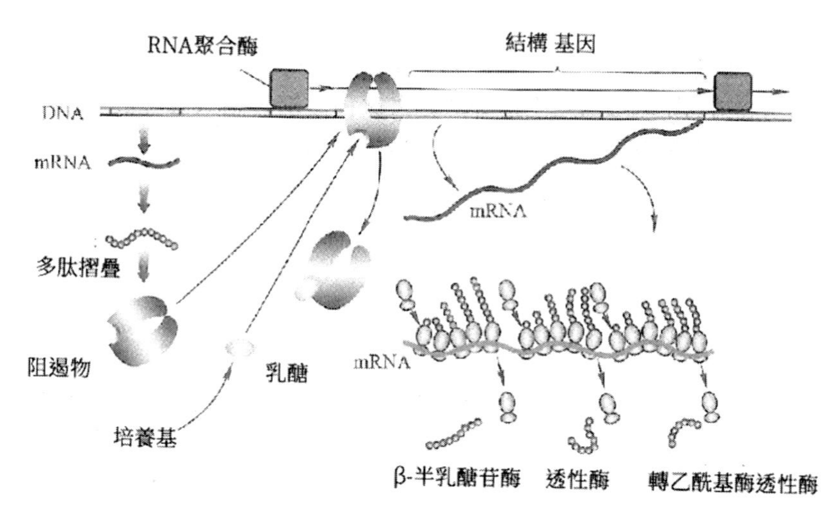

圖 10.3 乳醣操縱組的結構及其轉錄的阻遏、誘導原理（引自 Griffths 等，2005）

圖中 *Z*、*Y* 和 *A* 是三個相鄰基因，分別編碼半乳醣苷酶、透性酶和轉乙酰基酶的蛋白質結構。它們有一個共同的操縱基因 *O*。基因 *P* 是編碼阻遏蛋白結構的，它與基因 *O* 連接並關閉基因 *O*。倘若有一種諸如乳醣之類的誘導物與之結合時，它就使誘導物鈍化，阻止它關閉基因 *O*，蛋白質合成就會繼續進行。

為此，他大膽地提出「調控基因概念」，即生成蛋白質的特定性質、數量以及時間順序，某些特定基因何時開啟、何時關閉，都是由這些類似「工頭」的「操縱組」來實施調控的。

這個受體細胞好比一座超微型的化學工廠，裡面夜以繼日地進行著 2,000 多種生物化學反應，大的聚合態分子降解了，另外一些分子合成了。細胞從周圍環境中選擇較小種類的有機化合物用以合成細胞內所需的一切物質，包括合成高分子所需的單體；一些其他的分子則被降解，降解產物或向胞外分泌，或作為原料重新被利用。這座超微型「化學工廠」內發生的這 2,000 多種化學反應，包括大多數已知的有機化學合成反應類型，如水解、脫水、羥醛縮合、烷化、氨解、酰化、氧化、還原等。每一項反應類型都被一種酶催化，酶的催化效率遠高於簡單的無機或有機催化劑，速率約為普通催化劑的 10^8 ～ 10^9 倍，等於空間人造衛星和蝸牛之間的速率關係。

現在的基因工程，通俗地說就是欲朝這個「細胞工廠」組入一些外源基因，形象地比喻，就好比上級部門要往這家所屬工廠派進一些工作人員、一個工作組。派進去的是普通工人，還是總工程師或廠長，對這家所屬工廠的前途、命運和未來的經營開發關係極大。如果派進去的是普通工人，那麼對整個工廠的生產、經營起不了多大作用，即便這位工人師傅很能幹，充其量只能對提高全廠的生產率產生一些微小的或局部的作用，對全局而言不能發揮關鍵作用。若是派到這家所屬工廠去的是總工程師或廠長，那麼就能對提高全廠勞動生產率造成舉足輕重的作用。

兩種工廠的類型不同，道理是一樣的。它們大到方圓數十公里，小到只有 $2\times10^{-12}cm^3$ 的地步，都必須有組織、有計劃、有序地運行，才符合「科學發展觀」。後來的實驗證實，大腸桿菌及所有原核機體細胞內確實普遍存在「操縱組」形式的基因調控模式，「乳醣操縱組」即屬此類。這是生物學中非常典型的轉錄調控系統，其真實的運行方式比上述的要複雜許多。染色體結構確實具備實現這套程式的方式，既具備實施這套模式的方案和能力，同時還有建築師的藍圖以及現場施工的技術，揭示「乳醣操縱組」調控模式的三位科學家莫諾、賈克柏及利沃夫理所當然地獲得 1965 年諾貝爾獎。

10.10.4　科學研究中繁簡「知識流」的美妙轉換和互動

將果凍製作技術援引到製作洋菜固體培養基掀起了一場微生物學技術革命，是知識流由簡到繁的轉換。從一個複雜生命機體大系統中分隔出一個簡單的生化反應，發現了一個用以調控基因開關的「乳醣操縱組」，是知識流由繁到簡的轉換。拉塞福說過：「不能向酒吧服務生解釋清楚的理論，都不是好的理論。」人類社會的這種「知識流」繁簡轉換和互動是科學發展的歷史必然。

赫塞夫人將一種簡單樸實的小道理用於解決科學技術中複雜的大問題，實現將人類社會的「知識流」由簡到繁的歷史性轉換。牛頓的萬有引力定律拿蘋果舉例，薛丁格的量子力學拿貓舉例，哥德巴赫（C. Goldbach）猜想拿 1+1=2 舉例，摩根的基因論拿「實驗室內的灰姑娘」舉例。熱力學第一定律說的是能量原理，我們就拿「吃飯」舉例；熱力學第二定律說的是熵原理，我們就拿「穿衣」舉例；熱力學第三定律說的是熱定則，我們就拿不可能達到絕對零度舉例。這樣就實現了將人類社會的「知識流」由繁到簡的歷史性轉換，與由簡而繁的「知識流」形成對照。

一切對科學懷有興趣、對自然界懷有好奇心的人都在想：「那麼，自然科學領域內的下一個基本規律在哪裡呢？還會拿出什麼簡化形式舉例呢？」科學和科學社會不就是由這種將人類社會的「知識流」由簡而繁，由繁而簡，有簡有繁、繁簡互動、相輔相成、與時俱進的不斷提升中構建起來的嗎？

10.10.5 走進美妙的科學樂園生活

1866 年，孟德爾用他的著名的分離定律和自由組合定律這把沉甸甸的鑰匙僅僅將遺傳學大門的鎖打開了，但門內的奧妙尚不為人知。1944 年，埃弗里接著用他的著名的細菌轉化實驗這把更加沉甸甸的鑰匙打開了遺傳學的大門，人們這才知道有遺傳訊息傳遞作用的是 DNA。1953 年華生 - 克里克的 DNA 雙螺旋模型問世，1954 年伽莫夫成功破譯了用於解釋上述模型的遺傳密碼，為我們提供了又一把「生物鑰匙」。1961

年，莫諾和賈克柏用他們的乳醣操縱組模型，教會我們如何進行遺傳調控，為我們提供了一種基因開關的按鈕。人類在揭示生命奧祕的漫漫征途中，憑藉這一把把鑰匙、開關按鈕，越過了無數崎嶇險道，好不容易走進一條長廊，再往前走，長廊盡頭有一扇門，門外有廊，廊外有門，科學研究就是在克服一個個障礙、越過一座座山頭中，循環往復，不斷改進而完善起來的。

那些研究高手、科學狂人和一些頂尖人才則是義無反顧地前仆後繼，為現代分子生物學大廈添磚加瓦，做出了許多不朽貢獻。科學家本人也在各種科學實踐的同時不斷完善自己，在美妙的科學樂園生活中、在一點一點的成就感中滋潤了自己並且尋找到了與生俱來的樂趣。無盡的想像力、好奇心及求真求實的研究興趣，會使科學研究成為生活的一部分，玩著玩著就把實驗做出來了。埃弗里曾經說過：「研究探索中遇到的不順心、煩惱事就是我每天的麵包，我就是靠這些麵包養活自己的。」不過現在還應加上一句，這也是他在科學樂園生活中頑強拚搏的精神支撐點。一位資深科學家豪情猶存、壯志未酬地嘆息道：「個人的生命力是有限的，如果有來世，我願把今生所從事的課題在來世繼續深入下去。」

10.11 探索生命本質 DNA 分子歷程中的必然性和偶然性

鮑林實驗室、富蘭克林小組以及華生 - 克里克等他們三個小團體都有可能拿下 DNA 分子立體結構模型，只是一個時間的問題，但誰能最先走完通向諾貝爾獎獲獎臺的最後 100 公尺，則是充滿了許多的偶然性，甚而帶有某些戲劇性的。科學發現和藝術創造可以類比，兩者皆是絕無僅有的，研究工作則存在偶然性和必然性的差別。

第一，要是華生 1951 年不去義大利拿坡里小城休假，或者雖然去了拿坡里小城，卻沒有走進正在舉行的一個小型「原生質亞顯微結構學術討論會」會場，抑或華生到劍橋大學的時間推遲到 1953 年或 1954 年，而不是 1951 年，那麼可以十分有把握地說，發現 DNA 分子結構這件事就不會發生在劍橋大學，只會發生在倫敦富蘭克林研究或者薩帕薩迪納的鮑林研究。

第二，富蘭克林、戈斯林和威爾金斯這個班底雖然拍攝到了 DNA 分子結構的 B 型圖，但缺少一個像多納霍那樣的結構化學家的指點，也沒有人來告訴他們當時的有機化學教科書上寫的那些結構圖都是錯誤的，所以他們總也找不出正確的鹼基配對方式。

鮑林的工作班底雖然具備了世界上數一數二的結構化學基礎，很有希望建構一個 DNA 雙螺旋結構模型，但根據密度測量，他們最後選擇了三重螺旋模型，這樣，鹼基配對也就無從談起。他們從未見到過富蘭克林拍攝到的 DNA 分子結構 B 型圖，想藉參加倫敦舉行的蛋白質會議之機會，順便參觀英國國王學院 X 射線晶體繞射實驗室的工作。這也是華生最擔心的，因為他怕他們看到了 DNA 分子結構的 B 型圖後，憑藉著扎實的結構化學基礎，會捷足先登。但鮑林本人不走運，他是一個和平主義者。美國政府怕他到處散布「和平共處」等與美國當時的政策格格不入的言論，故而在他到達倫敦機場時，吊銷了他的護照，最後，他只得回美國。除此，鮑林本人也未安排一個助手拍攝 DNA 分子結構圖，否則同樣也會發現 DNA 分子的 B 型結構圖。有了這幅結構圖，那麼，他們用不了一週的時間，就會拿下 DNA 分子結構模型。

華生和克里克的工作班底中由於克里克閱讀過英國醫學研究委員會的一份報告，其中就包括了富蘭克林提交給藍道爾教授的實驗記錄和多納霍提供的結構化學知識的「點撥」。可以用代入法這樣說，富蘭克林、戈斯林和威爾金斯這個班底有「A」沒有「B」；鮑林的工作班底有「B」沒有「A」；而華生和克里克的工作班底既有「A」，也有「B」。雖然

「A」和「B」都不是他們自己做出來的，但他們憑著天時、地利、人和，加上他倆特有的智慧及悟性，結合機靈、執著等特質，最後使出了渾身解數、將「A」和「B」巧妙地運用在通向斯德哥爾摩的最後衝刺努力中，贏得了時間，獲頒諾貝爾獎。

第三，在通向斯德哥爾摩的最後衝刺努力中，為什麼產生引導作用的偏偏是多納霍，而不是別人呢？就當時情況而言，除去鮑林外，任何一位生化學家都代替不了多納霍所能發揮的那種獨特作用。多納霍原是鮑林的學生，後來成為工作合作者，他們對小的有機分子晶體結構有過多年的研究，是當代世界上最熟悉氫鍵的人。多納霍認為，二酮吡哄具有酮式結構的量子力學理論，也同樣適用於鳥嘌呤和胸腺嘧啶，從而糾正了有機化學教科書中引用的互變異構中的烯醇式結構，這是多納霍和鮑林做出的一項重大科學發現，尚未寫入教科書中。要是按照有機化學教科書中畫的互變異構圖標示的烯醇式結構搭建模型，鹼基怎麼也配對不起來，而華生從「同類配對」死路裡就怎麼也走不出來了。

第四，小鮑林、多納霍、華生和克里克這四人共用一間工作室，他們朝夕相處，和諧融洽，其所起的一種具有特別意義的「共振效應」在科學發展史中幾乎是絕無僅有的。小鮑林隨時提供有關他老爸的研究動態；多納霍指點他們按酮式結構搭建模型；華生搭建模型；克里克認知到腺嘌呤與胸腺嘧啶、鳥嘌呤與胞嘧啶的等量關係是醣和磷酸骨架有規律地反覆出現的必然結果，提出了 DNA 鹼基對互補和雙股鏈反走向，由此大功告成。

奇妙的是，前兩位年輕人本是從美國來劍橋大學進修生物化學的研究生，本質上他們跟後兩位不同，後兩位完全屬於局外人。他們平日總看著後兩位穿前走後，整天忙個不停，他們本可以待在一邊袖手旁觀，有時間到外面去消遣也好，打球娛樂也好。但這兩位年輕人可不是這樣，他們愛管「閒事」，八竿子打不著的事兒似乎也少不了他們的份。在一個人來人往、四人合用的狹小空間，對華生和克里克搭建的模型他們是躲也躲不了，避也避不了，抬頭不見低頭見。至於模型搭建得怎麼樣，正確與否？時而雞蛋裡挑骨頭，說三道四；時而引經據典，酷似深諳此道的大學者似的指點迷津，甚至做別人的事兒比做自己的事兒更來勁，不經意間產生出始料未及的效應。

他們四人合用一個辦公室，這個臨時拼湊起來的四人小樂隊，在合適的時間、合適的地點，演奏著一曲絕妙的旋律，恰到好處的悅耳樂章。他們再把這種柔美、動聽、醉人的聲音化作一把金鑰匙，將華生和克里克推上了一條直通斯德哥爾摩的征程。華生和克里克邊走邊唱，唱得美妙，走得也自信，令鮑林心服口服，令富蘭克林和威爾金斯也佩服得五體投地，更令全球人驚嘆不已。

一個是學生物出身的，一個是學物理出身的，他們配合默契，發揮各人所長，又善於接受別人工作的啟發，善於在別人已達到的高度上更上一層樓，達到更高的目標；而且關鍵在於他們在接到接力棒時，別人已跑完了大半個路程。美國物理學家齊曼在談到這一劃時代偉績時說：「有成就的科學家就像一些這樣的士兵，他們在一次強大的突擊之後，最後把戰旗插在城堡的頂端。在他們加入戰鬥的時候，勝利已經在握，主要是由於偶然的機會才把標誌勝利的旗幟交到他們手中的。」

第 11 章　結語

11.1　100 多年來遺傳學揭示的一些規律

各個領域的科學家們經過百餘年的潛心研究，前仆後繼，終於弄清楚了下列幾個規律：

- 最值得重視的、完全沒有料到的發現是，遺傳物質即 DNA 本身並不參與新個體的機體塑造，只是作為一個藍圖，作為一組指令，被稱為「遺傳程式」。
- 密碼（借助它將程式翻譯到個體生物中）在生物界是普遍適用的，從細菌到大象一概適用。
- 一切有性繁殖的二倍體生物的遺傳程式（基因組）都是成雙的，由來自父本的一組指令和來自母本的另一組指令組成。這兩組指令在正常情況下是嚴格同源的，共同作為一個單位在運作。
- 程式由 DNA 分子組成，在真核生物中和某些蛋白質（如組蛋白）相連。這些蛋白質的詳細功能還不清楚，但顯然是協助調節不同細胞中的不同基因座位的活性的。
- 由基因組的 DNA 到細胞質的蛋白質的代謝途徑（轉錄與翻譯）是嚴格的單行道，機體蛋白質不能誘發 DNA 發生任何變化，因此，獲得性狀遺傳是站不住腳的。
- 遺傳物質從上一代到下一代是固定不變的（硬式），除了非常罕見 (1/1000000) 的「突變」（即複製錯誤）以外。
- 有性生殖生物中的個體在遺傳學上是獨特的，因為幾個不同的等位基因在某個族群或物種中可能在成千上萬個座位上表達。
- 遺傳性變異的大量儲存為自然選擇提供了無限的素材。

11.2 已知活細胞內有 2,000 多種化學反應，但還有 2/3 我們尚未掌控

關於生命科學，今天我們依舊可以提出無數的問題，諸如生命物質包括哪些化學成分？周圍的物質透過什麼途徑才會轉變為具有生命特性的成分？採用何種技術才能觀察活細胞巨大分子的結構？活細胞是如何組織來完成各種功能的？基因定位和各自的作用是什麼？什麼機制會促使細胞複製？單個受精卵在發育成由許多極不相同類型細胞構成的高度分化的多細胞生物的奇妙過程中，怎樣使用其遺傳訊息？多種類型細胞是怎樣結合形成器官和組織的，又是如何協同完成有益於有機體的不同的貢獻的？怎樣理解神經系統的結構和功能？物種是如何形成的？什麼因素引起進化？現代仍然有進化過程嗎？人類如今仍在進化嗎？果真如此，人類能否控制自己的進化過程？在一個體或群體生活的固定環境中，物種之間的關係怎樣？是什麼支配這一生態環境中的每個物種的數量的？是否有明確的行為生理學基礎？我們所知道的知覺、情緒、識別力、學習或記憶以及饑餓或飽食等的基礎是什麼？等等。

現在我們尚不能對上列問題給出結論性回答，如果有什麼能接近於上述問題的回答，也是十分鼓舞人的，人們會耐著性子期待一個個這樣的回答，即便是接近於上列問題的回答也是十分令人興奮激動的。許多激動人心的重大發現都是由所謂的第二代分子生物學家取得的，例如 DNA 修復、DNA 重複序列、反轉錄、小片段中以 DNA 為引物的 DNA 複製、DNA 的多解讀框架、間隔基因 /RNA 捻接、非普遍性原理等。

這裡僅列舉我們生活在地球上的生命世界中的一員，一個最小的「小夥伴」—— 細菌，它的細胞像一座迷你型「化學工廠」，24 小時運轉，還不產生汙染，在那裡進行的化學反應具有驚人的速度。完成一個或一系列反應所用的時間以分、秒、毫秒、微秒甚至更短的時間計算。有人把生

物比作最精密的自動調控系統，它的零件之小、靈敏度之高，無與倫比。人們從生物體的這些優異機能中，可以獲得許多全新的設計思想。在這座小工廠內日夜不停地進行著 2,000 多種化學反應，已揭示的和經研究過的化學反應有約 600 至 700 種，還不到其中的 1/3，還有 2/3 的化學反應尚未掌控。高等機體細胞裡發生的化學反應可能比這個數字複雜好幾十倍、幾百倍。例如人體內一個肝細胞含 225 萬億個分子、530 億個蛋白質分子、1,660 億個類脂質分子、2.1 萬億個較小的分子，這說明一個細胞好比一個大宇宙，中間發生的變化或反應數目成天文數字。

分子生物學 50 年來的歷史，主要集中於重要生物大分子結構與功能的研究。但是，愈來愈多的跡象表明，如金屬離子、甲基、水等小分子的行為對於大分子間的相互作用有著極其重要的調節控制作用。這就預示著下一階段的分子生物學研究將主要圍繞大分子間的相互作用過程中小分子的作用問題。

分子生物學的形成是一種複雜現象，究竟複雜到什麼程度，人們還未寫出一部「肯定」的歷史，也不可能寫出這樣的歷史。因為歷史演變的因果關係，畢竟不同於科學實驗。在實驗室裡，除非操控發生誤差，否則，若能複製相同的條件，便可以得出相同的實驗數據。在悠悠歷史漫流中，相同時空條件下的不同事件可能產生相似的結果，不同時空情境裡的相似行為，也可能得出完全不同的結論。歷史這面鏡子中的影像大多已經定格，而現實正處於不停地變化中，每天都有可能出現新的事物，產生新的概念。即使人們已掌握了大量可靠的資料、史料，但是「事實」的演變是極其微妙的。它依據於有選擇的觀點，例如科學成就史、科學生活史，還要依據科學史學家寫作的時代。有利於科學研究的既包括所謂的科學論說史，還包括社會結構和交流史，與上列兩種歷史不可分割的屬於哲學思想體系的背景歷史，應當歸到哪一類呢？這是一個難寫的問題。然而，不將它寫出來，就幾乎抓不住一般動力學的主要方面。

最終，較為恰當的辦法是將科學活動引入更為廣泛的社會關係方面，例如第二次世界大戰，歐洲許多科學人才外流，使得 DNA 分子結構研究的科學中心在西歐和北美來回變遷，吸引來了不同學科的各路英才，促進了學科出現空前的大綜合，引導 DNA 分子雙螺旋立體結構模型成功裝配，構成分子生物學中「一次決定性實驗」。

這一項決定性實驗的成功，緊接著引發了一個科學情報爆發期，那些欲說未說，或因證據不足、數據不全而不敢提出來的學說、新概念、新觀點、新思想都被全拋出來了，使得理論生物學進入一個動亂的時期，理論生物學中一部分將涉及分析化學和結構化學，其中更重要的部分將是重新看待遺傳學和細胞學中的許多問題，這些問題在過去的 40 年裡簡直走進了死路。

10 年後，重組 DNA 技術（又稱遺傳工程）問世，全面推動了生物產業發生革命性轉變，生物學繼物理學、化學後，也登上產業革命舞臺，建立起了具有生物學特色的工業體系，成為生物工程學第一代支柱技術。其第二代支柱技術蛋白質工程越發彰顯生物產業的巨大生命力，目前在研發的第三代支柱技術醣工程（或稱醣生物學），有希望將生物產業推上國民經濟越來越重要的產業部門。

11.3 生物學研究的最終目的

1950 年代，分子生物學研究取得了一系列突破性進展，這和資訊科學的誕生在時間上如此巧合，資訊科學中使用的一些術語，如程式、編碼等，後來都在遺傳學中利用上了。當前人們似乎認為分子生物學已經到了「最後開花結果」的階段了。須知，分子生物學的真正目的不在於創建能夠在地球上生活的一些新型生命類型，以便為人類提供高水準且數量充分的產品；分子生物學的真正目的是要透過基因結構和功能的研究來揭示人類、動植物的生理過程，以及細胞分化，胚胎發育，生長、衰老直至死亡的全過程。就是說，要對生命時間階梯的原理按正確順序進行全方位追蹤。即便生命本身現在仍然是一個奧妙無窮、深不可知的祕密，可人們一旦將他們和分子連繫，進行綜合分析，那麼就有可能接近其終極祕密了。因此，人們主張先不考慮生命是否已知或未知，我們抄捷徑，直接來看生物分子 —— 看來這可能是一條正確的途徑。在進行這類研究時，可以考慮研究分析逐級爬升的生命時間階梯的結構，這樣就能夠了解愈來愈複雜的生命過程。

生物學研究的最終目的，是了解人類自身，弄清楚人類的大腦是如何工作的，把構成自己知覺和個性特徵的物質基礎弄清楚。其實，人類對自己的大腦知道得太少，例如神經解剖還十分粗略，神經生化只有零星資料，更不用說有關訊息的儲存、加工、提取等一系列活動的原理了。

過去的 200 萬年，人腦體積增大了 3 倍，其中負責計劃、決策的大腦新皮層增大明顯，大腦的訊息儲存量卻很難估計。這些問題愈來愈引起人們的重視。其實早在華生和克里克發現 DNA 雙螺旋立體結構模型後，德爾布呂克就曾預言過：「雙螺旋及其功能不僅對遺傳學而且對胚胎學、生理學、進化論甚至哲學都有深刻影響。它對現代人的深遠影響莫過於幾乎人類的一切性狀都可能有部分的遺傳學基礎。這不僅限於各個人的體質，而且還包括智力或行為特徵。遺傳素質對人類非體質性性狀，特別是對智力的影響正是目前爭議最多的生物學與社會學問題。」

2013 年，美國還公布了腦科學研究計畫，以探索人類大腦的工作機制，繪製腦活動全圖，並且最終開發出針對大腦不治之症的療法，此計畫啟動資金 1 億美元，可與人類基因組計畫媲美。此項計畫由瑞士聯邦洛桑理工學院的亨利 · 馬克拉姆牽頭，並由 87 個來自世界各地的研發團體承擔任務。美國有 40 多所大學、100 多個研究小組從事這一頗具前瞻性的研究課題，人們對未來充滿好奇。

生物學不僅要研究人的大腦是如何工作的，還要研究人的本質以及他們在宇宙中的地位。當然這還要借助其他學科，這幾乎將改善人類的生存環境，而且包括人類自身的種種嘗試。這是一項非常危險的活動，但在漫長征途的苦苦跋涉中，人類無法規避這些活動。那些第一代分子生物學家都早早地轉向神經分子生物學前沿去開拓道路了，隨後進入這一領域的不乏他們的學生或學生的學生。過去物理科學、化學科學和生命科學之間實現過富有成效的互動，使得在分子遺傳學和免疫學的精確知識方面取得突破，即解開分子密碼，今天這種互動在了解人的神經系統方面看來有可能取得相似的突破性進展。神經分子生物學一個最重要的技術發明是光遺傳學，就是用光來操縱分子。我們只要沿著現在的研究思路走下去，做更多的實實在在的研究實驗，就是下一個突破口所在。

恩格斯早就預言過：「終有一天，我們可以用實驗的方法，把思維歸結為腦子裡發生的分子和化學的運動。」恩格斯預言的那一天不就是綜合了各學科、各個領域研究成果的總和嗎？到時候，只需在相應的表格上打幾個鉤就能實現，像組裝電腦那樣方便；研究開發人的大腦潛質，因材施教，推進 DNA 編輯技術。

人類還可以模擬人類大腦中全部 860 億個神經元，以及將這些神經元連接起來的 100 萬個神經突觸的功能，到時候，可以建成一個「即插即用」的大腦，可以把它拆分，找出腦部疾病的原因，也可以借助機器人技術，開發一系列全新的人工智慧技術，甚至還可以戴上一副虛擬現實眼鏡以體驗「另類大腦」的神奇之處。

現在將面臨第六次科技革命的選擇，而第六次科技革命很可能是在生命科學、物質科學以及與它們整合的領域出現。第六次科技革命的內容和發展有以下五大學科：

(1) 整合與創生生物學，可解釋生命本質；
(2) 人格訊息包技術，包括人腦的電子備份與虛擬再現；
(3) 仿生技術，即人體仿生備份和軀體仿真；
(4) 創生技術，包括創造新的生命形態和生命功能；
(5) 再生技術，生物體的體內體外再生。

由此可見，上列五大學科在很大程度上都涵蓋了生命科學的內容，正像諾貝爾獎諸多獎項中，生理學或醫學獎固屬生命科學範疇，而化學獎中獲得諾貝爾獎的從 1901 年以來，截至 2018 年，共頒發了 110 次，有 180 位獲獎者，但其中一半人次是因為生命科學、生物化學的內容而獲得諾貝爾獎的。

11.4 生物學發展的啟示 —— 學習歷史

老一代分子生物學家，亦即那些用生物學概念來解釋大腸桿菌及噬菌體的一代宗師，他們還有一個共同特點，即都是先用綜合意義上的學說形式，提出自己的概念，在有了實驗數據後，他們的這些概念才會被人們接受，再經過實驗檢驗，但從中仍可能找出有某些片面性或不完善之處，這是一切概念、學說和理論可能都會存在的問題。但是概念也好，學說也好，在歷史發展過程中，或多或少都標上了時空條件限定的烙印。現在這些老一代分子生物學家皆先後作古了，以原核生物作為研究材料的黃金時段，也跟隨他們一起走進歷史。他們的學生或學生的學生意識到，決定大腸桿菌及噬菌體遺傳性狀的基因數目有限，只有將真核類生物的染色體結構和功能一步步地弄清楚，將基因的結構和功能弄清楚了，才能再來揭示動植物乃至人類的生理過程，以及細胞分化，胚胎發育，生長、衰老直至死亡的全過程。真核生物比原核生物更加複雜，研究難度更大。

以後的科學史學家如何敘說我們今天的生物學呢？他們在研究我們現時的歷史時，在有些事情經過數年後，他們會從中判斷出我們正在錯過的或被我們低估了的力量傾向和趨勢。愛因斯坦知道牛頓那時尚不知道的一些事，今天我們知道愛因斯坦那時尚不知道的一些事，明天的人將知道我們現在尚不知道的一些事。

對於科學史學家而言，無論修史、治史，還是教史、讀史，倘若大家都抱著實用主義的態度就恐非所宜了。修史、治史、教史和讀史徒知事實，無補於全局。善修、治、教和讀史者，觀既往之得失，以謀將來之進步，於全局有利。在博大精深的科學論說史這類歷史遺產面前，學以致用、引以為鑑，只是研讀科學史的一個方面，而不是全部意義。一個真正的科學史研究者不僅要鑑史，還要鑑人、鑑事、鑑細節。

說到底，就是要鑑出什麼樣的時空條件、什麼樣的知識背景等諸多要素同時被激發、啟動，才能迸發出靈感的火花，讓思維發生質的昇華。細碎處的故事、空白處的講述，才能真正反映歷史的原貌。我們站在 50 年後的今天，追憶 50 年前的一幕幕情境時，會很自然地與書中那些科學先驅們感同身受：時而為他們與 DNA 分子僅有半步之距，終因一念之差失之交臂而惋惜；時而又為他們向著 DNA 分子步步逼近，眼看就要成功而歡呼雀躍。我們在不經意間享受到樂趣，在無意中滋養了身心，這未必不是一種讀閱科學史的優雅心態。讀史還可以得到心靈的慰藉，讓心靈充實，不懼黑暗，讓人淡定、獨立。

奧地利著名物理學家馬赫（E. Mach）透過實驗得出了氣流的速度與聲速的比值，以他的名字命名為馬赫數，以 Ma 表示，Ma=1,126 Km，就是 340m/s，汽車跑不了這個速度，大多數情況是用來表示飛行器的飛行速度。用愛因斯坦自己的話說：「馬赫才真正是廣義相對論的先驅。」他早在 1872 年就曾告誡他的徒子徒孫們，「要尋找啟示，只有一個辦法——學習歷史。」他的這套知識論科學哲學思想對當時的科學界一代人產生了巨大影響，例如普朗克、愛因斯坦早年都是馬赫思想的信仰者，約爾丹（M.E.C. Jordan）、波耳、海森伯格、薛丁格、包立等也在不同程度上受到過馬赫思想的影響。時過百餘年，他的這番話對當今的生物學家或許有可能產生更大的影響。

昨天意味著什麼？ 17 世紀有了經典力學，18、19 世紀有了電磁學，20 世紀有了相對論、量子力學和 DNA 雙螺旋結構的建立。如今 21 世紀可能意味著什麼？或許是生物學世紀？明天又意味著什麼？我們思考過嗎？

那一天，人類發現了 DNA：

大腸桿菌、噬菌體研究、突變學說、雙螺旋結構模型……基因研究大總匯，了解人體「本質」上的不同！

作　　者：吳明
發 行 人：黃振庭
出 版 者：崧燁文化事業有限公司
發 行 者：崧燁文化事業有限公司

E-mail：sonbookservice@gmail.com
粉 絲 頁：https://www.facebook.com/sonbookss/
網　　址：https://sonbook.net/
地　　址：台北市中正區重慶南路一段六十一號八樓 815 室
Rm. 815, 8F., No.61, Sec. 1, Chongqing S. Rd., Zhongzheng Dist., Taipei City 100, Taiwan
電　　話：(02)2370-3310
傳　　真：(02)2388-1990

印　　刷：京峯數位服務有限公司
律師顧問：廣華律師事務所 張珮琦律師

定　　價：420 元
發行日期：2023 年 09 月第一版
◎本書以 POD 印製
Design Assets from Freepik.com

國家圖書館出版品預行編目資料

那一天，人類發現了 DNA：大腸桿菌、噬菌體研究、突變學說、雙螺旋結構模型……基因研究大總匯，了解人體「本質」上的不同！/ 吳明 著 . -- 第一版 . -- 臺北市：崧燁文化事業有限公司 , 2023.09
面；　公分
POD 版
ISBN 978-626-357-648-3(平裝)
1.CST: 基因 2.CST: 遺傳學
363.81　112014388

電子書購買

臉書

爽讀 APP